ビールの自然誌

ロブ・デサール＋
イアン・タッターソル
ニキリンコ・三中信宏 訳

A Natural
History
of Beer

Rob DeSalle
Ian Tattersal

勁草書房

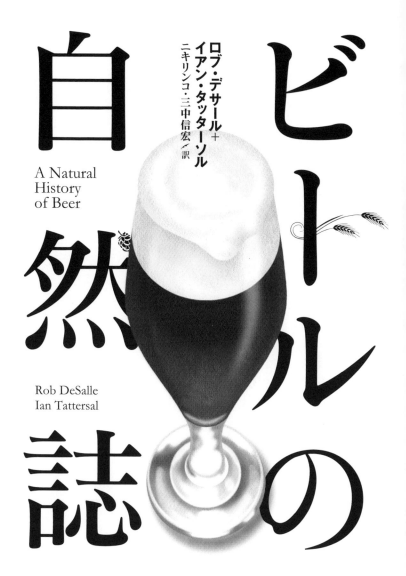

A NATURAL HISTORY OF BEER

by Rob DeSalle and Ian Tattersall.

Originally published by Yale University Press

Japanese translation published by arrangement with

Yale Representation Limited through The English Agency (Japan) Ltd.

エリンとジーンへ
ワインの方が好きな二人だけれど

ビールの自然誌

目　次

III 快楽の科学

IV ビール造りのフロンティア今昔

凡例

・［　］は原著者による補足。

・〔　〕は訳者による訳注。

はじめに

　あまたある酒のうち、ビールが世界最古かどうかははっきりしていませんが、歴史的に最も重要であることは確実です。また、社会的な格の高さではワインに後れをとってきたとはいえ、よくできたビールならば人の五感や美意識にうったえる力でワインに劣ることはありません。それどころかビールはワインにくらべ、発想も製法もより複雑であるばかりか、造り手の意図を反映しやすいともいわれてきました。

　だからといって、私たちがワインを軽視しているわけではありません。前著『ワインの自然誌（*A Natural History of Wine*）』をご覧になった方にはおわかりいただけることでしょう。ワインは人の体験に、そして人生に重要な位置を占めています。でもそれはビールも同様です。両者が互いに補いあう、まったくちがった飲み物であることは疑う余地がありません。ワインを自然誌の観点から考察する価値があるなら、ビールだって同じでしょう。

　そんなわけで本書が生まれました。しかも刊行は今、世界のほぼ全域のビールファンにとって黄金時代といえるこの時期です。たしかに、昨今のクラフトビール熱は工業生産ビールの退屈さへの反動ですから、背景には巨大多国籍企業が画一的な製品を大量生産、大量販売していることがあります。それでも市場には幅があるもので、大量生産ビールと反対側の極を見れば、今ほど多彩な、創意工夫を凝らしたビールが造られていた時代はありません。

独創的な新製品が数多く登場したことにより、ビール界は楽しくもなりましたが、同時にややこしい場所にもなりました。消費者がとても把握しきれないくらいあふれかえっているのに流通は昔のままなので、高評価でありながら入手困難な銘柄も少なくありません。でもそんな混乱も、度を越さなければ時にはちょっぴり痛快なものです。

この混沌とした世界で旅の助けになる本はたくさんありますが、あまりに展開の早い業界だけあって、一日じゅう張りついていなくてはついていけないほどです。いっぽう本書では、まったく別の道を目指しました。私たちの狙いは、ビールはその正体からしてこんなに複雑なのですよとお見せすること。そのためには、はじめに歴史や文化の観点から、続いて自然界におけるビールについてお話ししましょう。ビールの原材料も、ビールを造って飲む人間も、自然から生まれたのですから。そのため、進化学、生態学、霊長類学、生理学、神経生物学、化学、さらにはほんのちょっとだけ物理学にも触れましょう。みなさんの目の前のジョッキに湛《たた》えられたすてきな一杯、淡いものなら淡黄色から、濃ければ黒褐色まであるこの多彩な液体を、あらゆる角度から楽しんでいただこうというわけです。執筆という旅の過程で私たちは多くのことを学び、謎もいろいろ解けました。読者のみなさんにとってもそうであれば嬉しく思います。

この本を書くのはこの上なく楽しい作業でしたが、それ以上に楽しかったのが調べものです。その調べものについては、おおぜいのよき友人や同僚にお礼を言わねばなりません。なかでもとりわけ、ハインツ・アーント、マイク・ベイツ、グンター・ブラウアー、アニス・コーディー、マイク・ダフロース、パトリック・ギャノン、マーティ・ガンバーグ、シェリダン・ユーソン＝スミス、ニューヨーク市ユニバーシティ・クラブ、クリス・クロウズ、マイク・レムキー（二十年前、ロブに初めて自家醸造を教えてくれた人でもあります）、ジョージ・マグリン、パトリック・マクガヴァン、ミシ・マイケル、クリスチャン・ルース、バーナードー・シャイアワーター、そしてジョン・トロスキーの名前を挙げないわけにはいきません。また、ニューヨーク市内のお気に入りの飲食店にも称賛の意を示したいと思います。数ある店の中でも、まず思い浮かぶのがABCビア・カンパニー、ザ・ビア・ショップ、カーマイン・ストリート・ビアーズ、ズム・シュナイダーですが、ほかにもかつて西七二丁目にあったブラーニー・キャスルと、無類のもてなし上手だった同店のトム・クロウがなつかしく思い起こされます。

こうして仕事を重ねてきた今、パトリシア・ウィンの絵と励ましなしに本を書くなんて、とても考えられなくなりました。彼女はいつも、イラストレーターであると同じくらい、あるいはそれ以上に共作者でした。パトリシア、この本だけでなく、これまでの年月の分も、ともに作る楽しさをありがとう。

イエール大学出版局に目を移すと、古いつき合いの、そして何かというと苦労をかけてしまったジーン・トンプソン・ブラックには、ほかのだれよりもお世話になりました。その根気と催促、手厚い支援がなかったら、この本はまったく前に進まなかったでしょう。また、企画や契約で助けてくれたマイクル・デニーン、マーガレット・アッツェル、クリスティ・レナード、腕利き原稿整理のジュリー・カールソン、すてきなデザインをしてくれたメアリ・ヴァレンシアにもお礼を述べます。

最後になりましたが、エリン・デサールとジーン・ケリーにも感謝を。いつものことながら、本書の着想から誕生にいたるまでずっと気長にかまえ、大目に見てくれ、機嫌をそこねずにいてくれてありがとう。

PART I ONE

穀物と酵母

太古以来の名コンビ

Grains and Yeast: A Mashup for the Ages

1
ビール、自然、そして人間
Beer, Nature, and People

ホエザルだって酒で幸せになれるのなら、人間も同じだろう。細長いボトルのラベルには「ホワイト・モンキー」とある。その名の由来となった猿は、このベルギースタイルのトリペルが白ワインの樽に詰められ熟成する三か月間、両目を手で覆った姿で見守っていたものらしい。対するこちらは目を開けてワイヤをほどき、シャンパンのようなコルクを抜いて、ゴールデンアンバーのエールの中をのんびり立ちのぼる泡をほれぼれとながめた。匂いを嗅いでもワイン樽の痕跡はかすかにそれとわかる程度だが、口に含むと端正で調和のとれたトリペルで、モルトのトーンは甘く、退廃的な後口を残す。モデルになったホエザルが発酵した椰子（アストロカリウム）の実を食べて、われわれの半分も楽しんでくれればよいのだが！

ヒトはビールを作る唯一の生物かもしれないが、「ビール」の定義を広くとれば、それを飲む唯一の生物ではなくなる。灼熱のアラブで一日じゅう発掘して喉が渇いているのに、仕事が終わっても味気ないノンアルコールビールしか飲めない古生物学者にきいてみるといい。このすばらしき飲み物の主要成分は、なんといってもエチルアルコール、通称エタノールだ。それ自体はなんの変哲もない単純な分子だが、何を隠そう自然界には驚くほど広く分布している。たとえば、銀河系の中心近くには巨大なエタノールの雲が渦巻いていて、私たちの同僚、ニール・ドグラース・タイソンはこれを「銀河バー」と呼んでいる。映画「スター・ウォーズ」第一作に出てきたバーなど比べ物にならない規模で、彼の試算によれば、銀河系にあるアルコールの分子を集めると「度数一〇〇パーセントの酒が一〇の二八乗リットル」になるそうだ。残念ながら銀河バーにはそれをはるかに上回る水の分子があるため、両方合わせるとアルコール度数は〇・〇〇〇五になってしまうのだが。

もう少し近く、地球に目を移そう。宇宙のように壮大な数字は出てこないが、こちらの方が気になる話だ。

第8章でくわしく扱うが、糖をアルコールに変える酵母はそこらじゅうにいて、ひたすら原材料が供給されるのを待っている。そして、地球の生態系には酵母が加工できる糖が山ほどある。特に供給が増えたのは、恐竜の時代も終わりにさしかかるころ、花粉や種子を運ぶ動物を引き寄せようと花や果物を作る植物が登場してからだ。たとえばマレーシアのブルタムヤシ〔エウゲイッソナ（*Eugeissona*）属のヤシ〕の花は大型で、糖分の豊富な蜜を出す。この蜜はひとりでに発酵して、鼻につんとくるアルコール度数三・八パーセントほどの飲み物になる。体積比で三・八パーセントといえば、昔の英国のパブで出されていたビールの度数だ。

このありがたいごちそうに興味を示す森の生き物は多いが、なかでもわれらが遠縁のハネオツパイはこいつに夢中なのだ。リスくらいのサイズのこの小動物は、開花期ともなると、発酵したブルタムヤシの蜜を何時間も飲みつづける。一回に飲む量はヒトの大人に換算すると缶ビール十二本分にあたるのだが、まったく酩酊する様子がない。捕食者だらけの環境に住んでいて、一瞬でも反応が遅れれば死に直結するのだから酔わない方がいいとはいえ、なぜこんな芸当ができるのかはわかっていない。わかっているのは、この小動物が椰子の蜜に惹かれる理由が栄養的価値にとどまらないことくらいだ。

もっと私たちに近い親戚、中南米に住むホエザルも自然発酵の産物に惹きつけられるが、彼らはツパイとちがって、どうも心地よさを感じているらしい。一九九〇年代にパナマでホエザルを研究していた霊長類学者たちが、アストロカリウム（*Astrocaryum*）属のヤシの実をただならぬ勢いで食べる個体を発見した。しかも食べ終えるとひどく騒がしくなることから、もしや酔っているのではないかとの疑いが芽ばえた。この雄ザルが林床に落とした実を分析するとアルコールが含まれており、酩酊であることはほぼ確実となった。サルの体重は十キロ弱だから、一食で摂取した量を人間に換算すると、バーで供されるアルコール飲料およそ十杯に相当する。

ほかにも同様の例が観察されたため、生物学者のロバート・ダドリーは疑問をいだいた。すべてのとはとてもいえないにせよ、かなりの生き物が天然のアルコールを好むが、その起源はなんだろうか。ダドリーがたどりついた答えはこうだった。霊長類にとってアルコールが重要なのはなによりも、それが植物の発する信号だからだ。種を食べてもらって森じゅうにばら撒かせたい植物は、発酵しつつある糖の存在を宣伝する。鼻のきく果実食動物たちを栄養豊富な熟れた実へと導く。おかげで餌にありつけるのだから、これは動物にとっても利益になる。この理屈はヒトの進化にも当てはまる。今日のホモ・サピエンスが雑食であることは有名だが、もとはといえば果実を食べる動物たちの子孫だと考える十分な理由があるからだ。

仮にダドリーの「酔っぱらいサル」仮説が正しいとすれば（みんなが納得しているわけではない）、ヒトのアルコール好きは、いわば進化の翌朝に残った二日酔いのようなものだともいえる。たとえ酒好きでも、肝腎のアルコールがたまに自然発生するくらいの量しか存在しないうちは問題にならなかった。技術の発達でアルコールが好きなだけ作れるようになり、ことが少々やっかいになったのはごく最近の話で、進化の観点からいえば偶然にすぎないのだ。

とはいえ、もう少していねいに調べてみると、事情は酔っぱらいサル説よりも少々こみ入っているようだ。まず、アルコールもその誘導体の多くも少なからぬ生物にとって有毒であり、大半の霊長類も例外ではない。それどころか、今の酵母のご先祖さまがアルコール産生を始めたのも、ライバル微生物と居場所を奪いあう武器にするためだったと考えられている。しかも、この武器でおおいに有利になったはいいが、ある濃度を超えると（ワインなら体積比で一五度、ビールならもっと低い）アルコールは当の酵母にとっても毒になる。自然界では別に困らないが、ビールやワインの醸造所ではしっかり対策しなくてはならない。

もっと身近な動物では、わずかな卵酒で死んでしまったハリネズミが報告されている。この気の毒なハリネズミが飲んだのは、ニューヨーク州の法律で酩酊と判定される量よりずっと少なかったのにである。さらに気になるのは、果実食の哺乳類（霊長類も含む）には、アルコールの蒸気を嗅がせるとひどくいやがる種が、惹きつけられる種と同じくらいいる点だろう。ひらたく言えば、アルコール好きはあまりふつうのことではないし、比較的大量に（ヒトはそれなりで、ツパイはけた外れだ）処理できるのはもっとふつうではない。

では、ヒトの（それなりにすごい）アルコール耐性はどこからきたのだろうか。第12章でもっとくわしく説明するが、私たちにビールなどのアルコール飲料を処理する生理的能力があるのは、身体がアルコール脱水素酵素という一群の酵素を作ってくれるおかげだ。アルコール脱水素酵素は何種類もあり、さまざまな臓器で作られるが、どれもアルコールの分子を、もっと小さい無害な部品に解体する。アルコール脱水素酵素の一つ、ADH4は食道や胃ばかりか舌にもあるから、これがみなさんの飲んだビールがまっさきに遭遇するアルコール脱水素酵素ということになる。ほかの酵素でもそうだが、ADH4ならどれも同じではなく、たくさんの仲間がいる。あるものはエタノール分子を攻撃し、あるものは別のアルコールを、かと思えば各種のテルペノイドを壊しにかかる。テルペノイドといえば、ヒトの親戚である霊長類の多くが大事な栄養源にしている植物の葉に広く含まれる物質だ。

分子生物学者たちはこれまで、ショウガラゴから各種のサル、チンパンジー、ヒトに至るまでさまざまな霊長類のサンプルを集め、アルコールと反応するADH4の有無を調べてきた。その結果わかったのは、およそ一千万年前、まだヒトになる前の系統において、「エタノールに反応性のない」ADH4から「エタノールに反応性のある」ADH4への飛躍的転換が起きたということだ。たったひとつの突然変異によりこの酵素がエタノールと反応するようになったことで、体がエタノールを代謝する能力は四十倍になった。

変化の理由はわからない。別に食性の変化に対応したわけではなく、適応という観点ではランダムなできごとだったかもしれないのだ。なんとか因果関係を見つけたい研究者たちによれば、最初に新しい酵素を得た霊長類は比較的大型の種だったため、木の下ですごす時間がしだいに増えていたのではないかと、地上で見つかる果実は木から落ちたものだから熟成も進み、さかんに発酵していたのではないかいう。しかし、どんなに果実食の割合が高い種でも、発酵しかけの実が食事に占める比率はしれているから、それだけで生理的な技術革新の説明がつくとは考えにくい。

それに、たしかにこの運命の転換は人類の遠い祖先に起きたものにはちがいないが、それはヒトが最も近い親類であるチンパンジーやゴリラと分岐するよりも前のことだ。つまり、私たちの祖先はまだ雑食になっていないわけだから、この変化は、ヒト、あるいは今は絶滅したヒトの近縁種に固有の習慣とは関連がないことになる。それがどんな状況で起きたにせよ、はるか後世の人類がエタノールを代謝できたのも、さらに後世、まとまった量を作る方法を覚えて大丈夫だったのも、このときに準備ができていたおかげなのだが。

母なる自然の真意はどうあれ、ありがたくも耐性をもらえたアルコールを、初期のヒト科（私たちにつながる初期の仲間たち）が偏愛しなかった、歓喜しなかったことにはならない。蜂蜜、花の蜜、果実といった天然の糖類が自然に発酵することは珍しくなかった。それに、果実食動物を含むさまざまな生き物がアルコールやその香りを嫌ういっぽうで、象やヘラジカ、ヒメレンジャク、ホエザルなど、熟れすぎて発酵しかけた果物で楽しそうに酩酊していたという挿話的報告も多い。ヒトの遠い祖先がたまに同様の楽しみを味わっていなかったとは考えにくいし、私たちと同じくアルコール耐性のある親類、チンパンジーでも似たような行動が報告されている。

西アフリカのギニア共和国ボッソウで調査していた研究者たちの報告によると、ラフィアヤシ（*Raffia* 属の椰子）のプランテーションで働く労働者たちは、木に傷をつけて糖分豊富な樹液を集めている。プラスチックの容器にしたたった樹液はたちまち自然発酵して、貴重な椰子酒ができる。いつもなら一日の終わりに回収するはずが、彼らがほかの仕事に気を取られている隙に、チンパンジーがこっそり飲んでしまうのだ。葉っぱをくしゃくしゃに丸めてスポンジを作り、いっぱいになった容器にひたして一心に吸っていたという。飲まれた時刻から試算したところ、椰子酒の度数は容積比でたっぷり三・一パーセントはあるのが常で、ときには六・九パーセントに達することもあった。

発酵が始まったばかりの椰子酒は甘くて繊細な味がする。しかしボッソウでできたようなアルコール度数の高いものはどれも刺激臭が強いし、人間にとってはむしろ不快なほど。それでもチンパンジーには大人気らしく、スポンジを浸しては吸う動作を平均して一分あたり十回近く、何分も続けていた。そして、糖分の多い樹液だから栄養も豊富にはちがいないが、チンパンジーたちがそのついでにほろ酔い気分もおおいに楽しんでいたことはほぼ疑いない。研究者たちも、一部の個体に「酩酊を示す行動上のサイン」を確かに認めている。ただし騒がしく暴れたという記録はないので、少なくともボッソウのチンパンジーに泥酔はなかったようだ。せいぜい、飲み終えるとすぐ眠ってしまう個体が何頭かいた程度である。

類人猿はアルコールがもたらす酔いを楽しんでいる可能性があるし、初期のヒトも楽しんでいたことはほとんどまちがいない。しかし、今の人類とエタノール分子とのつき合いには、遠い祖先が知らなかったもうひとつの側面がある。それは、私たちの知るかぎりホモ・サピエンスだけが、自身の行動の結果を予測できるのみならず、自分はいつか死ぬのだと理解できる認知力をそなえていることである。死の運命を知った人類は、ほかの種が直面しない実存的重荷を背負うことになった。この重荷を軽くしてくれる薬は数あれど、最も情け深いのはアルコールなのだ。

わが身に今すぐ起きることだけでなく将来起きるかもしれないことまで心配する能力は、ヒトだけにそなわっている。そして私たちは、人生が番狂わせだらけで当てにならないと知っているがゆえに、この不愉快な現実から距離をおくのに役だつものはなんだって歓迎する。

アルコールは人を酔わせる力で私たちがこの距離を保つのを助けてくれるが、ビールはそのアルコールをおいしく、飲みやすく供給してくれる。フランスの美食家ジャン・アンテルム・ブリア＝サヴァランは二百年近くも前にそのことに気づき、人を獣と分かつ大きな特徴は二つ、未来に対する恐怖と発酵した酒への欲求だと記している。

さらに、ヒト特有の認知スタイルのおかげで、私たちは感覚器からの入力をかつてないやりかたで解釈できるようになり、今これを飲んでいるという経験を審美的用語をもちいて分析することが可能になった（第11章参照）。こうして、ビールをめぐる私たちの体験にはもうひとつの側面が加わった。ビールのもたらす感覚的経験はおそろしく多彩で、楽しみも議論も尽きることがない。

ほろ酔い気分とその楽しさについては第13章で改めて詳述するが、発酵飲料とはどれも、酔えるだけでなく栄養源にもなりうるものだ。この大事な点を忘れてしまわないうちに、定住生活に移ったホモ・サピエンスの食生活において、ビールが常に特別な存在だったことにふれておこう。パンは別名「命の支え」ともいわれるが、歴史的にも化学的にもパンと縁の深いビールは「液体のパン」とよばれてきた。現に、この二つはたしかに切っても切れない関係にある。なにしろ同じ穀物から作られることも多いし、使われる酵母も同じサッカロミセス・セレヴィシエ（*Saccharomyces cerevisiae*）で、パンとビールはどちらが先だったかという論争さえ続いているほどだ。

順番争いは避けて通るのが賢明だろうが、パンとビールについては酒場でよく話題になる疑問をひとつ、晴らしておきたい。第10章でくわしく扱う予定だが、酵母による発酵の副産物はエタノールと二酸化炭素である。パンを作るときは生地を混ぜ、オーブンに入れる。全体があたたまって酵母が活動を始めると、二酸化炭素が気体となってあぶくを作るため、生地には細かな穴があいてふくらむ。それはいいとして、同時にできたはずのエタノールはどうなるのか。パンを食べても、ビールを飲んだように酔わないのはなぜなのか。

答えはパンを焼くときの温度にある。エタノールは高温でほとんど蒸発してしまうのだ。ただし全部ではない。オーブンから出したばかりのパンには、わずかにエタノールが残っている。たいていは微々たるもので、少ないときはアルコール度数〇・〇四パーセントくらいにしかならないが、たまに一・九パーセントにも上ることがある。どうりですばらしい香りがするわけだ。

興味ぶかいことに、この一・九パーセントという数字は二パーセントにごく近い。体積比で二パーセントといえば、飲む速さと同じ速さで代謝が可能な最大量なのだ。だから、オーブンから出てきたパンがほんのつかの間、平均的な英国産エールの半分ものアルコールを含んでいようと、どんなに急いで食べてもほろ酔いにさえなれないのだ。

人間はなぜ、発酵という自然のプロセスをかくも前向きにとり入れたのだろうか。およそ一万年前に氷河期が終わるまでホモ・サピエンスは全員が狩猟採集民で、あちこち移動しながら自然が恵んでくれるものならなんでも食料にしていた。食事の内容は、移動先の土地によってまちまちだったことだろう。狩猟採集民だったわれらがご先祖さまもたまに穀類を食べていた証拠は残っているものの、穀物が主要な食料源のひとつとして真価を発揮するのは最終氷期の終わりごろに気候条件が改善してからのことだった。人類はそれまでに世界じゅうの居住可能な土地ならどこにでも分布を広げていたが、気温が上がったことで、近くでとれる動物も植物もすっかり入れ替わってしまった。人はこの大きな環境問題に対応すべく、世界のあちこちで独立に、植物の栽培化と動物の家畜化を軸とした定住生活を採用したのだった。

定住生活への移行は単純なプロセスではなかったし、展開の形も速さも土地によってまちまちだった。ふたを開けてみるとこれはとんだ悪魔の取引だったとはいえ（狩猟採集民は定住民よりも余暇が多いため、概して元気なうえ、平等主義でもあった）、新しい経済スタイルに移るときがきていたのだ。そして、変化が起きたすべての地で、先頭を切ったのは栽培化された穀類——バルカン半島当たりの近東では小麦と大麦、東アジアでは米、新世界の中南米ではとうもろこしだった。

狩猟採集民の経済戦略はまだ単純だった。一年に何百マイルもの移動を強いられることになろうとも、自然がくれるものを利用する、それだけだ。ところが決まった土地に住み、決まった時期に実る作物を育てるとなると、生活はややこしくなってくる。食べきれない食べ物をもてあます季節と、収穫のない季節ができるからだ。年間をとおして自分と家族が栄養をとるには、貯蔵の手段が必要になる。しかも、最初に農耕が発達したのは温暖な土地ばかりだから、保存はなおさら悩みの種だった。穀粒をただ積んだり、穴を掘って入れたりするだけではすぐに酸化でだめになるばかりか、自然発火の危険さえある。それに、昆虫の群れからげっ歯類まで、お腹をすかせた動物に食べられないよう守るのも同じくらい大切だった。

そこで発酵だ。ダグラス・レヴィという研究者いわく、穀物の意図的な発酵を人類学的見地からみると、腐敗を制する一手段と考えるのがもっともしっくりくるそうだ。貯蔵食料を腐らせる微生物の大半は、アルコールがあると生きていけない。現に、アルコールは有名な防腐剤ではないか。だから手持ちの穀物が天然の酵母によってある程度まで発酵するにまかせれば、新鮮さは無理でも栄養価はかなり残る。これは初期の農耕民にとって非常に重要なことだった。だからレヴィは、発酵はまず保存の手段として使われ、のちに酔える飲み物の製法に転用されたと考えている。

発酵すればかならずアルコールは発生し、片方だけ手にすることはできない以上、どちらが先かを問うても答えは出ないのかもしれない。だがこれだけは疑いない。ビールは向精神作用に加えて、古代世界では――それどころかつい最近まで、日持ちのする栄養源として大切な存在だった。

もうひとつ、葡萄には酵母の作用で発酵する糖が最初から含まれるため、ワインはある程度自然にできるのに対し、ビールにはそれ以上の細工がいる。ビールに使う穀物に含まれているのはでんぷんの長い鎖で、まずはもっと小さな糖に分解しないと発酵を始めることもできない。でんぷんを糖にするのに、いまのビール造りでおもに使われるのは、穀物の粒を発芽させる方法だ。まずは種を水にひたし、空気にさらして発芽をうながす。芽が出たら、できた糖が使われてしまわないうちに乾かして成長を止める。こうして保存した糖は、必要なときに酵母に与えることができるのだ。

この章を終える前に、どうしても触れないわけにいかない話がある。エタノールにまつわる話題の中でもいちばんすてきな話だと考える人もいるだろう、少量ならば酒はかえって体にいいという、あの話だ。この主張を試すにはまず、ショウジョウバエが使われた。飼いやすくて繁殖もたいそう早いので、実験室で重宝がられている生き物だ。その結果、ほどほどの濃さのアルコールの蒸気にさらされたハエは、飲みすぎバエとしらふバエのどちらとくらべても寿命が長く、繁殖にも成功した。さらに、寄生虫を植えつけられたハエの幼虫はエタノールを含むえさを優先して求め、自分で自分を治しているのが観察された。ちょっと悲しい話もある。ショウジョウバエの成虫は、繁殖をじゃまされるとエタノールに惹かれやすくなる。もしや悲しみを紛らわせてでもいるのだろうか。

ヒトに目を移そう。臨床研究では、少量から中くらいの飲酒をさまざまな疾患の有病率の低さ、死亡率の低減と関連づける結果がいくつも出ている〔つい最近異なる結果も報告された〕。なかでも恩恵が大きいのは心臓血管系のようで、節度あるアルコール摂取は高血圧の低下、LDLコレステロールの低下、HDLコレステロールの上昇、虚血性脳卒中の確率低下などの利益とはっきり関連している。二〇一七年に発表されたある調査では、三〇万人を超える人々を平均八年にわたって追跡した結果、軽度から中程度の飲酒者は生涯まったく飲まない人にくらべ、死因を問わず追跡期間中の死亡が約二〇パーセント少なく、心血管疾患による死亡率は二五ないし三〇パーセント低かった。そのほか特定の疾患としては、糖尿病と胆石もほどほどに飲む人では発生率が低いと報告されている反面、最近の研究により、中ぐらいの飲酒であっても若い女性の乳がんにつながる可能性が高くなっている。

全体を見渡すと、大半の人にとっては、節度ある飲酒の利点はリスクをかなり上回るように思われる。そうはいっても「節度ある」という部分が肝腎で、少量の飲酒がプラスになろうとなるまいと、飲みすぎが健康や人づき合いに与えるダメージの方がはるかに大きいことは疑いない。同じ二〇一七年の調査によると、すべての死因を区別しなかった場合、大量に飲む男性が追跡期間中に死亡する確率はまったく飲まない人にくらべて二五パーセント高く、がんによる死亡に絞るなら、なんと六七パーセントも高かった。第12章と13章で改めて念を押すつもりだが、アルコール依存症による深刻な社会的損失はいうまでもなく、これらの数字からも、ビールにかぎらずアルコールの過剰な摂取は避けるべきだとはっきりわかるだろう。

それでも、ひねくれた見かたをするなら、ビール愛好家はその点お得なのかもしれない。ほかの酒にくらべてひと口に含まれるアルコールが少ない以上、飲みすぎへの道はちょっぴり遠くなるのだから。

2
太古のビール
Beer in the Ancient World

この、近代のエールすべての親に当たるものは、自分たちの手で作るしかなかった。容器に入れたのはニューヨーク市の水道水、恐ろしく大量の挽きたて二条大麦、おまけに靴下に一杯分の押し麦だった。混ぜた材料を煮立ててから、ハイビスカスとハーブ類、シトラス類をとり合わせた風味づけのグルートを足し、手近にあった酵母で発酵させた。一か月後、こげ茶色の液体をサイフォンで瓶に移して、さらにたっぷり二週間熟成させた。

最初の瓶は、シュッと小気味よい音をたてて開いた。とろみがつき、色も黄褐色になったわれらが素朴なグルートエールは、口に含むと酸味が心地よく、どこか草を思わせる後味が残った。こんなにおいしくできるとは、うれしい驚きだった。鉄器時代のゲルマン諸部族があれほど頑固に自分たちの醸造方法を変えようとしなかったのも無理はない。

文学にはじめて登場する最古のビールははっきりと、人に文明を吹きこむ飲み物として位置づけられている。およそ四七〇〇年前にシュメールを統治していた王をめぐる伝説『ギルガメシュ叙事詩』では、エンキドゥという野人が村に連れてこられ、「この地のならわしどおり、ビールを飲む」よう勧められる。野蛮なエンキドゥは、ビールを飲み、同時に出されたパンも食べることで文明社会に足を踏み入れるに足る者と認められ、ギルガメシュのいる首都ウルクへ向かうことができた。ここで文明の象徴として、ビールとパンを超えるものがあっただろうか。そもそも名高きウルクの都が成立しえたのも、チグリス川とユーフラテス川に挟まれたメソポタミア（「川と川の間」という意味だ）の広大な平野が驚くほど肥沃で、穀物がよくとれたからこそであり、シュメール帝国もその後のバビロニア帝国同様、穀物に、そして、穀物で作るビールとパンに支えられた国だった。

ギルガメシュの時代には、定住生活も、ビールの原料となる穀物の栽培も、すでにかなりの歴史があった。前にも述べたとおり、昔のような狩猟採集生活が放棄されだしたのは、最終氷期の終わり、気候温暖化で極地の巨大な氷冠が縮小したときのことだった。大昔の狩猟採集民たちも、土地土地をめぐる中で、ときには自然に発酵している果実や蜂蜜、そうしてできるアルコールに出くわしただろう。休みなく移動を続ける社会であれば、モルト（麦芽）を作り、まとまった量の穀物を発酵させる技術はなかっただろうが、ひとたび一か所に腰を落ちつけてから大規模な醸造が始まるまでにさほどの猶予があったとは考えにくい。

小麦と大麦の栽培が最初に始まった近東の場合、移動生活から定住生活への移行がとりわけよく調べられているのが、シリアのアブ・フレイラ遺跡だ。およそ一万一五〇〇年前から一万一〇〇〇年前までの間にこの地で暮らした人々は、まだ伝統的な狩猟採集生活を送っていた。一万四〇〇〇年前ごろまでに、その子孫の食事には栽培した穀物が加わっており、九〇〇〇年前までには、年に一度移動してくる野生ガゼルこそ依然として大量に屠っていたものの、主たる食料供給源はさまざまな飼育動物と栽培植物になっていた。

その間にアブ・フレイラそのものも、地面を掘って屋根を葺いただけの竪穴式住居の群れから、密集する泥れんがの家々と中庭から成る大規模な集落へと姿を変えていた。アブ・フレイラがやや特異だったのは、最初に栽培の対象に選んだのがライ麦だった点だろう。近東全体でみれば大麦と一粒小麦、それにエンマー小麦が選ばれるのがふつうで、それゆえこの地域は大麦で作るビールの先進地になれたのだ。

おもしろいことに、穀類の栽培化は陶器の発明より先だった。近東で陶器が初めて登場するのは約八二〇〇〇年前のことなのだ。陶器なしにはビールがまったくできないとは言えないが、大量に作るには陶器は欠かせない。穀物を挽く技術は製陶よりはるかに古く、早い例だとおよそ二万三〇〇〇年も前にも遡る。人間の食生活にはビールよりパンの方が先に登場したのではないかと考える理由のひとつだ。そして、トルコ東部に位置するギョベクリ・テペの新石器時代以前の遺跡で見つかったような、石をくりぬいて作った一万一六〇〇年も前の大きな石鉢には、ことによると野生の穀類を発酵させた飲み物が湛えられていたのかもしれない。

陶器の器が使われだした当初は集落も小さく、人々は多くても数百人の、まだしも平等な共同体で暮らしていた。成員の大半が親戚関係にあり、だれもが野外で働き、身につける技能も同じだった。しかし事情はたちまち変わる。文明人になったエンキドゥがウルクへ乗りこんだのとほぼ同時期である五〇〇〇年前には、メソポタミアにはすでに確固たる階層社会が成立していた。あまたの専門職が生まれ、社会的な役割や地位もはっきりと分かれていた。市民の大半はまだ畑で働いていたが、有力者たちは町に、さらには新興しつつある都市に住んだ。その中には醸造業者もいた。そして、黎明期の醸造業者はどうも、女性だったらしい。

　新たに登場した陶器の器を使う醸造がいつ始まったのかははっきりしていない。大麦のビールの化学的痕跡として最も古いものは、シュメール人の交易拠点だったイラン北部のゴディン・テペで出土した土器に付着していたシュウ酸カルシウム（ビール石）だが、これはわずか五〇〇〇年あまり前のものでしかなく、ビール石の元となった液体の年代もわれらがエンキドゥ君とそう変わらないことになる。それでも、近東における醸造の慣習がこれよりはるかに遡るだろうことを疑う人はいない。いつの日か、この地域で出た最初期の土器からひょっこりビール石が見つかったとしても私たちは驚かないだろう。

　メソポタミアにおける醸造の伝統がどれくらい古いかわからないなら、せめてできた酒がどんなものだったかはわからないものだろうか。無類の幸運に恵まれたおかげで、答えは条件つきのイエス。というのも、「ニンカシ讃歌」として有名になった粘土板があり、このニンカシというのがシュメールのビールの女神なのだ。幸い、この讃歌はただ女神をほめるだけで終わらず、彼女に仕える巫女たちが作ったであろう醸造物のレシピ（のようなもの）を伝えてくれている。これは、当時の女性が家族のために自家醸造していたものとおおむね似ていたにちがいない。このレシピが、数ある中の一つであることは明らかだ。シュメール人は白い、赤い、黒い、甘い、「上質の」などのほか、しばしば外国産の香料を加えるなどして二十種類以上のビールを区別していたからだ。

　おそらくニンカシのビールは、みなさんがさっき会社の帰りに嗜んだ一杯とはかなりちがっていただろう。「讃歌」でのニンカシは、麦の粒を水につけてモルトを作り（発芽させ）、乾燥させて成長を止め、「蜜（あるいは「ナツメヤシの果汁」と訳した方がいいのかもしれない）とワインとともに醸す」のみならず、バッピルという大麦のパンも焼いたとされており、おそらくこのパンを介して酵母をビールに入れたはずだ。パンがそのためだったか否かはともかく、ニンカシも最後には、激しく泡立つ最終産物を受け皿に移して初めて「チグリスとユーフラテスの奔流のように」供することができた。

　製法がどうあれ、ニンカシの酒はかなりどろっとして、濁ったものだったと広く信じられている。当時のビールはみんなで一つの大きな器から、それもたいていは醸造に使った器のまま、いっせいに長いストローで飲むのがふつうだったという。それは固形物がたくさん浮いていたせいもあるのかもしれない。こうして供された酒は大喜びで迎えられたらしく、讃歌には「心を喜ばせる」と記されている。この記述には現代のビール愛好者が全員、手放しで同意するだろう。ただしその主治医たちは、同じ作者の手になる、ビールが「肝臓を幸せにする」というくだりには少々眉をひそめるかもしれないが。

　本書の第15章では、ニンカシの酒をはじめとする古代ビールの再現を試みた勇者たちが何を学んだかをくわしく検討する。今のところは、ナツメヤシの果汁もしくは蜂蜜とワインとを添加したニンカシのビール（現代の再現品はアルコールも三・五パーセントというそれなりの度数になった）は、まだわかっていない点はあるものの、昨今の珍しもの好きなビールファンたちの手で「エクストリームな」ビールとして盛んに復元されていると述べるにとどめておこう。はっきりしているのは、ビールとは、最初は単純な飲み物として誕生し、しだいに複雑になったものでは決してないということだ。それどころか、より極端なビールを求める近年の流行も、ビールの原点への回帰といった方がより正確なように思えるほどだ。

　昔と今のビールをへだてる違いの一つが、現代人には喉の渇きを水で癒す選択肢があることだ。今日では先進国の住人のほとんどがきれいでおいしい水を当たり前のように享受しているが、昔はちがった。

今も昔も進歩にはとかく副作用がつきものだが、農業革命は大規模な水質汚染をもたらした。シュメール時代のメソポタミアでは、おおぜいの人間と、人間を上回る数の家畜がじめじめした平原にひしめいていながら、いつでも汲みに行ける水源は少なかっただろう。ということは、特権階級のようにワインが買えない人にとって、最も安全な道はニンカシの酒。かくしてニンカシの酒は、有史以来の年月の大半を通じて、ほとんどの土地に普及したのだった。

どんな飲み物であれ、固有の女神まで割り当てられているからには、それを生んだ社会にとって非常に重要な存在だったことは疑いない。もしかしたらビールは、清潔さだけでもその地位を認められるには十分だったのだろう。しかしシュメール人にとってのビールの重要性はそれだけではなかった。メソポタミア社会の内部で富を分配する大切な手段にもなったからである。税はしばしば、神殿に穀物を供えるという形で納められた。ニンカシをはじめとする神々に仕える巫女たちはこの穀物をビール（とパン）に変え、人々の労役に応えるのに自分たちの労働の成果をもって支払っていた。楔形文字の刻まれた粘土板によれば、人夫は一日につきビール一シラ（およそ一リットル）、下級役人は二シラ、最上位の高官になると五シラを受け取っていたことがわかる。当時のビールは日持ちもしなかっただろうから、すぐ飲まなくてはならなかった。だからといって、五シラ取りの名士たちが一日じゅう酩酊していたわけではない。足が早いとはいえ、一部をより小額の支払いにあてるくらいは可能だった。

シュメール人にとってビールが大切だったのは、経済と衛生のためだけではない。当時のビールも現代同様、社交の場でとりわけ好まれるものだったから、象徴としての意義も非常に大きかった。貧農から貴族までが同じ醸造用の壺から（下々の者は簡素な葦の茎で、お偉方は金や青銅、ラピスラズリなどの凝ったストローで）飲むビールは、さまざまな階層の人々をつなぐ存在だった。国の大きな行事にも大量のビールが供された。紀元前八七〇年、アッシリア王アッシュールナシルパル二世は新しい首都ニムルド（現代のモスルの南に位置し、最近ではISISによる大規模な冒涜の標的になったところだ）の完成を記念して、史上最高級に派手な宴を開いた。王の最盛期のこと、およそ七万人が招かれ、十日にわたる宴席で消費されたビールは数リットル入りの壺で一万本。羊や牛、その他の不運な動物たちが何千頭も炙り焼きにされ、ワインも革袋に一万袋が供された。

アッシュールナシルパルはことのほか残虐な武将で、そのことを誇りにしてもいたから、古代メソポタミア世界の拡大を支えたのは愛ではなくビールだったことになる。そして、ビールの消費は現代に至るまで多数の法律や規則で縛られるのが通例となっているが、悲しいかなその始まりもこのころだった。紀元前二世紀の初頭、バビロニアのハンムラビ王は民の行動を統制する法典を公布したが、飲酒の習慣も対象に含まれていた。たとえばこれなどは消費者保護の範疇といえようか、居酒屋の店主（どうも女性たちだったらしい）が釣り銭をごまかしたら溺れさせるべしとある。いっぽう、やはり居酒屋の経営者に対する規制にはもっと政治がらみで陰惨なのもある。陰謀の相談を漏れ聞きながら通報を怠ると死刑というものだ。こんな昔からすでに居酒屋ではさかんに政治談議が行われ、煽動の場になりかねないと見られていたようだし、よからぬ連中もたむろしていたことだろう。

大麦で作るビールの発祥はメソポタミアだったかもしれないが、古代エジプト人もビール好きでは引けをとらず、しかも、概してメソポタミアよりも手のこんだ品を作った。エジプトにもテネネットというビールの女神はいたものの、ビールといえば思い浮かぶのはふつう、より高位の女神であるハトホルだった。デンデラにあるハトホル神殿には、紀元前二二〇〇年ごろに刻まれた「完全に満たされた男の口はビールで満たされている」という文字が残っている。

伝説によると、エジプトにビールという賜物を授けたのはほかならぬオシリス神だとされているが、実際にはおそらく、醸造の習慣を（そして、のちに男が取って代わるとはいえ、醸造は女性が担う習慣も）遠い昔にシュメール人から学んだのだろう。二つの初期文明のビールは明らかによく似ていた。通常は砕いた大麦のパンが使われ、その中にモルトになった（発芽した）麦粒がいくらか入っていたのかもしれない。エジプトのビールは濃厚にして栄養豊富、甘いものも少なくなかった。とりわけ、古い時代にはナツメヤシや蜂蜜で味つけした甘いビールが客に喜ばれた。のちには、焙煎しないモルトを混ぜ大麦やエンマー小麦から直接醸造する製法が多くなっていく。どうやら、醸造家の実験好きは大昔から変わらないらしい。もっとも、当時も今と同じく、質のばらつきはときに味だけでなく経済の問題でもあったのだが。

シュメールと同様、エジプトでもビールは人々の社会生活に重要な役割を果たしていた。年齢、階級を問わずだれもが飲み、労賃の支払いにも使われ、宗教上の祝祭では目玉でもあった。ギザのピラミッドを建設した職人たちの報酬も一部はビールで、日に三度コップに注がれることになっており、合計するとおよそ四リットルになった。最小かつ最後のピラミッドは第四王朝のファラオだったメンカウラーのもので、紀元前二五〇〇年ごろにおびただしい数の人夫を動員して建設されたが、こっそり残された落書きによれば、人夫たちの中には「メンカウラーの酔いどれたち」を自称するグループがいた。

酔った彼らがどのくらい騒々しかったのかはわかっていないが、あれだけの偉業を可能にするうえでビールが潤滑剤になったことはまちがいない。そして、たとえ重労働で健康を害しても心配ご無用。当時のビールは病気を治すということになっていたのだ。古代エジプトの医師たちは、多種多様な副材料を加えて作られたビールを無数の病気に処方している。

ビールが効いて社会復帰しても、文化的な生活を送ろうと思えば行く先々にビールがついてくる。当時のお金持ちが葬られた墓の壁面にはエジプト人の暮らしのさまざまな場面が描かれているが、なかでも特に楽しげで親近感を覚えるものに、ビールをつくり、飲んでいる姿が——それどころか、嘔吐している絵までがある。そしていつの日か、ビールの力でも治せないほどの病に倒れたなら、死出の旅のお供にもビールは欠かせない。

　そんなわけだから、エジプトの人々はビールを手にする自由を重くとらえていた。クレオパトラ七世（そう、あのクレオパトラだ）は対ローマの戦費を捻出すべく（どうやら史上初めて）ビールに課税して、かなり民の怒りを買っている。結局ローマが勝ち、エジプト市民はそのビール好きゆえになおさら落胆したことだろう。ローマ人たちはひどくビールを軽蔑していたからである。たとえば歴史家のタキトゥスはビールのことを「ひどい酒」で自分の愛するワインには「ほんのわずかしか似ていない」と記している。同様に、皇帝ユリアヌスはワインの香りを天上の甘露に、ビールの匂いを山羊にたとえた。つまりワインは神々に由来し、ビールは卑しい人間が作ったというわけだ。

　古代ローマではビールの評価が低かったことを思えば意外だが、記録に残るブリテン最古のビール醸造家は、移住してきたローマ人アトレクトゥスであった。ローマ帝国の荒涼たる北方前哨地で生活するアトレクトゥスやその仲間たちは、周囲に住む粗野な鉄器時代ゲルマンやアングロサクソンの集団が実践していた醸造法を取り入れたのだろう。不本意ながら新しくローマの支配下に入った彼らは、はるか昔、ちょうどエンキドゥがウルクで快適な文明生活を満喫していた時代に、この寒く住みにくいヨーロッパ北部で農耕を始めた先駆者たちの末裔だった。この初期の農耕民たちは明らかに、移動した先にビールを伝えている。ビールづくりの記録は驚くほど古くから残っているが、なんとスコットランド北部の風吹きすさぶ辺境の地、オークニー諸島にある紀元前三二〇〇年から二五〇〇年の新石器時代のスカラ・ブレイ遺跡でも見つかっているのだ。

　ドイツにある紀元前二五〇〇年ごろの遺跡が発掘された甲斐あって、鉄器時代の北方ヨーロッパでのモルト（麦芽）の作り方もいくらかわかっている。どうやらモルト用の溝を掘り、大麦を水に浸して発芽させていたらしい。続いて溝の縁で火を焚いて発芽を止める。モルトは濃く色づき、煙の味も加わって、非常に高品質の出来になったことだろう。同じ遺跡では弱い毒のあるヒヨスの種子も見つかっているのだが、仮に仕込みのときにこれを混ぜていたなら、かなり強力な酒ができたはずだ。ただし、味の方も現代のみなさんがなじんでいるものとはかなりちがってくるだろうが。

　涼しく雨がちな北方ヨーロッパで穀類を育てる方法を見つけるのは容易なことではなかった。だから当然ながら、昔のヨーロッパでビールをつくるには、モルトにする大麦や小麦が少ししか使えず、蜂蜜やベリー類など、手に入るもので発酵するものならなんでも利用して補った。学者たちの中には、ヨーロッパの初期のアルコールは儀式専用だったという向きもあるが、そのおもな根拠は、飲酒の道具一式は大半が墓地で発見されたかららしい。なるほど墓地は儀式と縁が深いが、こうした道具類がよく残り、考古学者に発見されやすい場所でもある。現在ではたいていの専門家が、新石器時代のヨーロッパでエクストリームビールは日常の飲み物だったということで納得している。

　つまり、北方ヨーロッパで農耕が始まった当初から、ビールは人々の生活の一部だった。現代に伝わっている文献から察するかぎり、その飲み方は必ずしもシュメールやエジプトの人々ほどお上品ではなかった可能性はある。キリスト教が国教となったローマの人、ヴェナンティウス・フォルトゥナトゥスが旅先でゲルマン人たちの宴会を見て、参加者たちのことを「野人のごとく騒ぎ、（中略）生きて帰れた者は運がいいと考えるべきだ」と記している。一気飲みは明らかに近代の産物ではない。

　そんなわけで、メソポタミアから遠く西欧まで広がる主要地域で、ビールは長い——誇れるものばかりではないにせよ――歴史を持っている。しかし無視するわけにいかないのは、少しでも穀物の入った混合材料で作るアルコール飲料の最も古い証拠は、実ははるかかなたの中国で見つかっている点だ。この始まりは一九八〇年代だった。中国中央部にある賈湖《ジアフー》遺跡で、約九〇〇〇年前から七六〇〇年前ごろまで続いた新石器時代の村の跡を調べたところ、実に高度な社会の痕跡が見つかった。賈湖の人々は最初から土器の入れ物を使っていた。そして、生体分子考古学者のパトリック・マクガヴァン率いるチームが最古の土器のいくつかから発見した残渣は、多少の無理をすれば米のビールともいえるものだった。

ただし厳密には、発見者たちはこれを混合飲料と呼んでいた。特定できた化学的マーカーが多種多様な材料に由来することはほぼ確実だったからである。まずわかったのは米で、もしかしたら同じ遺跡に残っていた米と同じ短粒の栽培品種かもしれない。米に含まれるでんぷんを発酵可能な糖にまで分解するには、口の中で噛んで吐き出す（おそらくは人類最古の糖化方法だ）か、後の西洋で使われた発芽による方法のどちらかで、現代の中国で米の酒を作るときのようなカビをもちいた方法ではなかったと考えられている（カビの使用は今のところ、紀元前二千年紀後半の商王朝までしか遡ることができていない）。米のほかには、葡萄、蜂蜜、さんざしの実など、さまざまに特定できる化合物が見つかっている。これらの証拠をすべて寄せ集めてマクガヴァンたちがたどり着いたのは、賈湖の飲料は葡萄とさんざしのワイン、蜂蜜のミード、米のビールの混合物だという結論だった。念のために述べておくと、マクガヴァンによる暫定的定義だと、「ワイン」は果実を材料とし、アルコール度数が比較的高く、体積比で九から十パーセントまたはそれを超えるもの、対して「ビール」は穀物で作られ、アルコール度数がより低く、体積比で四から五パーセント程度のものとされている。しかし気になるのは、マクガヴァンがこのハイブリッド飲料を再現するにあたって手を組んだのはワイン会社ではなくビール会社だったこと、そして、完成した品はアルコール度数十パーセントなのに、メーカーはそれを「太古のエール」と分類していることだろう。

このビールも含め、さまざまな大昔のビール様の飲料を復元する試みについては、第14章と第15章でくわしく扱うので、今のところはこう述べるにとどめておこう。賈湖の混合酒にかぎらず、大昔のアルコール飲料を現代のカテゴリーのどれかに当てはめるのは難しい。そのことからも、アルコール飲料を作り始めた新石器時代の人々は、発酵しそうなものなら手当たりしだいに実験していたのだと痛感する。当時は、現代の「エクストリーム」なビールに劣らず、あらゆる材料が使われた。とはいえ、昔の客たちもそのうち、好みにも予算にも合う特定の種類をしきりに催促するようになったことだろう。それでも、この歴史を振り返ってわかるのは、こんにち使われているビールの分類はかなり最近の現象であるどころか、単にたまたまそう分類されただけかもしれないということだ。

3
醸造の歴史
Innovation and an Emerging Industry

そのよく冷えた瓶は、結露でできた細かい水滴できらきら光りながらテーブルに立っていた。ネックラベルには「創業一〇四〇年」とある。いくらかの敬意を払いつつ、この世界最古の醸造所が作った現代の製品を開栓する。注げば流れはなめらかで、泡の層は薄め、色は透明な淡い琥珀色。続く風味はモルトとホップのバランスが見事だった。

　われわれが味わっているのは典型的な、精巧につくられたラガーであって、一一世紀にヴァイエンシュテファンの修道士たちが作っていただろう黒っぽく濁ったエールとは似ても似つかないことは明らかだ。そうはいっても、千年近くもビールをつくっていれば、さぞやいろいろと取り入れることもあっただろうと思うのだった。

時代が下るにつれ、大麦や小麦を使ったビールの歴史はおおむねヨーロッパ中心となっていったが、その魅力がヨーロッパという枠に閉じこめられなかったことは明らかだ。

穀物を使うアルコール飲料発祥の地かもしれない中国は、米国を抜いて世界最大のビール市場となり、二〇一六年には二五〇億リットルという途方もない量を飲み干した。そんな中国も近代的なビール製造の歴史は浅く、一九〇三年にドイツ人が青島に醸造所を建てたのが始まりで、今なおこの国で造られるビールは（全部とまではいかないまでも）ほとんどがドイツ式のラガーだ。

日本においても、いまやビールは文化の一部になっているし、消費量もアルコール飲料の中で一番なのに、その歴史は中国よりわずかに長いにすぎない。近代にならんとする日本で初めてビールが飲まれたのは一八五三年の東京湾内、ペリー代将の旗艦だったUSSミシシッピ艦内のバーでのことだった（ただし、一七世紀のオランダ商人が自分たちで飲むために醸造してはいたけれども）。そして、日本のビール産業は今も、ドイツ風ビールを工業的に造る米国式生産法の影響が濃い。

二一世紀のインドはとてつもない人口を擁するうえ、ペールエールの中で一番人気のインディアペールエールに国名が入っていながら、これまで「ビール消費はライト級」と言われてきた。ただし近ごろは、売れゆきがやや上向いているそうだ。

そして、シュメールの民が穀物の発酵が秘める可能性をあれほどおおらかに実験した近東では、ビールの製造も飲用もゆうに千年以上にわたってかたく禁じられてきた。クルアーンの「ワイン」禁令が広く解釈され、悲しいかな、すべてのアルコール飲料に適用されたのだ。

ヨーロッパに目を戻そう。本当はさほど暗黒ではなかったであろう暗黒時代、紀元五世紀のローマ帝国崩壊後にヨーロッパで伝承されていた醸造法についてはあまりわかっていない。はっきりしているのはただ、かつての帝国領土の中でも温暖な地域ではワインの製造も飲用も依然として続いていたが、冷涼な北方では穀類が勢力を回復し、ビールが表舞台に戻ってきたことくらいだ。小麦の方が高級品だったようだが、大麦はあまねく栽培され、貧農も含めてだれもが、通常は大麦で作るスモールビール（弱いビール）を水の代用として大量に飲んでいた。一番モルト（麦芽）が使われることも多かったこの飲料は、水よりも安全だったのだ。もちろんアルコールの効果もあっただろうが、製造工程に煮沸が含まれるため、当時の水源の大半が太刀打ちできない清潔さが保障された。蜂蜜から作るミードや度数の高いビールは高価で、飲むのは金持ちか貴族にかぎられたし、南から運ばれるワインは、北方ヨーロッパのほとんどの地では教会での秘跡を除いてまずお目にかかれない。世はスモールビールの時代であり、紀元八〇〇年ごろからはヴァイキングとともに旅もした。長く厳しい航海に耐えられる力をつけるため、船に積みこまれたのだ。

ローマ人がワインを神々の贈り物と考え、ビールを卑しいものとみなしたのと同様、勃興期のキリスト教会も儀式に欠かせないワインを尊び（こんどは唯一神からの贈り物というわけだ）、ビールを快く思わなかった。五世紀には、キュロスのテオドレトスとかいう無名の神学者が大麦ビールのことを「酸っぱくて臭く、有害だ」と記している。テオドレトスの地元にあったビールが本当にこの言葉のとおりだったかどうかはわからないが、当時のキリスト教徒の多くはビールを異教徒の飲み物と考えていたから、その影響もあったことはまちがいない。

そんな教会のお偉方もついには、布教したい相手の味の好みに合わせる道を選んだ。屈服しない相手なら、懐に入りこむのが常道。さらに修道士たちは、収穫期には倉に入りきらなくなる十分の一税の穀物を活用し、保存するにはビール造りがうってつけだと気づく。かくして修道院ビールの伝統が誕生した。ほどなく修道院はビール造りの腕を上げて（そのため図らずも醸造業は男の世界になってしまうのだが）人々の人気を勝ち得たばかりか、ビールがよい収入源になることを知る。中世も後期になると、ビールは各地の修道院で熱心な実験の対象となっていく。買い手は貧民から金持ちまで幅広いため、最高級品には香りつけの「グルート」なる添加物を加えていたのだが、院外の同業者と軌を一にして、グルートはどんどん珍しい外国産の材料になっていく。使われたのは牛蒡やのこぎり草、苦よもぎ、セージ、よもぎ、苦はっか、杜松《ねず》の実などだった。

そして、ついにホップの登場だ。九世紀になって（もっと早かった可能性もある）、ビール造りにセイヨウカラハナソウ（*Humulus lupulus*）というつる植物の毬果、つまりホップを加える新工夫により、すべてが一変した。ホップは単に苦味が爽快な、すぐれた香味材料というだけではなかった。天然の保存料が含まれていて、ビールの日持ちがよくなったのだ（第9章を参照のこと）。ホップの入っていないビールは早めに飲まねばならず、消費は地元にかぎられた。多少なりとも遠くへ運べるのは、アルコール（それ自体が保存料でもある）の多いものくらいだった。それがホップを入れればどんなビールも――モルトが少ししかいらなくてアルコール度数の低いビールでさえも――前より遠くまで運べるようになり、商圏を広げることも可能になったのだ。

初期の修道院ビール（中断もあったとはいえ伝統がまだ生きているベルギーでいうところのアベイビール）はどれも、ごく大きくくくるとエールというカテゴリーに属する。エールとは室温で発酵するビールで、酵母は主としてパンやワインと同じサッカロミセス・セレヴィシエ（*Saccharomyces cerevisiae*）が使われるが、ときには野生酵母を使うこともある（第8章参照）。発酵が進むにつれ酵母が浮かんでいき、液の表面に泡の層ができる。今でもそうだが、エールの製法にはかぎりなく多様な選択肢がある。発酵さ

せる樽の温度（昔は季節を選ぶことで調節した）、発酵にかける時間、モルトの種類や量、モルトの焙煎法、グルートの材料のとり合わせ（ホップ登場後はしだいに消えていった）、ホップの量と種類（第9章参照）など多くの条件を調節することで、修道院の醸造家たちは風味も質感もアルコール含有量もさまざまなエールを造ることができた。とはいえ、商圏が広がり、評判も定まってくるにつれ、各僧院は少なくとも季節ごとに得意の銘柄を絞りこんでいった。

中断期間なしに世界一長く続いている醸造所も、もとは修道院内の事業として始まった。ドイツはバイエルン州のフライジングという町にあるヴァイエンシュテファン醸造所は今でこそ州営だが、ベネディクト派のヴァイエンシュテファン修道院の下でビール造りをはじめている（図3・1）。一〇四〇年、市当局はヴァイエンシュテファンの修道士たちに対し、ホップを使ったビールの醸造を正式に許可している。記録によるとこのホップはそれよりさらに数百年前から院内で栽培されていた。ヴァイエンシュテファンで一〇四〇年以前にビールが造られていなかったとはちょっと考えにくいが、免許の日付でいうなら、現在操業している世界最古の醸造所はチェコのジャテツにある会社になる。最初に納めた税が一〇〇四年に造ったビールにかけられていたからだ。ただし、現在の工場そのものは一八〇一年建設なのであまり古いとはいえない。いっぽう、今なお修道士が運営している醸造所のうち最も古いのはバイエルンのヴェルテンブルク修道院で、一〇五〇年に創業している。一九世紀初頭の政治的混乱によって短期間の休業があったとはいえ、ヴェルテンブルクは今なお修道院の施設で、受賞歴のある黒ビールと、実においしいピルスナーを送り出している。

ドイツにおける商業的なビール製造を修道院が独占する時代は長くは続かなかった。中世も後半になると、都市や町の着実な発展につれて経済力も発言力も増した中流の商人たちが分け前を要求したのだ。もしかしたら、かつてフライジングの町当局がヴァイエンシュテファンに免許を発行したのも、ひとつ

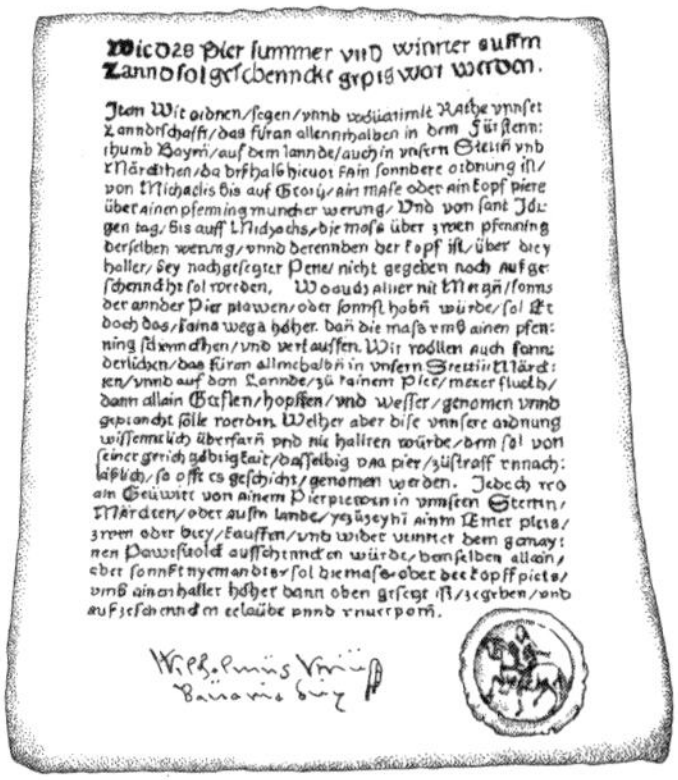
Wie das Pier summer vnd winter auffm Lannd sol geschenncket gepis wor werden.

Item Wir ordnen/setzen/vnnd wöllen mit Rathe vnnser Lanndtschafft/das füran allenthalben in dem Fürstenn: thumb Bayrn/auf dem lannde/auch in vnsern Stettn vnd Märckthen/da desshalb hievor kain sonndere ordnung ist/ von Michaelis bis auf Georij/ain mass oder ain kopf piers über ainen pfenning muncher werung/ Vnd von sant Jörgen tag/bis auff Michaelis/die mass über zwen pfenning derselben werung/vnnd derennden der kopf ist/über drey haller/bey nachgesetzter Pene/nicht gegeben noch aufgeschennckht sol werden. Wo auch ainer nit Mertzen/sonnder annder Pier prawen/oder sonnst haben würde/sol Er doch das/kains wegs höher dann die mass vmb ainen pfenning schenncken/vnd verkauffen. Wir wöllen auch sonnderlichen/das füran allenthalben in vnsern Stetten/Märckten/vnnd auf dem Lannde/zu kainem Pier/merer stuckh/dann allain Gersten/hopffen/vnd wasser/genomen vnnd gepraucht sölle werden. Welher aber dise vnnsere ordnung wissentlich überfaren vnd nit hallten würde/dem sol von seiner gerichtzobrigkait/dasselbig vass pier/zustraff vnnachlässlich/so offt es geschicht/genomen werden. Jedoch wo ain Gäuwirt von ainem Pierprewn in vnnsern Stettn/Märckten/oder aufm lannde/yezuzeyhn ainen Emer piers/zwen oder drey/kauffen/vnd wider vnnter den gmaynen Pawrsvolck ausschennckhen würde/demselben allain/aber sonnst nyemandts/sol die mass oder der kopff piers/vmb ainen haller höher dann oben gesetzt ist/zegeben/vnd aufzeschennckhen erlaubt vnnd vnuerpoten.

Wilhelmus Vnnd Bavariae dux

図3.1　［左］ミハエル・ヴェニンクによるヴァイエンシュテファン修道院の銅板画。『バイエルン地誌（*Topographia Bavariae*）』（1700年）より。［右］1516年にバイエルンで制定されたビール純粋令。

にはそんな理由もあったのかもしれない。こうして、ほかの新興の専門職の大半に遅れること百年、一二五四年にケルンのビール醸造業者たちがようやくギルドの結成を許されると、ほかの土地も次々と例にならった。これにより、都市ごと、地域ごとに独自の風味を確立し、顧客を奪い合おうという気運が高まる。ビール戦争は必然だった。

　ヴァイエンシュテファンでもジャテツでもヴェルテンブルクでも、初期に造っていたのはエールばかりだった。それがいまや、これら老舗の製品がヘーフェヴァイツェン（白ビール）を除けばラガー一色となっているのは、醸造史上で最も重大な分岐の結果である。一五世紀初頭（それより早い可能性もある）、ニーダーザクセン州はアインベックとその周辺の醸造家たちが、これまでとまったくちがうビールを造りはじめた。バイエルンの醸造家たちも前々から、エールの熟成のため、石灰岩の洞窟に貯蔵する習慣があった。涼しい場所なら有害な細菌の増殖が抑えられるからである。ところが、アインベック産の新製品はどこかがちがった。冷涼な洞窟でひと冬ゆっくり熟成すると、透明で色も淡く、後口のさっぱりしたビールになったのだ。化学的にもっと複雑で、たいていは濁りもあった当時のエールとは似ていない。いまや長い伝統となったこの低温貯蔵の工程はドイツ語で「ラガーする」と呼ばれているが、このありがたい効果がなぜことさらアインベックでだけ発生するのか、当時の人々は少しも知らなかった。

わからないのも当然で、この時代は発酵のしくみからしてまだ知られていなかった。人々は古くから、なにか特定の成分が発酵を促進していると気づいていたし、できたビールの表面に浮かんだ泡を次の仕込みに加えるという方法で問題の物質を選抜してもいた。それでも、発酵とは微細な生き物たち、今でいう酵母のしわざだという発見は一九世紀、フランスの化学者ルイ・パスツールの研究まで待たねばならなかった。

しかし、パスツールの大発見から、そのころにはラガーという名になっていたビールには独特の酵母が使われているとわかるまでは時間の問題だった（第8章参照）。従来のサッカロミセス・セレヴィシエでは発酵に最適な温度が摂氏二一度前後なのに対し、新しく確認された酵母（今ではパスツールにちなんでサッカロミセス・パストリアヌスという名になっている）はそれよりずっと低い四・五度前後で活発になる。そのうえ、上面で発酵するサッカロミセス・セレヴィシエとちがって発酵タンクの底に沈む性質がある。そのため、沈みながらほかの浮遊物も抱きこんでいくので上の液体部分は透明になり、色も淡くなる。ただし古い時代には、モルトの焙煎に煙の出る薪を使っていたため、色はそれなりに濃いのがふつうだった。透明度に劣らず重要なのは、この新種の酵母が放出した二酸化炭素は上昇する際に液体の中を通過するため、ぷつぷつと弾ける感触を生むことだろう。

この新しい酵母が厳密にどこから来たかについては、まだ結論が出ていない。サッカロミセス・パストリアヌス（*Saccharomyces pastorianus*）はサッカロミセス・セレヴィシエがなにか別の種と交雑してできたということは四十年前にわかったものの、パストリアヌスに耐寒性と下面発酵の性質をもたらしたであろう第二の酵母が長く見つからなかったのだ。今ではこの酵母も特定され、サッカロミセス・ユーバヤヌス（*Saccharomyces eubayanus*）と名づけられている。最初に発見されたのは南米だったが、のちにチベットでも確認された。分布域がにわかに広くなったことから、科学者たちに見つかることなく実は中欧のオークの森にもひそんでいる可能性はかなり出てきた。もし中欧にいないのなら、どうやってアインベックにたどり着いたのかはだれにもわからない。

いっぽう、一五世紀のバイエルンではもう一つ大きな事態が進行していた。バイエルンといえばビールの技術革新の中心地でもあるが、なにより重要なのは、ここがドイツのビール純粋令誕生の地だということだ。この純粋令は、まず一四八七年にミュンヘン公爵領で公布され、ついで一五一六年にはバイエルン全体の法律となり、ついにはドイツ全体に広がった（バイエルンは一九一九年、ビール純粋令を国法にしないならワイマール共和国には参加しないと主張した）。純粋令では、合法的なビールの材料は水、大麦、ホップのみと定められている（図3・1）が、数百年たってパスツールの発見ののちは酵母もリストに追加された。

意義深いのは、この法律ではビールの販売方法や価格も統制していたことだ。見ようによっては消費者を保護する先進的な法律にも思えるが、それ以上に、使える穀物を大麦に限ったおもな理由は小麦不足でパンが払底しがちだからだという点も無視できない。さらに、ビールにかける税金は世俗の権力者にとって大切な収入源なので、品質が落ちれば自分たちのふところ具合にもかかわることを彼らはよく知っていた。おそらくそれを心配してのことだろう、一五五三年にバイエルンの当局は気温の上がる夏場（有害かもしれない微生物が元気になる時期だ）の醸造を禁止したので、バイエルンのビール生産はほぼラガーに限られることとなり、世界じゅうのビール市場が長期にわたる影響を受けた。

それでも、ドイツのビール生産方法が完全に一枚岩というわけではない。たしかにラガーはドイツ全土で圧倒的な一番人気だが、上面発酵の小麦ビールも広く造られ、飲まれている。そのほかにライ麦ビールもあれば、上面発酵して低温貯蔵をするケルシュなどのハイブリッドビール、スモークビールとして名高いバンベルク（ラガー酵母と昔風に薪で焙煎したモルトの組み合わせだ）、さらにはコトブスで造られる、小麦と大麦両方のモルトのほかに蜂蜜と糖蜜、そしてオーツ麦も加えた混合酒までがそろっている。

バイエルンの隣がボヘミアで、現在はチェコ共和国の西部になっている。プルゼニ（ピルゼン）といえば伝統ある醸造の町だったが、ビール純粋令が敷かれておらず、一九世紀初期には品質の水準がかなり落ちていたらしい。一八三八年、暴徒と化した住民が市庁舎の玄関先で何十樽ものビールをひっくり返したというから、よほどひどかったのだろう。危機感を覚えた町の有力者たちが助けを求めたところ、やってきたのが礼儀知らずでけんかっ早いヨゼフ・グロルだった。出身はバイエルンだが、イングランドに渡った際に、コークスで乾燥させた淡色のモルトでライトエールを造る方法（これについては後に述べる）を学んできた男だ。グロルは大麦の発芽をとめるには英国式のキルン（窯）を採用し、できたモルトをバイエルン式ラガースタイルで醸造した。ふたを開けてみるとこの製法は、地元の軟水とザーツホップ、大麦と相性が最高だとわかった。数か月ののち最初の樽の口が切られると、だれもが心を奪われた。グロルの「ピルスナー」は透明、淡色で黄金色に輝き、「泡は密で雪のように白」く、繊細なホップの香りがした。この品質が一つの基準となり、これに追いつこうとだれもが力を注ぐことになった。

今ではヨーロッパ全土、それどころか世界じゅうでさまざまなスタイルの「ピルスナー」が造られているが、熱心なファンは、すべての要素がこれほど完璧な出会いを果たすのはピルゼンだけなのだと言って譲らない。

ドイツでは消費者たちが次々とラガーに乗り換え、見捨てられつつあったエールも、ベルギーでの勢いは衰えていなかった。ベルギーでもドイツ同様、ビール造りは当初、修道院の仕事だった。相次ぐ政治的混乱で昔からの修道院の多くが途絶えてしまったため、今あるベルギーのアベイビールのほとんどは、苦難の一六世紀から一八世紀の後に再建された修道院で造られたか、さもなければ単に、修道院エール「のスタイルで」造られたかのいずれかだ。ベルギーのアベイビールの中でも特別なカテゴリーが「トラピスト」表示で、これは一七世紀のフランスでシトー会から分派したトラピスト会に属する六つの修道院のいずれかで醸造されたことを示している。みんなが羨む「正真正銘トラピスト製造品（Authentic Trappist Product）」というラベルが付されたビールは世界で一一銘柄あるが、ベルギーで現在ビールを造っている六つのトラピスト修道院は、一つを除いて一八三五年以降に誕生した。

小国の割に、ベルギーには大変な数の銘柄があり、スタイルも驚くほど多彩だ。「デュベル」と「トリペル」は元来トラピスト会が定めた名称だった。どちらも飲み口が重厚でフルーティなブラウンエールで、アルコール度数がそれぞれ六から八パーセントと八から一〇パーセントのものを指すが、現在のトリペルはむしろ黄金色がふつうになっている。

ベルギーのアンバーエールはおおむね英国のペールエールに相当するが、より濃厚で、よりモルティで、アルコール度数も高いものが多い。ブロンドもスタイルとしてはアンバーエールと同じ範囲に入るが、飲み口は軽く色も淡い（アルコール度数は必ずしも低いとは限らないのだが）。

「シャンパンビール」は瓶に詰めてから二次発酵をさせたもので、フランダースレッドには乳酸菌が使われる。セゾン、あるいは「ファームハウススタイル」というのはその昔、ワロン地方南部の農場で働く人々の喉の渇きをいやすため収穫期に造っていたアルコール度数の低いビールだ。同じワロン地方でも工業化の進んだ北部の労働者向けには、これよりも熟成期間が長くてボディも重いビエール・デ・ガルデが造られた。ただし油断は禁物。昔は昔、現代のセゾンスタイルは度数が五から八パーセントのものも少なくない。

ベルギーが誇る人気商品がランビックビールで、小麦を野生酵母で醸造し、長期にわたって熟成したものだ。果物を加えたものもあり、さくらんぼならクリーク、木苺ならフランボワーズ、桃だとペシュになる。発酵のはじめに糖を加えたものがファロ、軽く泡が弾けるグーズは酸味のある変わり種だが、かつては発酵不完全な若いランビックを古いランビックとブレンドして、瓶に詰めてからも野生酵母に発酵を続けさせて造っていた。

つまりベルギーは、ビールファンのワンダーランドなのだ。エールの種類の豊富さを見るだけでも、歴史的にビールがこの地に深く根ざしていることがわかる。もっとも、現在造られている歴史的スタイルの大半は昔のお手本の正確な再現ではないのだが、この国が過去数世紀にわたって幾多の混乱をくぐり抜けてきたことを思えば無理もない。すべてが万人向きとはいわないが、どれも興味をそそるし、できの悪いエールを探すのはかなり難しい。

そんなベルギーだが、とりたてて優秀でもないピルスナースタイルのラガーも大量に造られている。私たち部外者には不思議に思えるが、現代ベルギー人のほとんどが、より軽いこちらのスタイルを選ぶのだ。今では、生産量も消費量も、エールよりラガーの方がずっと多くなっている。

ベルギーにこんなに数えきれないほどのエールがある理由のひとつは明らかで、北にありすぎてワイン用の葡萄が育たないせいだろう。もうひとつのエール生産大国である英国も同じだ（というより、最近まで同じだった）。英国における上面発酵ビールの歴史ははるかスカラ・ブレイにまでさかのぼり、ラガーを造ったり飲んだりする習慣が大きく浸透したのは二〇世紀後半になってからだった。

中世初期を通して、英国にはスモールビールがあふれていた。スモールビールは貴重な栄養源で（水分補給としても安全で）、たいていは一度醸造に使ったモルトの再利用で造られた。

居酒屋は最初、エールワイフとよばれる女たちが経営し、自家製のビールを売っていたようだが、ほどなく男たちが業界に割りこみはじめた。一四世紀までには男性の醸造業者たちが続々とギルドを結成しつつあり、自分の店で出す商品中心の醸造だとはいえ、出荷も始めていた。のちの特約酒場というシステムの原型である。こうなるとなんらかの消費者保護が必要となってきたのだろう、まずは市の当局に雇われた「エール検査官」が商品のアルコール濃度を調べるいっぽうで、課税のために適正価格も定めていた。この役目は不人気で、無理強いしないとなり手がいなかったのは、試飲するビールの中には粗悪品もあったせいかもしれない。エキスの濃さが基準に達しているかどうか判定するため、革のズボンを穿いてビールで濡れたベンチに座り続けたという話が残っているが、これは残念ながら根拠があやしいようだ。それより中世の英国で特に問題なのは腐敗だったと思われる。この地では保存を良くするホップの採用が遅く、定番の材料になるには一六世紀を待たねばならなかったからだ。

一八世紀に入るまでには、英国の大手醸造業者たちはポーターとよばれる新しいスタイルのエールを造りはじめていた。名前の由来は市場で荷を運ぶポーターたちに人気だったからとされているが、これはホップをたくさん使い、色濃く焙煎したモルト（麦芽）で造るものだった。通常はアルコールが六度以上もあるうえ、温度計や比重計など黎明期の科学の道具類にも助けられたポーターは、工業製品として生産され流通した初めてのビールとなった。大手の醸造会社がスケールメリットを享受するようになるとすぐ、個人経営の宿屋が客に出すビールを自分で醸造するのは割に合わなくなってきた。

従来だと、大麦を焙煎するキルンは薪か石炭を燃料としていたため、できるモルトは濃く、煙の香りが残っていた。当然ポーターも重くて暗色のビールになる。ところが一八世紀前半に技術が急発展して、きれいに燃えるコークスが安く普及する。これがのちに色の淡いモルトの大量生産につながり、新興のカテゴリーである淡色のペールエールや、先に触れたヨゼフ・グロルのピルスナーラガーを支えたのだった。

ペールエールのなかでもとりわけ重要なものに、生まれたばかりの大英帝国を支えるため特別に造られたインディアペールエール（ＩＰＡ）がある。インドは暑く、現地でビールを造るのは現実的ではなかった。暑さにうだる英国商人にも、さまざまな野心をかかえて集まってきた人々にもなにか飲むものが必要だった。もともとインドにあるのはアラックという椰子酒だけで、これが癖が強いだけならともかく、安全性に問題のあるものさえ少なくなかった。ここにビールを持ちこめれば大もうけのチャンスだが、イングランドのエールをインドまで運ぶ厳しい航海はビールに良好な条件とはいえず、ふつうのビールではほとんど無事に届かない。その解決策が、オクトーバービールという既存のスタイルを原形としてアルコールをちょっと、ホップをぐっと増やすことだった。オクトーバーというのは地主階級がこよなく愛した強めのペールエールで、Ａ・Ｅ・ハウスマンは「イングランドにビールの仲間あまたあり／ミューズよりなお快活な酒」と詠っている。この種のビールは屋敷のセラーで二年間熟成させるのがふつうだったが、これよりやや短いインドへの旅にも同じ、いやそれ以上の効果があるとわかったのだ。熱帯に届いたビールは透明かつフルーティで爽やかなだけでなく、発泡性もやや強いタイプが多かった。どうやら、ブレタノミセス酵母（第8章参照）のはたらきにより、樽の中で二次発酵が起こったらしい。大量のIPAが遠くインドやオーストラリアへ送り出されるいっぽう、一九世紀前半にはこれよりややアルコールを減らした製品が国内向けに出荷されていた。こちらはヨーロッパ大陸にも輸出され、ファンを獲得した。バス・エールはエドゥアール・マネ一八八二年の傑作「フォリー・ベルジェールのバー」にもシャンパンと並んで描かれている。

対してアイルランドでは、ポーターが独自の発展をとげることになった。一七五九年にアーサー・ギネスがダブリンに醸造所を開いたころ、アイルランドのビールはかなりひどかったという。そこでギネスはすぐれたビール造りに励んだ。一八世紀の末までには世評の高いポーター一本に絞り、ほどなくして市場を席捲。二十年後、彼の後継者たちが造っていたのが非常に色の濃い「スーペリアポーター」で、その発展形がほとんど黒に近い濃色とかすかに焦げたような香りで世界に名を広めた「エクストラスタウト」である。ギネスがダークエールの市場で優位に立った陰には、第一次世界大戦中に英国当局がエネルギー節約のためモルトの深煎りを禁じたという事情もあった。イングランドではポーターやスタウトの生産が激減し、アイルランドの製品が食いこむ余地がたっぷりあったのだ。さらに、イングランドの税制は依然としてアルコール度数を基準にしており、一九世紀末から二〇世紀に入ってもなお、度数が低くてずっと安価なエールが「マイルド」や「ビター」として広く売られていた。

第二次世界大戦の直前、イングランドでウォトニーのレッドバレルが発売される。これは安定化処理を行い、炭酸を人工的に加える初めてのエールで、加圧されたアルミ製保存樽、ケグから注がれた。ほかの会社もあとに続いたため、それまでどこのパブでもセラーに転がしておいたカスクから生きたビールを汲み上げていたビアエンジン（ハンドポンプ）は消えてゆき、小さなタップが取って代わった。この新しいエールは運ぶのも注ぐのも楽になったが、昔ながらのビール好きには個性のなさにがっかりする人も多かった。この変化で何が起きたかは改めて述べるとして、その前に米国の事情を見ておこう。禁酒法がビール産業に及ぼした影響たるや、英国の税制や世界大戦などの比ではなかった。

アメリカは清教徒の国でありながら、ビールの上に築かれた国でもある。一六二〇年、メイフラワー号でヴァージニアを目指していたピルグリム・ファーザーズが途中のマサチューセッツで上陸することになったのも、積んでいたエールが尽きたせいだった。それからほどなく、誕生間もないマサチューセッツ植民地の初代総督にはジョン・ウィンスロップが任命されたが、彼が任地へ向かう船には一万ガロンのビールが甲板ぎりぎりまで詰めこまれ、新総督は乗るのがやっとというありさまだった。やがて独立のときがくると独立宣言の署名は大量のビールで祝われたし、祝宴の会場になったフィラデルフィアの酒場は、トマス・ジェファーソンがその草稿を書いた場所でもあった。

ここで登場したビールは当然いずれもエールだが、一九世紀中ごろまでにはドイツのラガー職人がおおぜい移民してきており、アメリカ人の嗜好も変わりはじめた。ドイツ人たちがビール造りに理想的な環境を見出したのは、中西部の北端だった。たとえば五大湖では氷が潤沢で、低温の貯蔵が容易にできる。こうして一九世紀もまだ末とはいかないうちに、ミルウォーキーだけで国全体の半量を生産していた。ほかの地方には果敢にエール造りを守る醸造所が多少は残っていたものの、この国のビールのほとんどがピルスナーになっていた。アメリカの大麦はヨーロッパの品種とはどこかちがうため、慣れ親しんだ風味を再現すべく、仕込みに米やとうもろこしを混ぜて試行錯誤する醸造家も出てきた。

そこへ衝撃が襲った。一九二〇年の初頭に禁酒法が施行されると、合衆国内では合法的なビール生産が止まり、酒飲みたちは隠しやすく運びやすい蒸留酒に乗り換えた。一九三三年にようやく禁が解かれてみると、生産体制は復旧したのに、流通網はずたずたのまま。それなりの供給があっても需要はそれを上回り、市場には質の劣る製品があふれた。これでは消費も落ちる。結果として醸造所の吸収や合併が相次ぎ、業界はしだいに巨大企業に寡占されるようになっていく。これら大手企業は費用を抑えて利益を上げるべく大麦を他の材料で代用しつつ、販売はますます広告に頼るようになった。冷蔵技術の普及もこの流れを後押しした。キンキンに冷やせば、風味の微妙な違いはあまり気にならなくなるからだ。

二〇世紀中ごろには、アメリカの大量生産ビールがどれも退屈な商品になっていたのみならず、ハイネケンなど人気の輸入ビールまでが同じような型にはめられてしまった。

のちに、大きな都市のマニア向けバーでは英国からケグで輸入したビターエールが一部の層に人気を博したものの、一般にアメリカの客は苦いビールをなかなか飲みたがらないことがわかった。ついにはだれかがひらめいて、「IPA」という名前だけを借り、ホップたっぷりの元祖とは似ても似つかないビールに冠するまでになった。

つまり禁酒法が残したのは、キンキンに冷やして飲む工業生産ビールの優勢だったというわけだ。こうなるといつか反動がくるもので、はたして一九七〇年代にクラフトビール運動という形で現れた。伝統の締めつけがない国だけあって、アメリカの若い世代による小規模醸造所は二十年もたたないうちに、昔ながらのこの仕事に世界で最も自由な工夫を盛りこむ存在となった。巨大な多国籍企業の影が迫りくる中で彼らが築いた世界は、英国のビールライター、ピート・ブラウンがニルヴァーナにたとえて「アメリカのビルヴァーナ」と名づけるほどになったのだった。

4
ビール呑みの文化
Beer-Drinking Cultures

　一九六七年に南オーストラリア州で廃止されたのを最後に、パブのラストオーダーを午後六時と定めた法律がオーストラリアから姿を消した。この法律こそ、悪評高い「六時のがぶ飲み」の生みの親。帰宅途中のアデレードの労働者たちが毎日、法で許された七五分間（終業時刻から公認閉店時刻である六時一五分まで）にどんなものを飲んでいたのか気になって、入手したのが一本の「オリジナル」ペールエールだった。製造元は南オーストラリア最大かつ最古の、一九六八年になるまでラガーを造っていなかったという醸造所だ。

　まずは生きたまま入っている酵母を目覚めさせるべく瓶を揺すると、姿を現したのは濁ったエールだった。最初は淡い琥珀色に見えたが、澱が落ちつくと色はやや濃くなった。少なかった泡はすぐに消え、味はおとなしく、ホップもかすかにしか感じられない。それでも、暑いオーストラリアの午後に大急ぎでがぶ飲みするには悪くない味だった。

ビールの消費をめぐる習慣やしきたりが文化の数だけあるなら、土地柄も反映しているのは驚くに当たらない。およそビールを飲む文化であれば、人々とビールの関係を知らないかぎり、その文化を本当に理解したことにはならない——ときには相容れない関係かもしれないが。

一九六〇年代、著者の片割れはミネソタ州のセントポールで友人たちと同居していた。毎週土曜日になると、親戚の男たち全員が——というより、近所の全世帯の男たちが——近くにたくさんある湖へ魚釣りに出かける。有無を言わさず夜明け前にたたき起こされ、道具をトラックに積み、ハムズ・ブルワリーに乗りつける。すると社員たちが待ちかまえていて、ビールを山ほど売りつけてくる。それから釣りだ。日の出とともにポンツーンボートに乗りこみ、砂利の採取跡に水がたまってできた湖のまん中までボートを押し出して、舷《ふなばた》から糸を垂れる。ハムズの缶はケースごと水中に沈め、少しでも冷やしておく。最初こそ震える寒さだが、日陰のないボートで昼じゅうあぶられて、なんとか脱水に抗おうと次々空けるビールは一本ごとにぬるくなっていく。ありがたいことにようやく日が傾きだすと、わずかな釣果で面目を保って岸へと、そして女性たちのもとへと帰ることができる。

はたから見れば、貴重な休日のすごし方として最高とは思えないだろうし、よほどの釣り好きでも小さなハヤ数匹では釣った気がしないだろう。しかし言うまでもなく、そんなことは問題ではなかった。この遠足はなによりも、男どうしの結束を固め、友情を維持する社交上の儀式だったのだから。そして、それはビールなしには成り立たなかった。たしかにハムズのビールは変わりばえしなかったし、ぬるくなるとどうしようもないが、退屈な釣りの作業よりは友情を深める役にたってくれた。

一九六三年のセントポールでは、ビールは人々の仲をとりもつ必需品で、味が薄くてもかまわなかった。さにありながら、バーといえばたいていならず者や落ちこぼれがたむろする場所だった。当時、アメリカの平均的なバーはいまだに、禁酒法直前の乱立の弊害から立ち直っていなかった。なにしろ、わずか二五年で店の数は三倍になったのだから。そのうえ、ビールはじりじりと度数の高い酒に押されていた。いざ禁酒法が廃止されてもこんどはスーパーマーケットと家庭用冷蔵庫が同時に普及して、かつてビール目当てだった客は店に戻ってはこなかった。金をかけた広告に後押しされて、よき市民たちは缶ビールや瓶ビールを家庭で——あるいは湖で——家族や友人と飲むようになった。酒を出す店は社会の片隅へ追いやられ、飲酒をめぐる文化のすべてが滅びてしまった。このことについてはドイツの文化歴史学者ヴォルフガング・シヴェルブシュがみごとに表現している。醸造家と消費者の仲介者として酒場が第一に選ばれなくなり、バーでの仲間意識——乾杯、冗談、会話、おごり合い——が崩れてしまった。バーといえば思い浮かぶのは暗く湿っぽく床のべたつく場所で、客はたいてい夫婦喧嘩から逃げてきたか、ほかに居場所のない者。そんな怪しげな店の方がむしろ珍しいくらいになり、バー・シーンがふたたび活気をとり戻したのは、それから数十年を経たのちのことだった。

オーストラリアではアメリカのようにバーが片隅に追いやられることはなかった。オーストラリアは暑い国で、冷蔵技術の登場とともに、ビール（主としてラガー）の冷たさがアメリカ以上に重視されるようになる。そのため、概して暑い地方にいくほどバーで使われるグラスのサイズは小さくなっていくし、当然ながらサーバーは氷冷式が主流だ。ぐずぐずして、飲み終わる前にぬるくなるのは許されない。缶ビールを冷たく保つ便利な発泡ゴムの断熱カバーがオーストラリア発祥なのも偶然ではない。たとえ中身が複雑精緻な手作りエールだろうとこのカバーは使われる。

オーストラリアじゅうどこへ行っても、ビールはみんなのお約束の飲み物だ。一流のワイン産業を誇るだけあって最近ではワインの侵略も許してはいるものの、一番人気がビールであることは変わらない。飲酒は社交上の重大事であり、バーのようにみんなで集まれる場所が合衆国よりはるかに重視される。

一九世紀の末に英国からこの地を訪れたハロルド・フィンチ＝ハットンが観察したところでは、「階級を問わず、一人で飲むことは礼儀知らずと考えられている。（中略）酒を飲みたくなった者は、ただちに一緒に飲む相手を探す」という。それどころか、オーストラリア人がだれかと「たとえば十二時間ぶりにでも再会したら、エチケット上、その場で飲みに誘うのが義務」だというのだ。

これが書かれてから百年以上たつ今も、事情はたいして変わっていない。つまりオーストラリア人はしょっちゅう飲んでいるわけだが、その割に病的な酩酊の率は低いらしい。飲むのがおもにビールだし、目的は親睦と会話にあるからだ。

オーストラリア人にとってバーが人づき合いの場であることを最も如実に示すのが、全員が全員に一杯ずつおごる「シャウティング」という伝統だろう。隣の席の人にすすめられて、いやいやながらでも受けてしまったらもう逃げられない。全員の番が終わるまで、とちゅうで帰ることは考えられない。「シャウティング（叫び）」という名前がついたのはゴールドラッシュの時代だが、語源はどうやら、店が騒がしくて大声で注文したことではなく、めでたく金鉱を掘り当てた人は通りで叫んで仲間を呼び集め、祝いの宴に招くのが決まりだったことらしい。

そのほかオーストラリアは、アルコールの消費を規制しようという企てが、実際にはほとんど自滅するという見本を見せてくれた。ちょうど合衆国では禁酒運動が盛り上がりつつも禁酒法の制定はまだというころ、オーストラリアのあちこちの州で、それまで午後一一時前後まで開いていたバーの閉店が六時と定められた。根底にある動機はどう考えても純粋に道徳上の理由で、泥酔やけんか騒ぎを全体的に減らすためだったが、たいていの州が第一次世界大戦がらみの緊縮を表向きの口実にした。閉店繰り上げの始まりは一九一六年か一九一七年の州が多かったなか、クイーンズランド州は一九二三年まで持ちこたえたうえ、閉店時刻も夜八時だった。一九三七年にはタスマニア州だけが正気に戻ったものの、オーストラリア本土のほとんどでは一九六〇年代に至るまで穏当な営業時間は戻ってこなかった。

バーの営業時間にこんな規制をした結果は、だれでも予想がつくとおり、六時ちょうどのがぶ飲みだった。労働者は午後五時にぞろぞろと工場や事務所を出て、最寄りのバーに直行する。入店するとすぐ、六時までに頼めるだけ頼み、飲めるだけ飲み干す。ラストオーダーが宣言されたら一斉に列をなし、六時一五分の閉店までにあと数杯を大急ぎで飲むというわけだ。

店の側も混雑にそなえてスペースを広げた。ビリヤード台やダーツコーナーなど、おとなしく遊んでもらえる代わりに場所をとる設備はつぶされ、立ち席になった。押し寄せた客たちは、いくらアルコール度数が低めのビールとはいえども、代謝をはるかに上回るペースで飲むのだからたちまち酩酊してしまう。昔を知るバーテンダーたちに聞くと、身の毛もよだつ苦労話を聞かせてくれる。片手でビアガン、片手でレジを操作して詰めかける客をさばき続け、閉店時間がくると用心棒に早変わりしてみんなを追い出す。店はいきなり無人になり、通りにはよろよろと駅へ向かう大黒柱たちがあふれ返る。夜のすごし方といえば、居間のカウチで気絶するだけ。キリスト教婦人矯風会の活動家たちが構想した秩序ある社会はこんなものではなかったはずだ。

現在のオーストラリアでは、おおむね好きなときに酒が買えるし、ずっと行儀のよい飲み方に戻っている。元どおりどころか、古くから酒豪たちが楽しんでいたはしご酒も、元は田舎の植民地から出てきた労働者たちが都市部に伝えた派手な宴会も、いまや消えゆく伝統になっているらしい。

さすがに飲酒がらみの問題が皆無とまではいかないが、それは世界のほかの場所も同じだろう。全体としては、ふつうの閉店時間が戻ってきたとたん、検討不足の法律がもたらした意図せざる結果など根強い伝統にかき消されることになった。ただし、ある場所をのぞいて。

オーストラリアの禁酒運動はアルコール全面禁止には成功しなかったが、アボリジニの飲酒禁止には功を奏した。疎外され、権利も失った人々は酒がほしければヤミで買うことになり、多くはこっそり持ち運ぶのが容易だからと粗悪な安酒に手を出した。そのうえ、従来ならみんなの手前それなりに行儀よく飲むしかなかったのに、パブやバーなど人目のある空間を避けて飲むことになった。社会も個人も悲劇にみまわれたのは必然だった。

ヨーロッパからの入植者たちは当初、酒を知らなかった先住民たちとの交渉には、彼らをなるべく休みなしに酒びたりにさせておくのが有利だと気がついた。そんな恥ずべき過去と一見正反対でも同じくらい破壊的な政策は、今なお続いている。二〇一三年になってもまだ連邦最高裁判所は、先住民集団の成員のアルコール所持を制限するクイーンズランド州の法律は人種差別禁止法に違反しないとの判決を下している。その根拠はぎょっとするほどのパターナリズムで、このような手段をとったのも「目的はひとえに、人権をひとしく享受するには（中略）こうした保護を必要とする人種集団の、十分な発展を確実にすることにある」からというものだった。どうやら裁判所は、自分たちの判決が攻撃しているのは不正の症状であって原因ではないことなど気にしていないらしい。判事たちはまったくわかっていないようだが、先住民コミュニティの多くにみられる剝奪ゆえの問題を社会が本気で改善したいなら、もっといいやり方がいくつもあるはずだ。その一つはいうまでもなく、飲酒を秘密にさせないこと、そして、世界じゅうの人類のために酒が昔から果たしてきたのと同じ役割、成員の人間関係を深めるという役割をオーストラリア先住民に対しても果たさせてやることだろう。

日本酒という輝かしい伝統がありながら、現代の日本で最も広く飲まれているアルコール飲料はラガースタイルのビールである。なかでも多いのが「ドライ」といって、一九八〇年代にアサヒビールが開発した技術をもちい、麦汁の中の複合糖類を分解した製品だ。この操作により複合糖類もアルコールに転換できるので（第10章を参照のこと）、最終的には西洋の類似品に比べてアルコール度数が高く、私たちに言わせれば風味が薄めのビールができあがる。

みなさんもご想像のとおり、日本のように人目を気にする文化では、ビールの飲み方もひどく儀式ばっている場合が多い。そして形はちがえど、オーストラリアに劣らずビールを飲むのは社交目的という色が濃く、見ようによっては午後六時のがぶ飲みに似ていないこともない。

サラリーマンたちは仕事を終えると、もうひとつの生活が待つ自宅へ帰る前に、まずはみんなで飲み屋へ移動するのが長年の習慣であった。そして伝統的に、とりあえずはビールを一杯（あるいは二杯、三杯）やることで会話が始まる。宵も深まるにつれほかの酒に切り替える者もいるが、くつろぎの飲み物がなんであれ、日本企業の息づまるほど堅苦しい序列の中で働いていればいやでもたまる緊張が多少なりともほぐれ、抑制が抜けていくのが常だった。どうかすると、全員がぐでんぐでんになってようやく（ときには電車もなくなってから）上司がお開きを宣言し、みんなが帰宅を許されることも稀ではなかった。

このくだりを過去形で書いたのは、さすがの日本でさえも事情は変わりつつあるからである。職場における古い規範は崩れゆき、ソーシャルメディアの影響で、職場でも家庭でもない人間関係のネットワークへの参加が盛んになった。

変わったのは消費パターンだけではない。醸造を統制する法律が一九九四年に改正されてから、活気あるクラフトビールシーンが誕生しているからだ。それでも習慣はすぐには消えないもので、深夜の大都市では今でも、赤い顔のサラリーマンが千鳥足で駅に向かう姿が見られる。駅前には（ときには高架の下にも）無数の居酒屋があり、ビアバーもささやかな店から凝った店まで揃っており、一人で、あるいはグループで、電車に乗る前に軽く一杯やりたい人の需要に応えている。

この種の気軽な店は東アジアならどこの国にもみつかるが、なかでも独特の雰囲気があるのはベトナムのビアホイだろう。ベトナム全土の大きな町にも小さな町にも点在するビアホイは実に庶民的で、屋外の店も多い。傷だらけのアルミのケグが氷入りのバケツで冷やされ、そのまわりをぐらぐらする椅子がとり囲む。外国から伝わったラガービールだが、今ではすっかり受け入れられて、こうした店で人間関係の潤滑油として本来の実力を発揮している。

7

はるか西へ目を向けると、南ヨーロッパの国々はワインを飲む社会だと思われている。ところが本当は、気候も温暖な南の地方ではビールの消費が非常に多い。ビールといえば喉の渇きを癒やしてくれる飲み物だから、驚くにはあたらない。たとえばスペインだとほぼすべてのカフェにビアサーバーがあり、よく冷えたやつ（たいていは度数が四から五程度の弱めのラガーだ）を年に一人平均五〇リットル近くも飲み干す。

イタリアも負けてはいない。子どもが幼いうちから（薄めた）アルコールに慣らされる国のこと、少年少女にとってもエタノールは別に禁断の果実ではない。ビールは日常的すぎてむしろ目立たないくらいの存在だ。その結果、浴びるような深酒はかえって珍しい。適量のビールをゆっくり飲んだ結果は世界共通で、人間関係が円滑になり、なんとなく仲間意識が高まる。

もちろんその役割は、ビールこそ一番だと特別扱いされている土地でも変わらない。ドイツといえば最高にビール好きの社会でもあり、ビールを育てた中心地でもあることを思えば、世界一なりふりかまわぬビール愛の表出がバイエルン州はミュンヘンで開催されるのも意外ではない。そう、ご存じオクトーバーフェストだ。

奇妙に思われるだろうが、オクトーバーフェストの起源はビールとは関係がない。一八一〇年の一〇月、のちにバイエルンの王となるルートヴィヒ王太子とザクセン＝ヒルトブルクハウゼンの公女、テレーゼ姫との結婚を祝って、新しい競馬場が建設された。その土地はテレージエンヴィーゼ（テレーゼの緑地）が正式の名前だが、今では通常、短くヴィーズンと呼ばれている。当時のヴィーズンは市境を越えたすぐ外だったが、現在では繁華街のすぐ近くになっている。

婚礼と初の競馬に合わせて、大規模な祝宴が開かれた。宴の前には新郎新婦に敬意を表して凝ったパレードも行われた。このぜいたくな行事があまりに好評だったために翌年からも行われることになり、それ以来、戦争か伝染病がないかぎりだいたい毎年続いている。

一八一九年に開催がミュンヘンの市当局に移ると（初めてビールが出されたのはこの前年である）、オクトーバーフェストはどんどん華やかになり、一八四八年にルートヴィヒ王が譲位してもなお続けられた。ちなみにルートヴィヒ王は退位の四年前に、悪名高いビール暴動により指導力を失っている。ビールに課税したら暴動になったのだ（といっても、王位を失ったのは恋多きイングランド系アイルランド人女性、ローラ・モンテスとの醜聞が直接の原因だったのだが）。

その後、オクトーバーフェストは開催期間も長くなって（現在ではなんと十六日間にもなっている）、お祭りにありがちなありとあらゆるアトラクションが加わり、ビールスタンドや農産物品評会も登場した。王室の婚礼とは無関係になったので開催日も早まり、気候がまだ暖かな九月にずれこんだ。

場所がミュンヘンだけに、しだいに食とビールが中心になり、ビール関連の伝統が蓄積していったのも必然かもしれない。初物の樽を割って飲む式典、醸造所のパレード、伝統衣装でのパレード、縁日のような雰囲気、ビアテント、そして、重くてまず割れそうにない一リットルのジョッキ。一九世紀の終わりごろには、おおむね現在と同様の姿になっていた。懐かしさがたまらない移動遊園地の遊具はヴィーズン東側の広大な敷地に集まり、公園の西側では、派手に飾りつけられた巨大なビアテント（いまやテントとは名ばかりで、木で組んだ山小屋風の建物に、形だけ布製の屋根をつけてある）が広い通りに沿って並ぶ。向かいでは数えきれないほどのブースで、記念グッズやお菓子、ファストフードなどが売られている。フェストツェルトと呼ばれるビアテントの中でも、十いくつかある大型テントだといずれも一度に数千人を収容でき、それが一日に二回転する。最高記録は一九一三年のもので、一万二千席というから恐ろしい。テントはそれぞれ別々の醸造所が運営していて、どれも独自のテーマと伝統を持ち、熱心なファンがついている。今ではすっかり国際化し、世界じゅうから毎年七百万人が訪れるオクトーバーフェストだが、地元の人々は客の六割がバイエルン州民だと胸を張る。期間中は最低でも一日おきには通うという熱心なファンがおおぜいいればこその偉業だろう。

私たちが参加したテントはほぼ全員ミュンヘン市民で占められているうえ、若年かつバイエルンの民族衣装を着用している層に大きく偏っていた。テントの開場は午後四時。四時一五分にはバンドが演奏を始めていたが、会場の騒がしさでかろうじて聞こえる程度だ。バンドはブラスが中心で、曲目は多岐にわたり、意外にもバイエルンの伝統音楽は少ない方だった。四時三〇分にはすべてのテーブルが満席で、隅の方は座れなかった客でごった返している。テーブルの間を縫うように歩き回る給仕人は、女性はディアンドル、男性はレダーホーゼに身を包み、泡のたった巨大なジョッキを信じられないほどたくさん振り回している——なんと片手で九つ持っている人もいた。中身のビールは（どのテントでも、ビール純粋令を守ったものだ）たいていホップが豊かでモルトも多い赤銅色のラガーで、メルツェンというスタイルがふつう。かつては夏の終わりに飲むため三月に仕込んだのが発祥で、オクトーバーフェストで出すものは通常アルコール度数が高く、六パーセント台にものぼる。私たちが飲んだのもそうだった。

五時三〇分には、大量の料理（メインは伝統的な鶏の半身ローストだ）が供され、食べつくされ、夜も本番にさしかかっていた。六時ともなると座っている人の方が少ない。ほとんどは今まで座っていたベンチに立つか、（行儀が悪いと聞いていたのだが）グラスはあっても皿は下げられたテーブルに上がっていた。人々がバンドに合わせて歌ううち、騒がしさも活気もいや増しになる。隣の人と腕を組み、曲に合わせて危なっかしいほど体を揺らしている人も多い。時とともに歌声も話し声も大きくなり、人々は追加のビールを頼んでは飲み干す。ついには足元の怪しい人が出てくるものの、正体を失う人はめったにいない。たまにいると係の人がさっさと外へ連れ出して、目立たないように事故を予防している。お開きの一〇時はまだ先だというのに、声はかれ、軽くめまいがするだけでなく、まわりの見知らぬ人たちが何人も親友のようになっている。いっぽう、連日通いつめる呑み助たちは、すでに翌日にそなえているころだ。

では、オクトーバーフェストとは何なのだろうか。もちろん、バイエルンの人々が文化的アイデンティティを表現する大切な場にはちがいない。けれどもたいていの伝統がそうであるように、今となってはだれも、その起源が一九世紀の結婚披露宴で、おそらくは堅苦しかった（しかもビールは出なかった）ことなど気にとめてはいない。ビール登場ののちも、初期の参加者たちは間近に迫る冬を感じ、耐え忍ぶ季節が到来する前に騒げる口実は大歓迎だったことだろう。

　だが生活が昔ほど季節に左右されなくなった今日、オクトーバーフェストはバイエルンの人々の二つのこだわり、ビールと「ゲミュートリッヒカイト」を同時に楽しむ場になっている。「ゲミュートリッヒカイト（Gemütlichkeit）」とはドイツ語独特の概念で、「心地よさ」と「仲間との親しさ」のだいたいまん中くらいの意味だ。自分が感じる気分のことでもありながら、人といっしょにいる状態も表す言葉であり、まわりにだれかがいるときにかぎって味わえる種類の幸福感を意味している。そして、オクトーバーフェストから判断するかぎり、人数は多いほどいいらしい。

　こうして私たちはまたしても、人間関係にビールが果たす役割というテーマに戻ってきたことになる。ビールは友だちどうしなら結束を固め、初対面なら社会的なへだたりをとり除く、またとない世話役となってくれる。オクトーバーフェストのビアテントで共用テーブルにひしめき合っていれば、隣の席の人に話しかけないなんてとても考えられなくなる。それをいうなら真後ろの人にも。いや、ときには、二つ向こうのテーブルのだれかにさえも。

　昨今では世界各地で開催されているとはいえ、オクトーバーフェストはやはりバイエルン名物としかいいようがない。こんな伝統がイングランドで育つところなど想像もつかない。幸いにも減りつつある深酒族は例外だが、イングランド人は本能的に人となかなか打ちとけないし、あけすけな表現もしないため、オクトーバーフェストを楽しみ尽くすには向いていない。イングランドのビール文化を知るには、祭りではなくパブに行くのがいい。それも、たくさん回るのが望ましい。パブとは「パブリックハウ

ス」の略で、かつてはその名のとおり、みんなの集まる家だった。中世のエールワイフたちは自宅でビールを醸造し、自宅で客に提供していた。パブの多くは、個人の家の応接間から発展したのである。腕のいいエールワイフのつくるビールは同業者のよりおいしいから、地元の客が集中する。そんな店は必然的に、人々がただ飲むだけにとどまらず、うわさ話や商談もする場所になるだろう。こうなれば、ビールを飲むことと社交とは（場合によっては悪だくみも）ほぼ同義語になる（古代バビロニアでもそうだった）。

こうしたエールハウスよりも総じて金持ち向けだったのが、食事と酒のほか旅行者や短期滞在者には部屋も提供する宿屋であった。宿屋も発祥当時は小規模だったが、経済が発展するに伴って拡大し、道路網の整備で長距離の乗合馬車が発展した一八世紀から一九世紀初頭に黄金時代を経験する。それが終わったのは一九世紀の第二四半世紀、鉄道と同時に駅前ホテルが登場したことによる。

誕生以来ずっと、宿屋は社交の中心地だった。チョーサーの『カンタベリー物語』で、一四世紀後半の巡礼者たちがカンタベリーへと赴く途中、上流階級の人間がふつうなら出会えないほど雑多な人々と同席するのも、現在のサウスロンドンにあるタバード亭でのことだった。エールハウスも宿屋も客をもてなす商売だけに、地域社会の拠点として、人々が――友人とも初対面の相手とも――顔を合わせる場所となっていた。そして、宿屋ではビールのほかにワインや蒸留酒も出していたものの、どちらもイングランド人の愛するビールで成り立っていた。酒を出す商売としてはもう一つ、ローマ時代から続く居酒屋（タヴァン）があったが、こちらははるか昔に姿を消したローマ人の好みを引き継ぎ、ワインを専門にしていた。

これら三種の区別はしだいにうすれ、のちには混ざりあって現在のようなパブの形態が誕生した。宿屋として創業した店は多くが旅人を泊め、エールハウスの末裔は泊めないという差こそあれ、人々が懇親のため集まる場所を提供しつづけたのは同じだった。もっとも、田舎だと住民全員を相手にする店がふつうなのに対し、新興の都市では店ごとに客層が分かれていくことが多かった。

都市の拡大で、ビールの需要もうなぎのぼりになる。それに応えたのはスケールメリットを享受できる大規模な醸造会社で、対応が可能だったのも、技術の進歩で製品をますます遠くまで運べるようになったおかげだった。こうして版図が広がったからには、流通にも手堅さが求められるようになる。運搬は運河網が（のちには鉄道も）拡大しているとして、販売拠点もほしい。こうして大手の醸造各社がパブを次々と買収するようになり、ある年齢以上の人々にはおなじみのタイドハウス制度の元になった。タイドハウスとは、大手ビール会社の直営店や、契約によって特定メーカーの品しか置かない店をいう。フリーハウスといって、どこの製品でも自由に売ることができ、違いのわかる客が好きな品を選べる店はたちまち少数派となった。

ビールの需要を押し上げた大酒飲みの工場労働者はほとんどが男性で、女性は家にいることを好んだため、パブは地域社会の中心地という地位を失っていった。一九世紀から二〇世紀にも災難は続く。乱暴で気まぐれな税制や販売許可制度、相次ぐ戦争がもたらす混乱また混乱、上流階級の白い目、人口構成の変化による逆風、熱狂的な禁酒運動家の攻撃、禁煙、その他もろもろの悪影響が重なった。

第一次世界大戦後にビールの需要は激減し、第二次世界大戦が始まるころのパブはほとんどがひどいありさまだった。出されるビールは、度数も低いうえに多くは特色のないエールで、常連客は低所得者が中心になっていた。

それが第二次世界大戦によって一変した。イングランドが空爆に遭ったことで、パブはふたたび共同体精神の象徴となった。人々が互いに支え合おうと集まり、戦時下生活の憂さを晴らす場所になったのである。だが肝腎のビールは原料不足で品質低下の憂き目を見る。もしかするとそれ以上に不幸だったのは、醸造会社が生産でも販売でもケグ入りのエールを優先するようになったことかもしれない。輸送にも管理にも手間がかかる従来のカスクコンディショニングエールは追いやられ、イングランドの客たちは戦争の記憶が薄れるころになってもなお、以前にくらべて味も薄く、つまらないビールを飲みつづけることになったのである。そのうえ、戦後は世の中全体が無気力になっていただけに、パブもどんよりとして、建物の傷みもそのままになっているところが多かった。

これでは、パブの存在意義がまたもや揺らいでいったのも無理はない。二〇世紀後半といえば、パブ以外にも大衆娯楽の手段が次々と登場した時代なのだから。それに劣らず不幸なことに、ケグ入り、瓶入りの双方でラガーが大宣伝をもって売りこまれ、さほど高品質でもないケグエールは客の世代交代につれ追い出されていく。

そんな状況をみて、多くの店が市場の中で自店の占めるべき位置を考え、それぞれに特徴をうち出していく。家族経営を前面に押しだす店。ガストロパブとして料理に力を入れ、どうかするとビールリストの充実したレストランと変わらなくなる店。スポーツファンのために大型スクリーンを据えつける店。なんとまあ、テーマパブを名乗る店まである。そして、壮大なる遠回りの末にようやく、自家醸造のビールを出すという歴史的原点に戻ってくる店が出てきた。そんなアイデンティティの危機はありつつも、パブが人間関係を支える重要な場であることは変わらない。社会の方が多様化したから必然的に多様化しているのである。

極上のパブは内装も心地よく（木部がヴィクトリア朝様式の細工だと最高だ）、常連も新顔もひとしくくつろぐことができる。しかもイングランドのビールはアルコール度数も三パーセント台から四パーセント台がふつうだから、男女を問わず、一晩飲んでも会話が続けられる。悪い店だとみすぼらしくて気が滅入り、まともな人なら最初の一杯をさっさと飲み干して退散したくなるだろうが、パブが次々と潰れている昨今、そんな店は減りつつある。これからのパブは、ますます集客を意識して、特色あるビールをそろえたり（英国でもクラフトビール運動の成熟でずっと簡単になった）、つまみの質を上げたり、あの手この手で魅力的な場所を目指すようになるだろう。

ただし、店がいろいろ工夫をこらしていても、固定客の行動様式は昔とほとんど変わらないようだ。交代で全員に一杯おごるという習慣はオーストラリアほど必須ではないが、出遅れることなく名乗りを上げるのが望ましい。

あまたの試練に耐えながら、パブは生き残っていく。ただし、姿を変えながら。ホメーロスの翻訳は一世代ごとに新訳が必要だといわれるのと同じ理由で、ビールを飲む社会のそれぞれが、成員が集まって親交を深めるのに適した独自の環境を必要としている。未来のパブはかならずしも現在私たちが知っているような店ばかりではないだろう。だが英国のパブも、ほかの国々にある同様の店も、地球上にビールがあるかぎり、ということはビールを造る人々と飲む人々がいるかぎり、なくなることはないはずだ。

PART II TWO

(ほぼ)当てはまるビール原論

Elements of (Almost) Every Brew

5
ビールも分子でできている
Essential Molecules

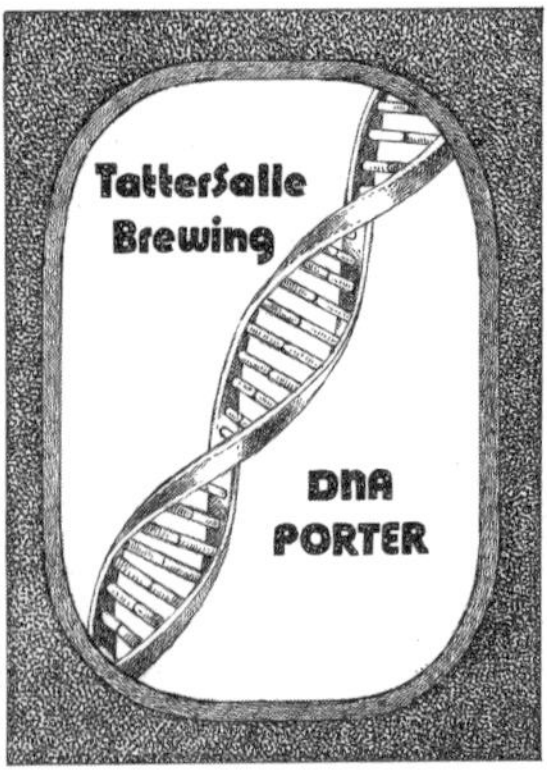

分子をテーマにしたビールは今のところアメリカで一つも市販されていないため、今度も自作するしかなかった。目指すものはぼってりと濃い、分子のごった煮みたいなエールなので、ストロングポーターで手を打つことになった。仕込みにはチョコレートモルト、クリスタルダークモルト、それに小麦モルトを使い、古いバーボン樽のチップとスコティッシュエール酵母を加え、ホップはゴールディングとチヌークだ。できあがりは重くて黒いクリーミーなエールで、長持ちする泡、心地よい甘みの後に、かすかにウイスキーを思わせる後口。われわれの求めていた分子的複雑さを残らずそなえた出来だった。

次章以降の四章で、ビールの四大原材料である水、大麦、酵母、ホップを紹介していく。自然誌の観点からいえばこの四つはあまり脈絡のない寄せ集めだが、それでもひとつ、全部に共通するものがある。分子――、原子によって構成される微小構造だ。そこで前置きとして、この小さな分子たちについて駆け足で見ておこう。ビールがおいしい理由や、すばらしい生理作用を理解する助けになるだけでなく、四人の立役者による進化の歴史を掘り起こすチャンスでもある。ちょっと専門的と思える箇所はとばしてもさしつかえないが、読んでおくと役にたつこともあるかもしれない。

まず、ビールもその材料もみんな原子からできていて、その原子は集まって分子を作っている。地球上には炭素系の物質が多いが、ビールも例外ではない。それはつまり、炭素原子がたくさん入っているということだ。原子にはたくさんの種類があるが、動物の体に使われるのはごくひと握りで、ほとんどの動物が六種類しか採用していない。炭素はこの六つの中で、酸素に次いで二番めに多い。多い順に酸素（O）、炭素（C）、水素（H）、窒素（N）、リン（P）、硫黄（S）をつないで、OCHNPSと覚えるといい。酵母は同じ六種に加え、塩素（Cl）もたくさん使う。いっぽう植物の体を作るには、基本六種のほかにあと四つ、マグネシウム（Mg）とケイ素（Si）、カルシウム（Ca）そしてカリウム（K）が必要になる。水は無生物だし、構造も単純なので、ビールの材料の中では元素の種類もいちばん少ない（HとOしかない）が、ほかの化合物をたくさん溶液や懸濁液にして持ち運ぶことができ、この性質が醸造家にとって非常に重宝するものとなった。

これらの原子はすべて、とんでもなく小さい。ほかの原子と集まって化合物の分子を作っても、まだ小さい。たとえば、みなさんのグラスを満たすビールのほとんどは水だ。水分子の長さはおよそ三〇〇ピコメートル、〇・〇〇〇〇〇〇〇〇〇三メートル。標準的な小ぶりのビール用テイスティンググラスの口径はおよそ六センチ、つまり〇・〇六メートルだから、水の分子をじゅずつなぎにしてグラスの縁から縁まで橋をかけるには、長い方向に並べても二億個が必要になる。

もうひとつ重要な分子がキサントフモールというホップの成分で、ビールに苦味をつけてくれる。フラボノイドという有機化合物の一種で、水よりも大きい（化学式は $C_{21}H_{22}O_5$）ので、テイスティング用グラスに橋をかけるのに約八百万個ですむ。ホップ投入後のビールに含まれるキサントフモールの量は銘柄によりまちまちだが、米国産ビールだと一リットルあたり〇・二ミリグラムというのがありがちな濃度だ。そんなビールが三〇〇ミリリットルのグラスに一杯あると、キサントフモールはおよそ〇・〇六ミリグラム含まれている。重さでいえばたいしたことがないが、グラス一杯のキサントフモール分子の個数は 10^{22}（1のあとにゼロが二二個ならぶ）を上回る。

このような数字は日常生活の役にはたたないが、グラスの中のビールという化学的宇宙の壮大さを把握する助けにはなってくれる。のちほどビール造りの過程で起きる化学反応を学ぶときにも、このスケール感があれば、ビールがどれほど複雑かつ反応性の高い物質であるかが理解しやすくなる。そのほか分子考古学の分野では、大昔のビールが入っていた土器に付着していた分子から、当時のビールの構成要素を推測することに成功しているが、その話題にも触れる予定だ。

ビール原料の自然誌談議にもっとも縁の深い分子といえば、ＤＮＡ（デオキシリボ核酸）という名で知られる美しい高分子だろう。生命の分子でもあり、遺伝を担う分子でもあるＤＮＡは、より小さな分子（塩基、あるいはヌクレオチド）がいくつも連なってできているが、構成単位であるヌクレオチドもまた、より小さな原子（炭素、酸素、水素、リン、窒素）でできている。

ヌクレオチドはどれも大きく分けて四つの機能単位から成る（図5・1）。まん中が糖環（あとで含窒素環というのも出てくるから混同しないように）で、その頂点のひとつ（5′末端）にリン酸が、別の末端（3′末端）にヒドロキシ基（OH）が結合している。最後に、これらの反対側につながっているのが含窒素環で、ヌクレオチドが「塩基」になるのもこの部分が塩基だからだ。この部分が異なると、別のヌクレオチドになる。

含窒素環は四種類あるため、塩基も四種類になる。そのうち二つは輪っかが二つ、残りの二つは輪っかが一つ。二環のヌクレオチドはアデニンとグアニン、一環のヌクレオチドはチミンとシトシンといっ

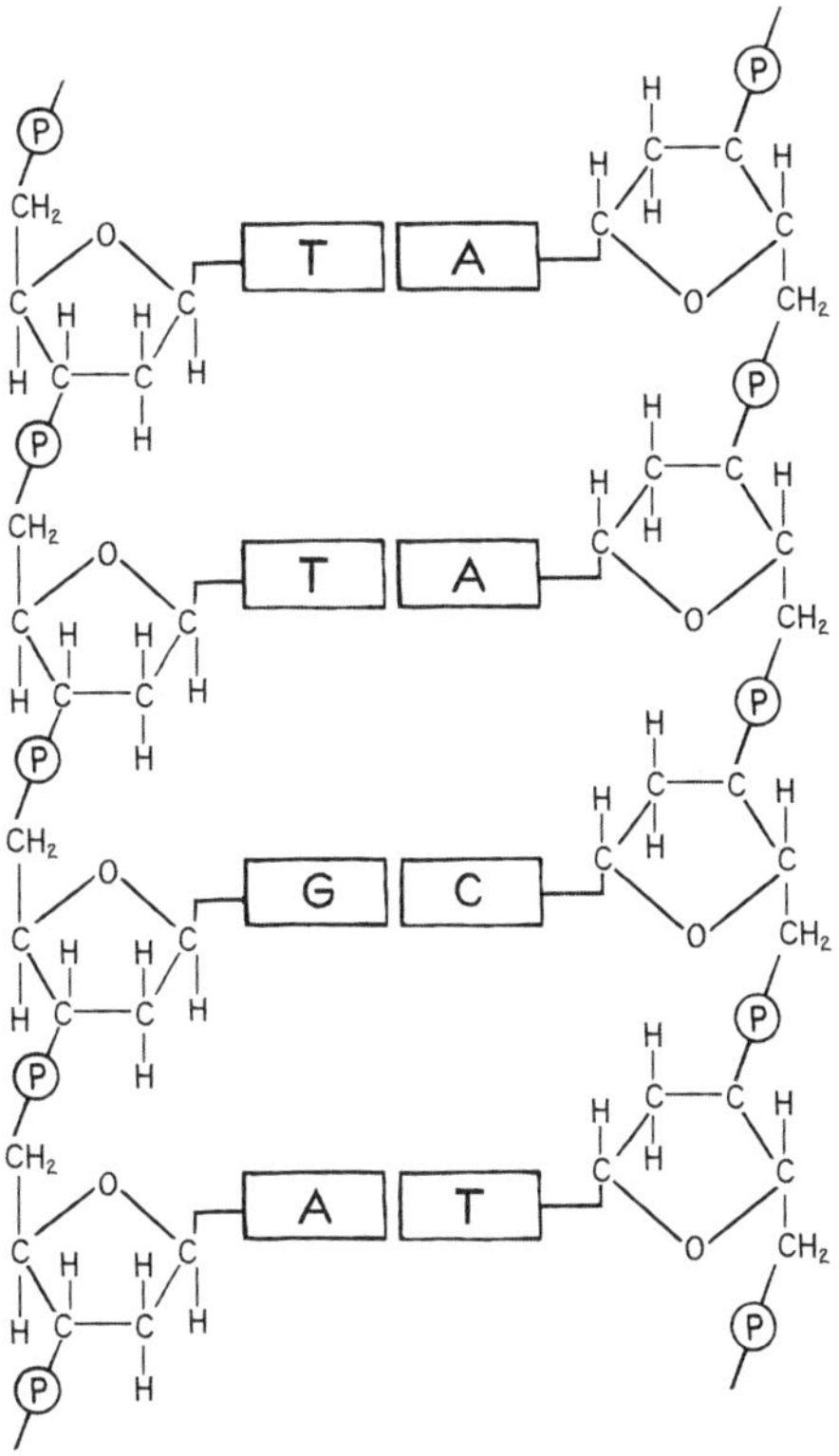

図5.1　二重らせん形をしたDNAのごく一部を切りとった模式図。2本ある鎖のどちらにも、塩基（ヌクレオチド）が4つずつ並んでいる。本図ではヌクレオチドどうしの塩基対合（AとT、GとC）も示してある。左の鎖は上が5′末端で下が3′末端、右の鎖は上が3′末端で下が5′末端となっている。

て、それぞれ頭文字をとってA、G、T、Cと略記される。

5′末端のリン酸は3′末端のOHと結合するため、DNAの鎖には3′末端から5′末端へという方向ができる。

DNAはこの鎖が平行に二本、はしごのように並んでできている。間をつなぐ横木に相当するのが、鎖から横にとび出している二環と一環の塩基で、種類によって結合する相手が決まっている。Aはかならず T と、GはCと結びつく。この現象を塩基対合といい、対になる塩基どうしは相補的な関係といわれている。DNAの美しさとはたらき、どちらを理解するにもこの相補性が鍵になる。

仮に、長さ二〇塩基分の互いに相補的なDNAの二本鎖を思い浮かべてほしい。二本の鎖はしっかりとくっつき合ったままねじれて、二重のらせん形になる。そして、DNA分子の機能は、どんな塩基がどんな順序に並んでいるかによって決まる。そのしくみは西洋言語のアルファベットによく似ていて、ちがうのは単語の長さがすべて三文字であることと、使える文字が四種類しかないことだ。組み合わせの数を考えると、単語は全部で六四個できる。この三文字の単語はそれぞれ、いずれかのアミノ酸を指定する暗号としてはたらく。アミノ酸はタンパク質の元になる分子で、できたタンパク質がブロックのように生き物の体を作り上げている。

タンパク質を作るアミノ酸は二〇種類なので、DNAのアルファベットを三文字ずつ使って書かれる単語の方が四四個多い。余った単語の一部は予備として使われ、複数の単語が同じアミノ酸を指定するほか、三つは「ピリオド」として、タンパク質を作らせる文が終わったことを示すのに使われる。たとえば、ピロリンというアミノ酸を指定する単語はCCC、CCA、CCG、それにCCTと四つある。

三文字の単語六四種類が織りなす文は遺伝暗号とよばれるが、その暗号文はとても表現力が豊かだ。たとえば、アミノ酸は一つずつ大きさもちがえば、電荷も、水との親和性もちがう。電荷、大きさ、水との親和性がちがうアミノ酸がＤＮＡの指定どおりの順に並べば、まっすぐな一列が複雑に折りたたまれ、かならず決まった三次元の形ができる。この三次元構造と、並んだアミノ酸のその他の特徴とが相まって、そのタンパク質が生体内でどんな機能を果たすかが決まる。

タンパク質の遺伝暗号を指定するＤＮＡを遺伝子という。たとえばオオムギのゲノムの長さは五〇億塩基対で、ヒトのゲノムの二倍に近い。その中に二万六一五九個の遺伝子が（ヒトには二万しかない）長いひもの上に並んでいて、それが七対の染色体（ヒトだと二三対）に分かれて収まっている。有性生殖を行う生物の場合、染色体はかならず二セットずつ持っている。対のうち片方を母親、もう片方を父親から受け継ぐからだ。母由来と父由来とがあるおかげで、ときに両者の一部が物理的に入れ替わる「組換え」が起き、個体群に多様性がうまれる。

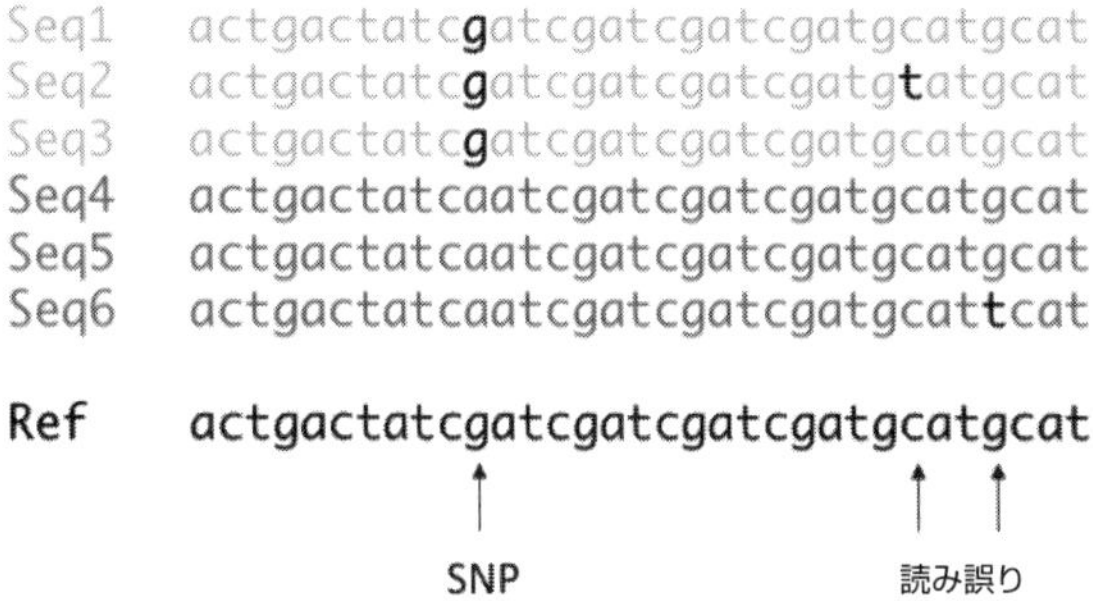

図5.2 SNP の発見。2つの個体群から得られた6つの染色体の配列を示してある。淡い灰色の文字が個体群1、濃い灰色が個体群2、参照配列（Ref）は黒。矢印で「SNP」と示した箇所がSNP なのに対し、ほか2つの矢印は読み誤り。

図５・２は、二つの個体群に属する六つの個体が持つ染色体から、特定の同じ部分を示したものだ。ＤＮＡ配列のほとんどの部分は六つ全部の染色体で同じだが、一か所だけ、上三つの個体群と下三つの個体群でちがう部分がある。この変異の部分を一塩基多型（single nucleotide polymorphism の頭文字をとってＳＮＰ）と呼び、これこそが現代遺伝学の通貨とも呼べる存在となっている。

```
                acgatcgatcgatcgatgca
                    cgatcgatcgatgcatgcat
                          tcgatgcatgcatcgat
                              gcatgcatcgatgcat
                                  gcatcgatgcatcgat
                                      cgatgcatcgatcat
                                          catcgatcatcatcat
                                              atcatcatcatcga
                                                  tcatcatcgatgcat
                                                      catcgatgcatcatc
                                                          gatgcatcatcatcatc
                                                                catcatcatcatcata
```

アラインメントされたリード

アセンブルされたコンティグ　acgatcgatcgatcgatgcatgcatcgatgcatcgatcatcatcatcgatgcatcatcatcatcatcatc

図5.3　それぞれが20塩基以内のDNA断片を12本並べることで、連続64塩基のDNA配列をつなぎ合わせている。「アラインメントされたリード」とは「整列された断片配列」、「アセンブルされたコンティグ」は「重ね合わされたコンセンサス配列」のこと。

ゲノム全体の配列を決定するのは容易なことではない。たいていのゲノムは何十億塩基対もあって長すぎるので、まずは細かく切らなくては解析できない。これは複数セットをランダムな位置で切り刻んで一千億本から一兆本の断片にするという作業で、そのため全ゲノムとして公表ずみでも、実は多少の空白が残っているものが少なくない。ランダムに切るのは、断片と断片の重なっている部分を探すことにより、重なりを手がかりに全体の配列を決めていくためだ。ちょうどクローバーの花で首飾りを編むと、何本もの茎が少しずつずれながら束になっている姿に似ている（図5・3）。

この作業には膨大な計算時間が必要でときにはまちがいもある。ところが、すでに配列のわかっているゲノムが一つあれば（たとえば、オオムギの品種のうち一つがわかっていれば）、次の配列を調べるのはぐっと簡単になる。近縁品種のゲノムなら、既知の配列を足がかりにできるからだ。この足がかりを「参照配列」といって、これの助けなしに一から配列を決めていくのをデノボ・シーケンシングという。さいわい、オオムギとホップのほか、酵母の

多くにもすでに全ゲノムの参照配列があるため、簡単な方のシーケンシングが可能となっている。

このように配列を決める目的は、SNPを少しでもたくさん見つけて分類することだ。現在市販されているシーケンサーにはDNAの切片（ショートリードという）を何十億もつなぐことができる機種もある。そのうえ、技術のめざましい進歩のおかげでDNAやタンパク質の短い断片を合成できるようになったので、それを道具に、調べたいゲノム、調べたい生物を理解する助けにすることもできる。五〇億塩基対あるオオムギのゲノムも、大半の部分は互いに同じだと思われる。そこで、ゲノムの中でも、多くの個体に共通する変異（多型）があるSNPの部分だけを選んで調べる、ターゲット・シーケンシングという方法が開発されている。

コンピュータが重要なSNPのある場所を見つけたら、その部分の配列と対になる一本鎖DNA切片を合成する――ただし、ふつうに合成するだけではない。SNP一か所につき、DNAは五種類作る。実際のオオムギのDNAでどうなっているかは考えられる可能性が五つあるため、問題の塩基と対になる部分をグアニンにしたもの、アデニンのもの、チミンになっているもの、シトシンのもの、そして抜けているものを準備するのだ。それぞれが別の塩基（または欠落）を検出できる五種類の短い断片の片端を、硬貨くらいの大きさの基盤に植えつけてチップを作る。断片一本が占める面積は非常に小さいから、一枚のスライドに数十万本を植えることができる。どれをどこに配置したかは、コンピュータで記録しておく。

ここで、配列を調べたいオオムギ個体のDNAを短く刻み、小さな蛍光性分子で印をつけて、できたチップと反応させる。DNAは相補性のある相手を求めるため、すべての断片が、チップの上に自分と百パーセント適合する場所はないかと探しにかかる。

チップを洗浄し、顕微鏡サイズの蛍光を可視化できるカメラで観察すると、オオムギのDNAがどこで相手を見つけて二本鎖を作ったかがわかり、問題の部分の塩基も特定できるというわけだ。

チップを準備するところまでは共通だが、反応させる合成DNA切片には、SNPのある箇所にビオチンという分子を付着させておく別の方法もある。この切片で、調べたいゲノムのSNPを「捕まえる」のだ。調べたい箇所と相補的なプローブがチップと反応したところで、ビオチンと結びつきやすい分子のついた細かな磁気ビーズを混ぜる。相手を見つけて二本鎖になっているDNAにはビオチンがついているから、磁気ビーズが付着する。そこで磁石を使い、ビーズの着いたビオチンを含む分子だけをより分ける。捕まえられても、探しているSNPを含まない断片は洗い流されるので、残ったDNAの順序を通常の方法で決定していけばいい（図5・4）。

ターゲット・シーケンシングの方がおそらく正確さではまさるだろう。カバレッジ（SNP一個につき、同じ箇所を重複して読める本数）が百倍にもなり、それだけ解像度が上がるからだ。この種の方法だとふつう、数十万か所のSNPを調べることができる。そのためのパネルもいろいろ市販されていて、なかには商標登録されているものもある。オオムギの高速シーケンシング用アレイ〔配列〕だと「GeneChip(R) Barley Genome Array」「Affymetrix 22K Barley 1 GeneChip」「Morex 60K Agilent」など複数の製品がある。ホップ（*Humulus lupulus*）では今のところチップもアレイも開発されていないが、ホップ全ゲノムのデータベース（HopBase1.0）はあるのでおおいに期待がもてる。いっぽう、酵母には「GeneChip Yeast Genome 2.0 Array」というアレイがあるのだが、ゲノムが非常に小さいため、たくさんある菌株をそのまま一から解読してしまう研究者が少なくない。配列決定の方法がどうであれ、塩基配列がわかったら、醸造現場で知られていた系統ごとの違い、種ごとの違いの遺伝的根拠をすばやく、効率的に、安価に解き明かすのに役だてることができる。

もしかしたらゲノム解読の最大の難関は、得られた大量のデータを全部扱うところにあるのかもしれ

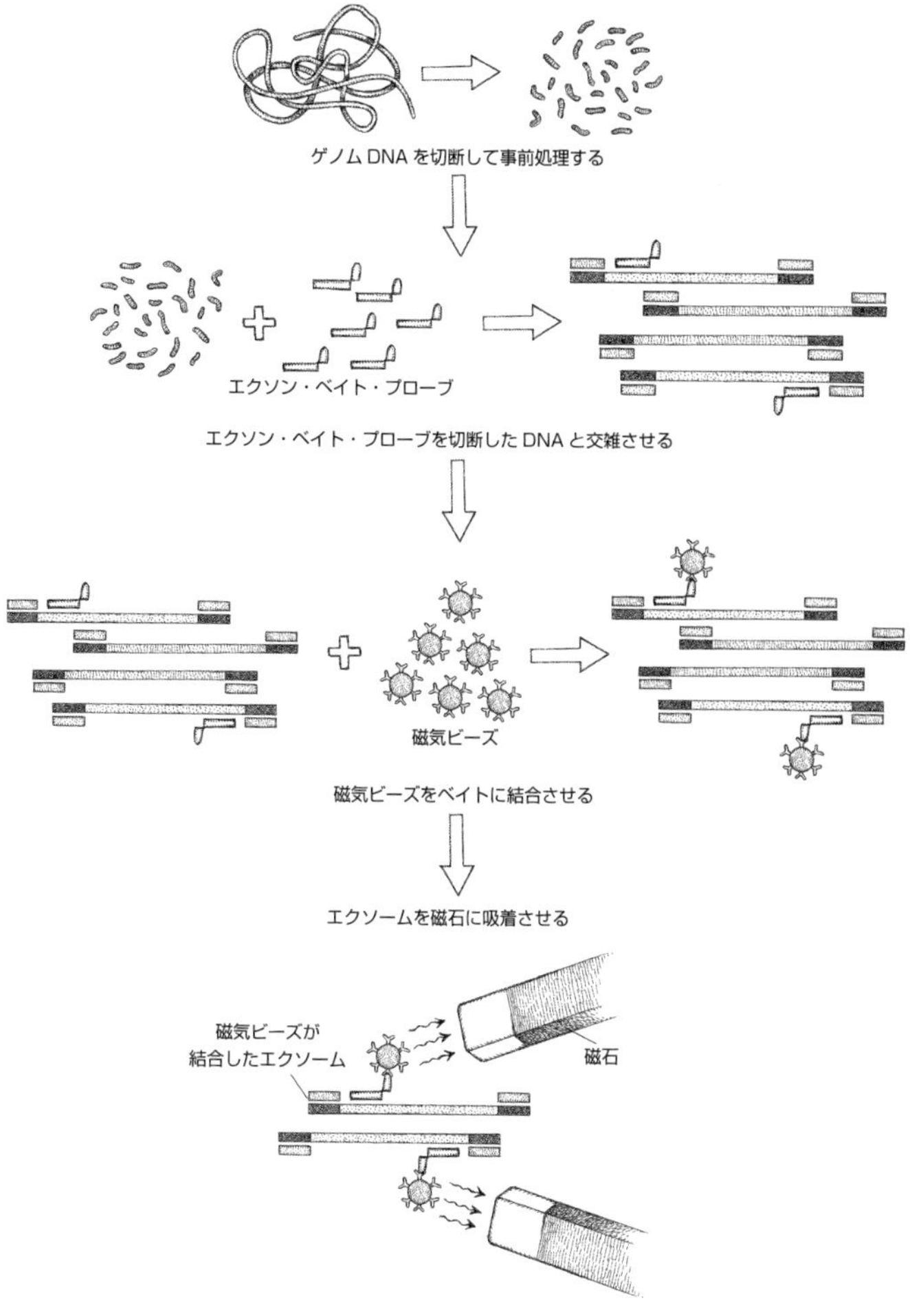
ゲノム DNA を切断して事前処理する
エクソン・ベイト・プローブ
エクソン・ベイト・プローブを切断した DNA と交雑させる
磁気ビーズ
磁気ビーズをベイトに結合させる
エクソームを磁石に吸着させる
磁気ビーズが
結合したエクソーム
磁石

図 5.4　磁気ビーズをもちいたターゲット・シーケンス・キャプチャー法。点刻された線分はビオチン分子（折れ線）が結合したキャプチャー配列を表す。それ以外の短い線分はすべてターゲット配列である。小突起をもつ円はビオチンと結合する磁気ビーズ。最下図の磁石は磁気ビーズが結合したキャプチャー配列のみを引き寄せる。

ない。それでも受けて立つ値打ちはある。どんな生き物でも、遺伝子データを適切に解釈しさえすれば、その生態や自然史についてたくさんのことが学べるからだ。たとえば種どうしの関係を調べたいときには、配列データに適用する手法がいくつもある。栽培種のオオムギに最も近い親戚や、ホップの先祖に最も近い親戚を探したいなら、ゲノムデータを元に系統樹を作る方法が使える。これについては第6章から第9章でくわしく解説するが、ここであらましだけ触れておこう。

いまの飼育動植物が野生の祖先型からどのように栽培化されたかを解明するには、系統学の手法を使う。複数の生物について、共通の祖先から分かれたのがどれくらい新しいかを基準に系統樹を描き、種のあいだの類縁関係を推測するのだ。系統樹の上で、二つの種が同じ分岐点から出ていて、間にほかの種がはさまっていなければ、両者は最も近い親類だと推測できる。これを姉妹群という。ゲノムレベルのデータの分析にはもうひとつ、種内での個体群の動態に注目するやり方もある。こちらは酵母の菌株間、オオムギやホップの系統間の関係を調べるときにたいそう重宝する。まずは調べたい複数個体が個体群に分けられるかどうかを確認し、続いて個体群がいくつあるのかを推定していく。また、ゲノムレベルの情報を利用して、自然選択と人為選択の双方がゲノムにどのような影響を及ぼしたかを掘り起こすこともできる。それには対象となる種に属する複数個体の全ゲノムを見渡して、選択が足あとを残した箇所を特定していく。人間が育てている生物、たとえば栽培種のオオムギの場合、それはとりもなおさず、昔の育種家たちが自分の育てたオオムギにどんな性質を求めたのかを解読することにひとしい。

ゲノミクス研究者たちが使っている手法はビジュアル的でわかりやすい。そのような視覚的手法の一つに主成分分析（PCA）とよばれる統計的アプローチがある。これは二つの系統の間で、比較に関係するすべての変数から、両者の違いをうまく表せる数値を求めるものだ。たとえば、分析したい生物の変動パターンが、変数二つまででだいたいは表現できたなら、これを主成分1、主成分2と呼び、X軸

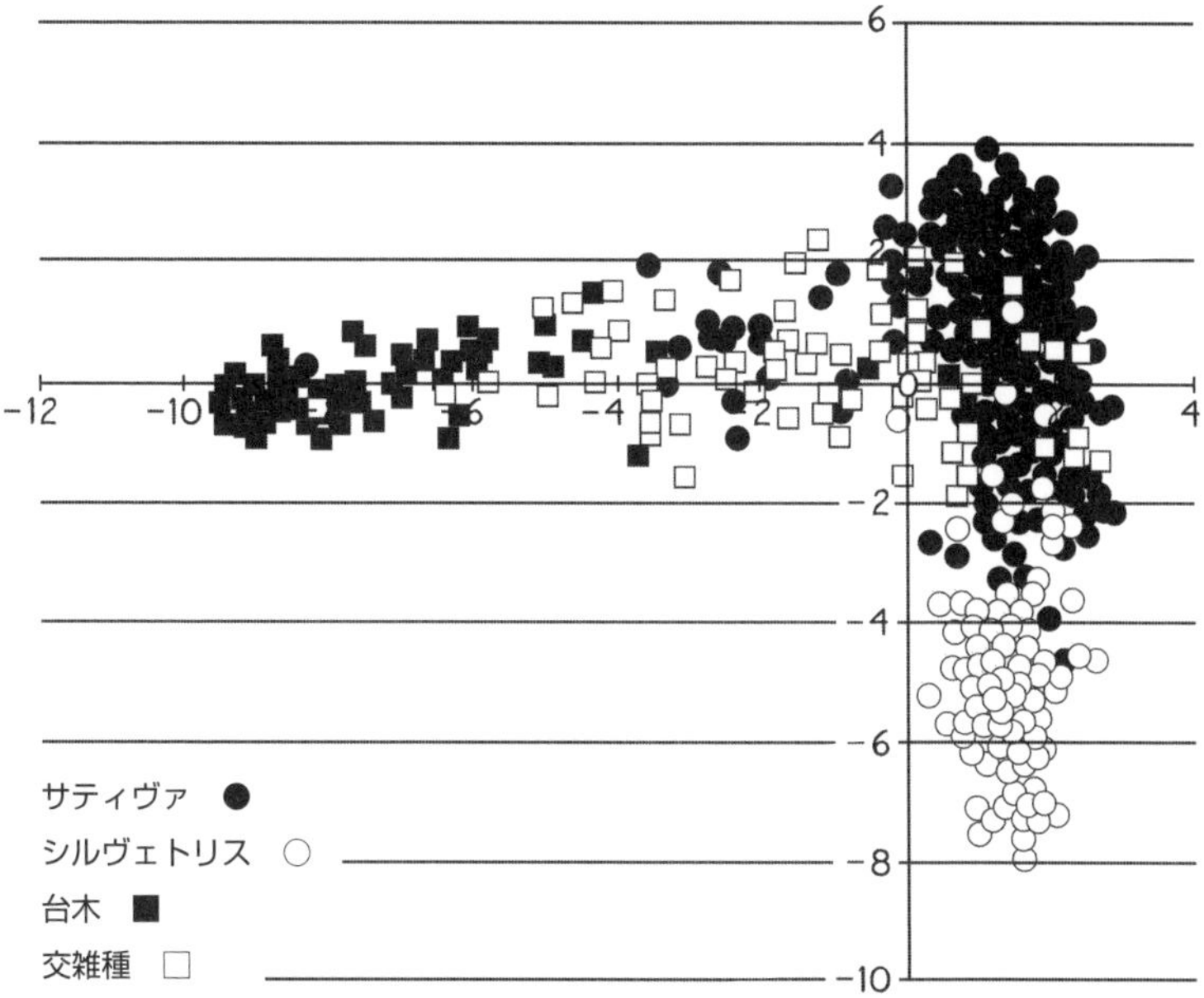

図5.5　ブドウゲノムの主成分分析。黒丸がサティヴァ（*sativa*、ワインに使われる亜種）、黒い四角が台木（接ぎ木に使われる）、シルヴェトリス（*sylvestris*、自生する亜種）を白丸、交雑種は白い四角で示してある。

とY軸の二次元グラフで表示する。それによって、複数の分析単位を二次元空間上でいくつかのまとまり（クラスター）に分けることができる。仮に個体が四つあったとしよう。そして上位二つの主成分軸に沿って並べたときの距離が、AB間が〇・一、AC間が〇・五、AD間が〇・五、BC間が〇・五、BD間が〇・五、CD間が〇・一だったなら、PCAグラフはAとBが近く、CとDがまとまっていて、二つのクラスターは互いに離れたものになるだろう。

　のちに説明していくが、この方法を使うと、対象になっている個体どうしの類縁の遠近をおおまかに見渡せるし、全体がだいたいいくつのクラスターに分かれているかもわかる。

この手法の使い方と、それで何がわかるかを説明するには、もうひとつのアルコール飲料にとって大切な植物、ブドウの個体群構造について行われた研究がいい例になってくれるだろう。この研究では、四つのグループに属するブドウ二二七三株を分析している。台木、交雑種、そしてヨーロッパブドウ（*Vitis vinifera*）の亜種が二つで、ワインの大半に使われるサティヴァ（*sativa*）と、野生のシルヴェトリス（*sylvestris*）だった。注目してほしいのは、四つのクラスターは互いにいくらか重なっており、**図5・5**のグラフでも記号の色分けがなければわからない点だ。点がすべて黒かったら、四つの個体群はなかなか推測できないだろう。

そのため、クラスターすなわち個体群数をもっと客観的に決定するべく、ジョナサン・プリチャードたちが開発したのがSTRUCTUREというソフトウェアだ。

STRUCTUREというのは再帰的プログラムの一種で、個体群構造のモデルをシミュレーションするものだ。ここでは個体群数をKと呼ぶことにする。ユーザーがKの値を指定すると、STRUCTUREはそのたびに遺伝子データをもちいてシミュレーションを行ってくれる。Kをいろいろ変えて何度もやり直した結果を比較することで、個体群数はいくつがいちばん妥当かを判断できるというわけだ。

Kがうまく見積もれたら次は、研究対象の個体を一つずつ、どの個体群に当てはまりそうか割り当てていく。なかにはどれか一つの個体群に百パーセントの確率で当てはまる個体もあるだろうが、単純な確率から考えて、個体群どうしの交雑の影響で二つの個体群に当てはまる個体もあるはずだ。個体数が四つでKが2の場合の振り分けを**表5・1**に示した。これを視覚的に表現したのが**図5・6**の棒グラフで、二つの個体群に所属する比率を示している。

このサンプル数を大きく増やし、さまざまな地域で大量に集めた複数品種のブドウのデータをSTRUCTUREを使って調べると、**図5・7**のような個体群構造が出てくる。サティヴァ（ワイン作り

表5.1

	個体群Aに属する確率	個体群Bに属する確率
個体1	100	0
個体2	78	22
個体3	22	78
個体4	0	100

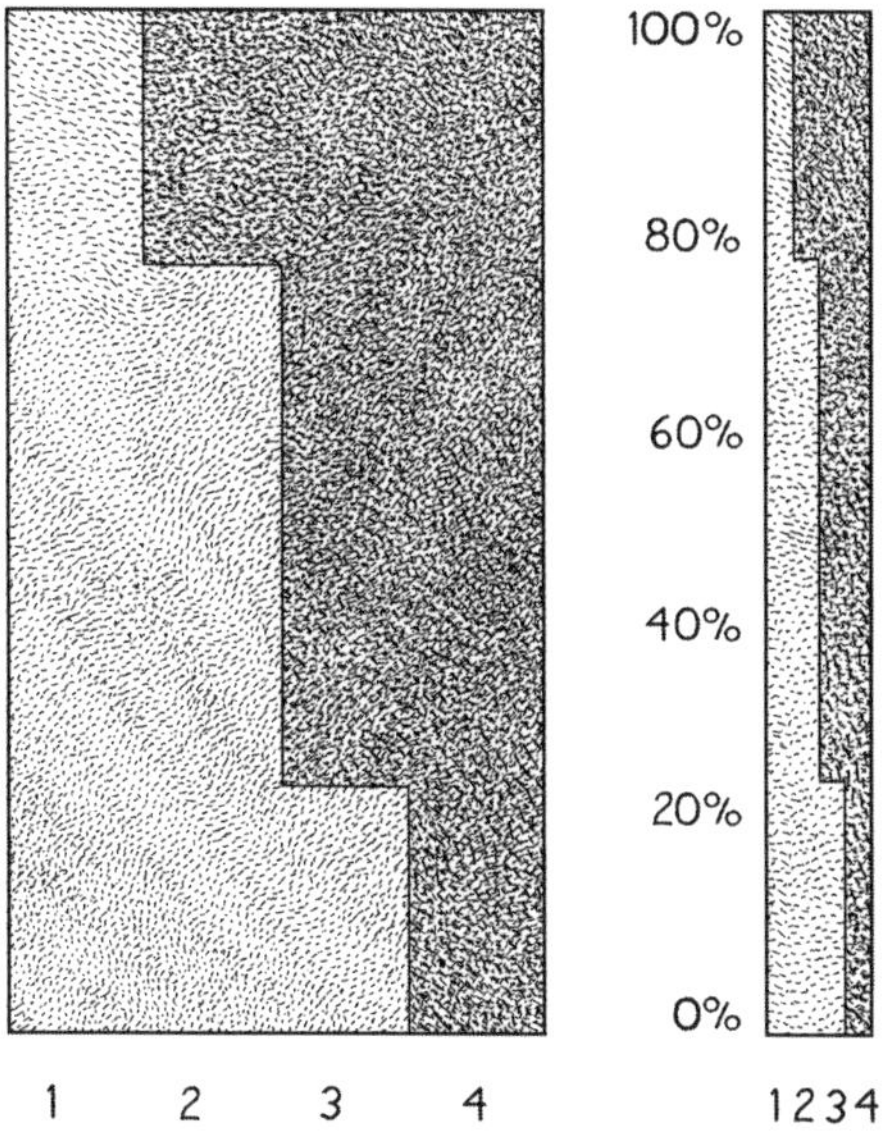

図5.6 ［左］STRUCTURE分析によって架空の4個体を2つの個体群（淡い灰色が個体群A、濃い灰色が個体群B）に割り振った結果を簡単な棒グラフで表した。［右］同じ棒グラフを細く圧縮したもので、構造図は通常、この形で表現することになっている。

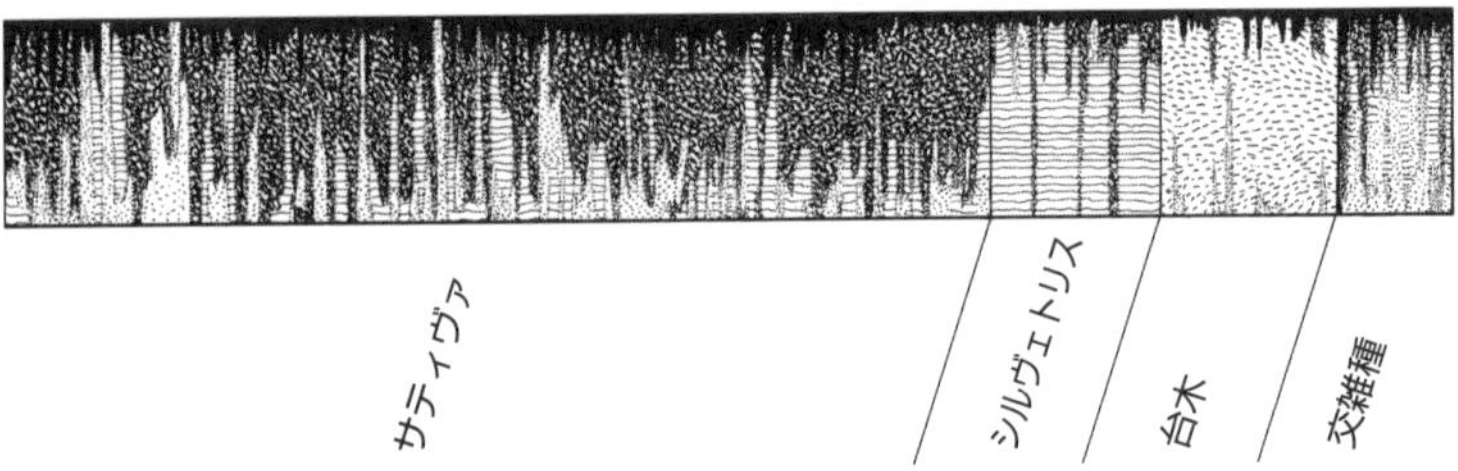

図 5.7　ヨーロッパブドウ（*Vitis vinifera*）遺伝資源コレクションの 2273 系統を STRUCTURE で分析した結果。濃淡の地模様はそれぞれ別のグループに対応している。黒がサティヴァ（*sativa*）、長い横線がシルヴェトリス（*sylvestris*）、短い横線が接ぎ木用の台木、点が交雑種を表す。この分析は K を 6 として（先祖にあたる個体群が 6 種類と仮定して）行った。出典：Emanuelli *et al.* (2013)

に使われる亜種）と交雑種では、先祖をどれか一つの亜種だけに絞るのは難しいため何種類もの地模様の組み合わせになっているのに対し、台木（接ぎ木の台に使われる）とシルヴェトリス（野生の亜種）はきれいに線引きができている。こうした所見は興味深いだけでなく、生物の個体群構造を理解するうえで役にたつ。そして、あとで出てくるように、栽培化されたオオムギや酵母、ホップなどの原種を知るためには必要不可欠なのだ。

6
水
Water

左の銘柄はわれらがひいきのピルスナー、その名の由来となったプルゼニで造られた。プルゼニといえば繊細な軟水で知られた町である。右はピルスナーにインスパイアされたラガーだが、産地はドイツのドルトムントだから、そこの水はバートン＝アポン＝トレントあたりにいくつもある醸造の町に劣らぬ硬水だ。世に同じビールが二つとないとはいえ、この二本を飲みくらべて、水の影響を見分けることができるのだろうか。二つのビールは昼と夜ほどちがっていた——プルゼニは黄金色で、モルトが強く、かすかに甘いが、ドルトムントのピルスナーは鉄っぽく、ホップが効いていて苦い。しかしよく考えると、これほど露骨な差が水だけで説明できるとは思えない。ドルトムントといえばドイツの中でも北の方なのに対し、プルゼニはバイエルンに近い。対照的な二つのピルスナーの違いは、ドイツ北部と南部のビールによくある違いそのままなのだ。ドルトムント産の瓶の裏ラベルには「ピルスナーはいつでもピルスナー(ein Pils bleibt ein Pils)」と書かれていた。はて、どうなのだろうか。

醸造には酵母も大切だということが知れわたった今、過小評価されている功労者といえば、多いときにはビールの九五パーセントを占める水だろう。水をなめてかかると危険だ。誇り高きプルゼニの住人なら——あるいはバートン＝アポン＝トレントの住人なら断言するだろうが、どんなビールも水の質に大きく影響される。ただ、ほかの要因と切り分けにくいことも多いのだが。

日常生活にも水は欠かせない。人体だって約七五パーセントが水だ。そんな水の分子はH_2Oといって、非常に単純なつくりをしている。原子はたった三つ、その中には既知の宇宙の始めにあったビッグバンと同じくらい古い原子も入っているかもしれない。およそ一三五億年前にビッグバンが起きると、ほんのつかの間、想像を絶する高温となった。一瞬ののちには冷却がはじまり、三分ほどのあいだに水素（H）とヘリウム（He）が生まれた。それ以外の元素は遅れて誕生するが、水素とともに水を構成する酸素（O）については最近、酸素豊かな地球からなんと一三一億光年も離れた星系に存在するのが見つかり、最初の酸素原子が生まれたのは思っていた以上に古そうだとわかった。しかし、水が登場するのはそれよりはるか後のことになる。

地球上の水については、最近まで、小惑星が運んできたという説が広く信じられていた。四五億年ほど前に太陽系が形になって数億年後、誕生まもない地球は多数の小惑星と衝突し、軌道上に残った破片を集めていったというのだ。

ところが、太陽のまわりをめぐる小惑星ベスタの研究によって、この説は揺らいできた。ベスタには水があるうえに、構造が地球に似ていて、誕生した時期も同じ。ということは、水も双方で同時にできた可能性がある。地球の表面にもベスタと同時期に水の層ができたとしたら、最初からずっと濡れた星だったことになる。

だからといって、現代の私たちがビール造りに使っている水が四五億年前からあったことにはならない。水は非常に反応性の高い分子で、ほかの化学物質、ほかの化合物を溶かすのに向いているし、結合もしやすい。そのため個々の水分子の寿命は千年程度と試算されている。ほかの化合物との反応で引きちぎられずにいられるのは、長くてそれくらいらしい。

分子のつくりは単純なのに水が無二の存在なのは、その物理的ふるまいが特徴的なせいだ。水には水素原子が二つと酸素原子が一つある。これらの原子もそれぞれがさらに小さな粒子からできていて、中性子は電荷を持っておらず、陽子はプラスの電荷を持ち、電子はマイナスの電荷を持っている。母なる自然は厳格なる帳簿係で、電荷の収支となると融通がきかない。だから分子は、電荷のバランスがとれているときに安定する。水はうまくバランスがとれ、化学的に安定している。共有結合といって、二つある水素原子がどちらも一個の酸素原子と電子を共有しているからだ。ところが、分子の内部でバランスをとろうとした結果、できた水分子の全体をみれば、プラスに偏った側とマイナスに偏った側ができることになる。ほかの分子との相互作用が特徴的なのはそのためだ。

ビール造りの観点からいうと水には魔法のような性質がいくつもあるが、核心にあるのがこの反応性の高さだ。たとえば数ある金属の中には、水と激しく反応するものがある。高校の化学実験でやった金属カリウムと水の発熱反応をご記憶の読者も多いだろう。爆発を伴うこの実験はかならず屋外で行われるが、それももっともだ。ナトリウムでさえ水との反応はかなり激しくて、水面に炎が上がる驚きの光景を見ることができる。

こんな激しい反応はしなくても、多くの物質は（たとえば塩化ナトリウム［NaCl］などの塩類も含まれる）水に入ると引き裂かれ、ばらばらの構成要素（Na^+とCl^-）になってしまう。この構成要素は電荷を帯びていて、イオンと呼ばれる。このように水分子が物質をとりまいて引き裂いてしまう過程を分解という。

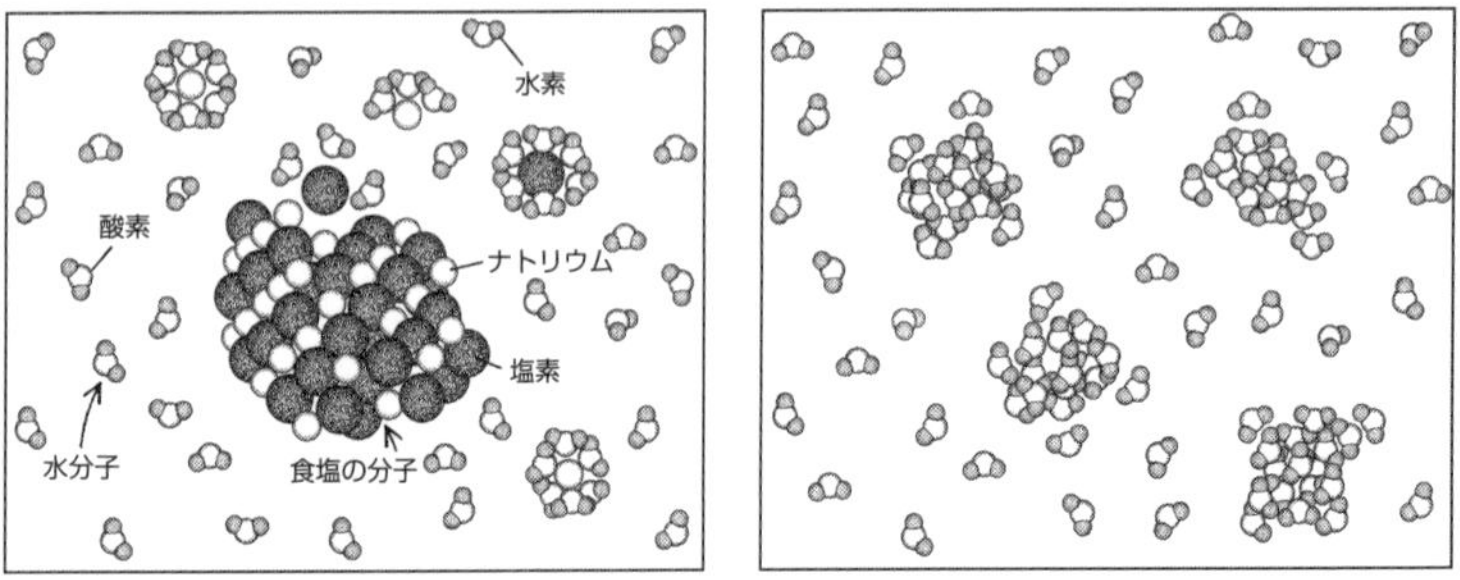

図6.1　分解と溶解。左の図では塩化ナトリウム（NaCl）の分子（図の中央にまとまっている大きな黒い球と小さな白い球）がばらばらにされ、1個ずつになったナトリウムイオン（Na^+）と塩化物イオン（Cl^-）が水の分子に取り囲まれることで分解する。右の図ではショ糖が水に溶解している。ショ糖の分子は分解されないまま、水の分子に取り巻かれている（図にはそんな塊が4つある）。

糖類などの小さい分子も、複合糖質のように鎖の長い分子もやはり水に溶解するが、こちらはばらばらにはならず、水という溶媒の中に広がっていくにすぎない。この違いは醸造業にとっては重要だ。水の分子が糖とごくゆるく結びつくだけで構造までは変えないからこそ、発酵の過程で、糖は酵母の酵素と反応することができるのだから。分解と溶解の違いを図6・1に示した。

このとおり分解も溶解もあるため、地下水にはどうしてもさまざまなイオンが溶けこんでいて、発酵途上のマッシュ液〔麦芽汁〕を最適なpH（酸性／アルカリ性の程度）に保つのを助けたりじゃましたりする。pHが大切なのは、大麦など穀物の成分を分解する酵素それぞれに、効力が最大になる酸性度が決まっているからだ。

水が重要である最後の理由は、温度の調節が簡単で、均一にしやすいから。生物学の教科書で水がしばしば生命の溶媒と呼ばれるのもむべなるかな。

醸造のはじめから終わりまで、水は原料の中で圧倒的に

表6.1

分類	ppm	mg/l
軟水	100 未満	17.1 未満
やや硬水	100-200	17.1-60
中硬水	200-300	60-120
硬水	300-400	120-180
超硬水	400 以上	180 以上

量が多いだけでなく、かならず味にもおおいに影響する。水はどうしても、水分子以外にさまざまな化合物を含んでいるからだ。川や湖、地下水など、あらゆる天然の水源は、ほんのわずか酸性に傾いただけでカルシウムやマグネシウム、ナトリウム、カリウムなどを溶かしこみ、多くのイオンを取りこんでいく。そのうえにさまざまな化学物質が――現代だとホルモンや抗生物質までが――上水までたどり着くのだから、みなさんが出会う各地の水は、とても均質とはいえない水溶液なのだ。

浄水器の活性炭を通した水にも、まだまだたくさんの化学物質が含まれている。活性炭フィルターは塩素やフェノール、硫化水素など揮発性で臭いのもとになる化合物をとり除くことは得意だが、鉄や水銀、キレート化された銅といった金属はあまり除去できないし、ナトリウムやアンモニアなど多くの物質はかなり残存してしまう。

水質を説明するのに、軟かい、非常に硬い、中ぐらいといった表現をよく耳にする。水の硬度は二価（＋2）の金属陽イオンの量で決まる。硬水に含まれる二価の金属で特に多いのはマグネシウム（Mg^{2+}）とカルシウム（Ca^{2+}）。非常に硬い水だと、陽イオンがたくさん溶けているためアルカリ性になり、pHでいうと七より大きい数字になる。一定量の水の硬度は百万分率（ｐｐｍ）で表すのが通例だが、金属イオンの濃度は一リットルあたりのミリグラム数のmg／lで表す。硬い、軟かいという言い方ではいささか主観的になってしまうのに対し、ｐｐｍやmg／lという尺度なら表6・1のように等級に分けることもでき

図6.2　主要な硬度の水がフランスと合衆国でどこに分布するかを地図上に示した。

る。

周知のとおり水道水は場所によってまちまちなので、ビール造りは立地がきわめて重要になる。ビールには種類ごとに最適なpHが決まっているが、公共水道や工業用水の水質が年じゅう安定している土地ばかりではない。造りたい品を造るには醸造用水の水源と水質が鍵となるだけあって、ビールで名高い都市には、地元の水が良質かつ一定しているおかげで名声を得られたところが少なくない。図6・2では二つの国を例に、水の硬度は地方によってちがうことを示した。

水の硬度は、その水が雨として地上に降ってからどんな経験をしてきたかで決まる。湖や池からとった地表水はほとんどがかなりの軟水だが、汲み上げられるまでに岩のすき間を旅してきた地下水ならミネラルをたくさん集めているだろうし、地下で流れてきた距離が長ければなおさらだ。たとえば石灰岩の中を流れてきた水だと、相当なカルシウムとマグネシウムを溶かしこんでいる。そんなわけで、醸造所の立地を選ぶにも、現地の地質が大きく影響する。

各地にあるビールの大産地を見比べれば、その多様性がよくわかる。ビール造りが盛んなヨーロッパの町いくつか

表6.2

都市	硬度（ppm）
バートン＝アポン＝トレント	330
ドルトムント	283
ダブリン	122
デュッセルドルフ	104
エジンバラ	176
ロンドン	94
ミュンヘン	94
プルゼニ	10
ウィーン	260

の水の硬度を表6・2に示した。

紹介した中には、水が非常に硬く、飲み口の重いエールやスタウトの中心地となっている町がいくつかある。これは偶然ではない。たとえばバートン＝アポン＝トレントの場合、硫酸カルシウムがたっぷり含まれる水を使って不朽のＩＰＡを生み出し、一流の産地となった。

現在では、ほかの硬水の産地の工場はたいてい、水を加工していくらか軟水に近づけている。同じ硬水の中でも、含まれるイオンの種類によって軟化が容易なものを「一時硬水」と呼び、炭酸塩や重炭酸塩を加えて煮沸するだけでマグネシウムやカルシウムが沈殿する。

対照的に極端な軟水で突出しているのがプルゼニで、さわやかなピルスナータイプのラガー発祥の地となった。

一般論でいうなら、ビール造りには軟かめの水が手に入る方が望ましい。硬水を軟化する大変さにくらべ、逆はミネラルを足すだけですむのだから。通常、水源の硬度が一〇〇ｐｐｍを大きく上回るようなら、処理なしでうまく造れるのは数種類のビールに限られる。そんなビールに合わせて軟水を硬水にしたいとき、よく加える化合物は四つある。飲み口が軽めから中ぐらいのエール用には硫酸カルシウム（石膏）か塩化カルシウム、黒ビールには炭酸カルシウム、また、さまざまなイングランドスタイルのエールに理想的と考えられている水をまねるにはマグネシウムを足すことが多い。つまり、ビール用の水の硬度に関しては、よほどでないかぎり小が大を兼ねる。それに、水処理の科学によって、醸造職人たちが地元の地質という制約からかなり自由になれたのも、比較的最近のことでしかない。

地球上の化合物にはそれぞれ気体、液体、固体という三つの状態があり、温度と圧力によって状態が変わる。水が三つのうちでも最も使いみちの広い液体の姿でいられる温度範囲はごく狭い。だから水は、自然の状態で三態すべてが見つかる数少ない物質の一つでもある。

液体のときの水は、分子が非常に密に、それでいて不規則に詰まっており、互いに水素結合で結びついている。それが固体になるときには、分子が規則的な格子状に並び変わる。水という物質が少々ほかの物質とちがっているのは、固体のときの密度が液体のときより小さいことである。みなさんもご存じのとおり、氷は水に浮かぶ。こんなことになるのも、格子形になると分子どうしは決まった距離を保つことになり、液体のときよりすき間が大きくなるせいだ。

これに対して気体の水には特に変わったところはなく、通常どおり液体にくらべて密度が小さい。液体の水の分子どうしをつないでいる水素結合はわりあい弱く、加熱によって壊される。結合が壊れると、水の分子はばらばらになり、互いに押しのけあう。そのため気体の状態では密度のはるかに小さい水蒸気となる。

密度という言葉が出た機会に説明しておこう。液体の水は摂氏二二度（華氏七二度）のとき、一立方センチメートルあたり〇・九九八グラム（一ガロンあたり八・三三ポンド）ある。これが水だけのときの密度だ。そこに糖などの化合物が溶けこむと、全体の密度は上がっていく。では、ここでいう密度とはなんだろうか。いちばん単純な定義だと、ある体積の物質に中身がどれだけ入っているかを表す言葉だ。分子の観点から言い換えるなら、ある化合物の分子がどれだけぎっしり詰まっているかということになる。化合物の分子が非常にきつく詰まっていれば、ゆったり詰まった分子よりも物質の密度は高くなる。気体の水が固体や液体の水より軽い（密度が低い）のはそのせいだ。

密度から出せる値に比重というのがあって、醸造ではこれが非常に重要になる。比重とは、溶液の質量を測定して、同じ体積の水の質量で割ったものだ。つまり、体積がどうだろうと、水の比重は定義により常に一・〇になる。比重にはグラムやポンド、ミリメートルなどの単位がないため、液体のことを説明するときには「ポイント」という数値が使われる。ある量の液体の比重のポイントは比重から一を引いて一〇〇〇をかけた値で、比重が一・〇六六六の液体なら一・〇六六六ひく一・〇〇〇に一〇〇〇をかけて六六・六（(1.0666 − 1.000) × 1000 = 66.6）になる。

液体の比重は、溶解している炭水化物が容積比で一パーセント増えるごとにおよそ四ポイントずつ上がっていく。ということは、混合物の容積の二〇パーセントを占めるまで炭水化物を足していくと、ポイントはおよそ八〇上がる。

そんなわけで、ビールを仕込むときに炭水化物／糖類を入れるとそれだけ比重が上がるが、この上がった分は、発酵に利用できる糖の総量でもある。そのことから、比重はアルコール含有量の計算に使うことができる。

発酵前のビール（この段階では麦汁）の比重を初期比重（ＯＧ）、発酵が止まった後の比重を最終比重（ＦＧ）という。水は実にすぐれた溶媒なので、炭水化物やそれより小さい糖類以外にもさまざまな化合物が溶けていて、それらも初期比重に影響する。

発酵が進んで糖がアルコールに変わると、比重は下がる。アルコールは糖よりも密度が低いため、溶液全体の密度も発酵前より低くなる。最終比重は初期比重より低く、その下がり幅ができたアルコールの量を知るヒントになる。比重は炭水化物／糖類以外にほかの化合物も影響され、厳密には発酵前後の比重の変化だけで割り出すことはできないものの、総じてかなり正確にわかる。

図6・3に示すように、ほとんどのビールは、初期比重と最終比重の範囲で特徴づけることができる。なかには（重厚なビールなど）、かなり高い初期比重でスタートするビールもある。ドッペルボック、アイスボック、ストロングスコッチエール、ルシアンインペリアルスタウト、ベルジアンダークストロングエール、バーレーワインなどがこれにあたり、初期比重が一・〇八〇から一・一二〇、八〇ポイントから一二〇ポイントある。

初期比重が一・〇四〇（四〇ポイント）を下回るビールは数えるほどしかなく、スタンダードオーディナリービター、ライトアメリカンラガー、スコティッシュライト、スコティッシュヘビー、スコティッシュマイルド、スコティッシュ／イングリッシュブラウン、ベルリナーヴァイセくらいだ。大半のビールは初期比重一・〇四〇と一・〇六〇（四〇ポイントから六〇ポイント）の間に集中している。

水は、水没した物体の質量に関して、ちょっと変わったいたずらをする。ギリシャの哲学者にして数学者アルキメデスは、最初にこのことに気づいた人のひとりと考えられている。彼は暴君ヒエロンから、冠を作らせた金細工師が銀を混ぜて金の量をごまかしていないか調べる仕事を請け負った。アルキメデスは浴槽に体を沈めたときに、自分の体が沈んだ分だけお湯が押し出されていることに気づき、調べ方を思いついたとされている。

おもしろい話ではあるが、ジャーナリストのディヴィッド・ビエロがくわしく調べたところ、アルキ

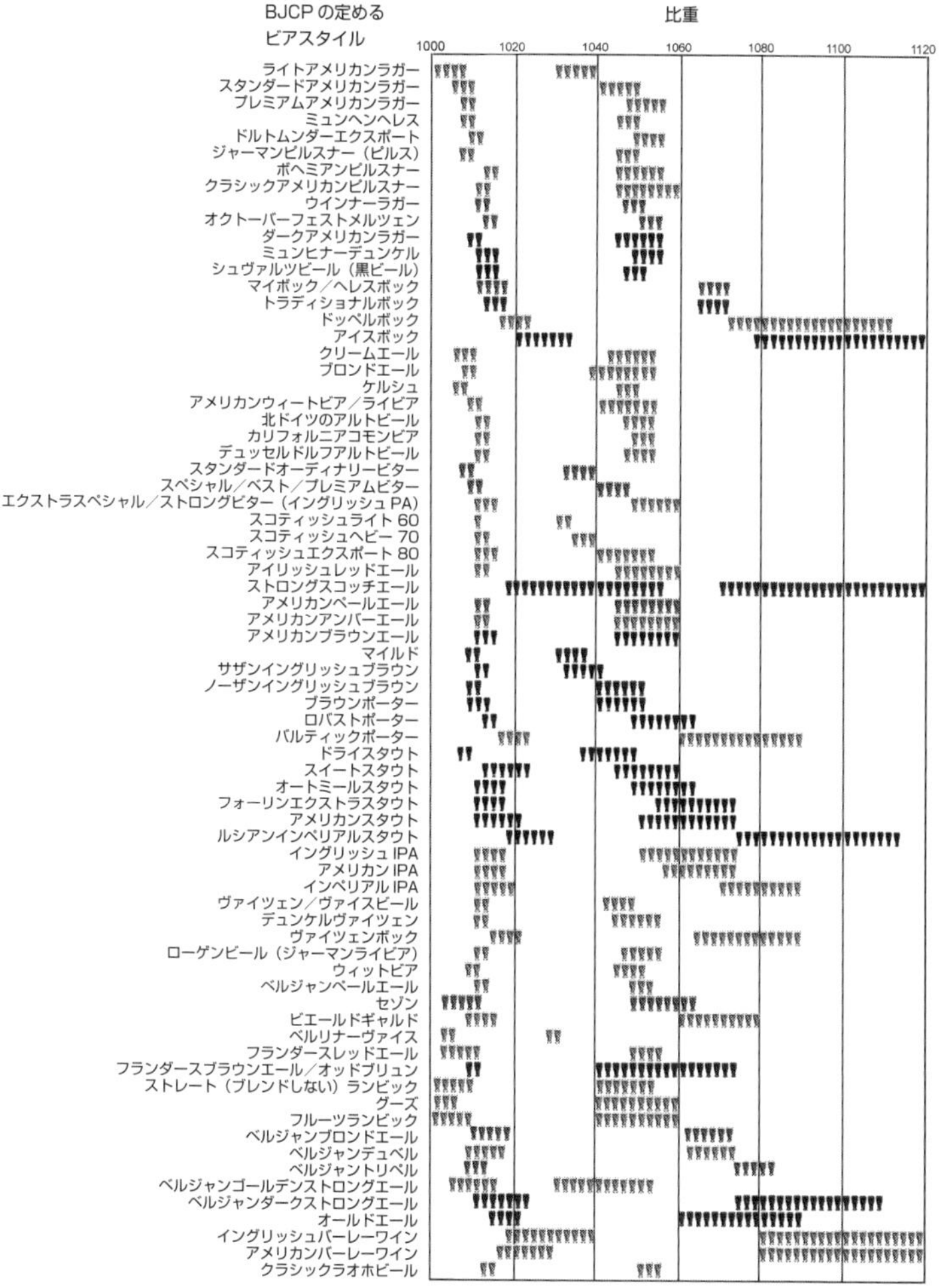

図6.3 各タイプのビール（ビールジャッジ認定プログラム：BJCP）について、初期比重（OG）と最終比重（FG）の範囲を小さなビールグラスの記号で示した。左が最終比重、右が初期比重、グラスの色はそのスタイルでつくられているビールの一般的な色の濃さを表している。

メデスが金細工師のごまかしを証明した可能性はかなり高いものの、物語の細部はほとんどが——風呂を飛びだして裸で町を走りながら「わかった!」と叫んだというのも——実話ではなさそうだという。だからといってアルキメデスの浮力の原理の正しさは揺るがないのだが。

そして、この発見は醸造家にとっては天の恵みだった。ビール造りでもワイン造りでも発酵前と発酵後の比重を測定するのに使われているこの法則は、簡単に言えばこうなる。水中に沈んだ物体にかかる反対向きの力(浮力)は、自分が沈むことで押しのける水の重さにひとしい。そして、表面に浮かんでいる物にはみな、自分の重さに相当する浮力がかかっている。

こんな場面を思い浮かべてほしい。高さのあるガラスの容器に液体が入っている。仮に水としよう(密度は一グラム/立方センチメートルだ)。ここで断面積一平方センチメートルで重さ一〇グラムの円筒を容器の水に入れると、水を一〇グラム分押しのけるまで沈んだところで止まる。断面積が一平方センチメートルだから、円筒は下から一〇センチ分だけ沈むはずだ(一平方センチメートルかける一〇センチメートルで一〇立方センチメートル)。

このように水溶液の液面で直立するように調節した円筒を作り、側面に目盛りをつけておけば、どこまで沈んだかを簡単に測定できる。

アルキメデスがヒエロンの疑いを裏づけたときに比較したのは、できた王冠が押しのけた水の量と、王の注文どおりの重さの金塊が押しのけた水の量だった。金塊は冠より水をたくさん押しのけたため、冠が純金ではないとわかったのだ。

これを少し変えてみれば、アルキメデスの原理は、同じ物体を密度のちがう二つの溶液に沈め、押しのけた液の量の変化を割り出すのに使うこともできる。ここでさっきの円筒を、密度が〇・九五グラム/立方センチメートルの液体に入れたと考えてみよう。円筒の重さはやはり一〇グラムなので、液を一

○グラム押しのけるところまで沈む。しかし液の密度がちがうから、沈みこむのは一○センチメートルではない。具体的には、一○センチを○・九五で割った一○・五三センチメートル分まで沈む。液体の密度が低いので、それだけたくさん沈むのだ。

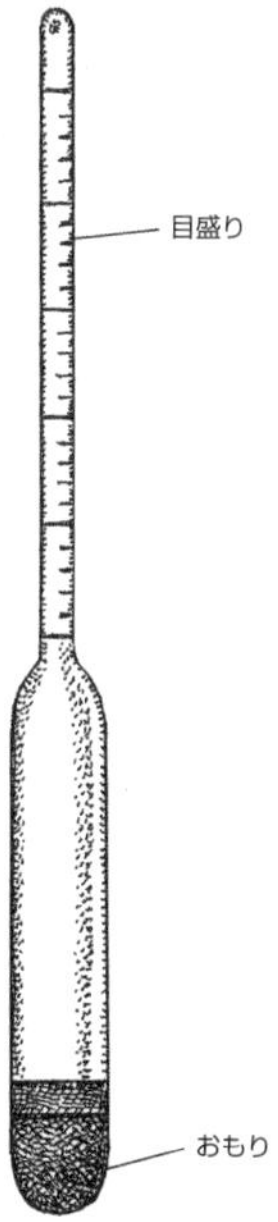

図6.4　典型的な比重計

こんどは、測りくらべる一つめの溶液を発酵前の麦汁、二つめを同じ麦汁の発酵後と想像してみてほしい。発酵前の方が糖類が多いので、糖がアルコールに変わった後よりも密度が高い。この用途に合わせた円筒状のしかけを作れば、発酵後の溶液のアルコール含有量を見積もる手段が手に入る。このしかけを比重計といって、発明したのはアルキメデスではなく、はるか後世の四世紀末に同じ学問を続けていた後輩、キュレネのシネシウスであった。よくある比重計は図6・4のようなものだ。下の方の胴体部分にあらかじめ何グラムと決まったおもりが入っていて、この部分が液体に沈む。沈んだ深さは上の頸部の目盛りでわかる。このとき、液面は比重計に接するところが表面張力でやや上へ引っぱられるので、液面の低いところが交わる目盛りを読む。

こうして測った発酵前と発酵後の比重からアルコール含有量を割り出す方法については第10章でくわしく解説する。

7
大麦
Barley

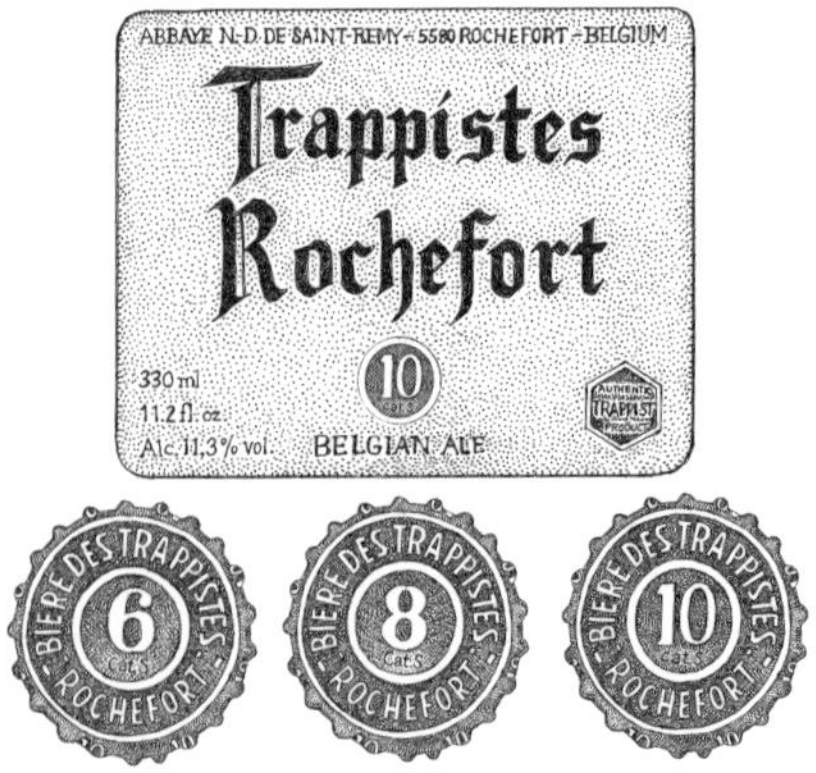

ノートルダム・ド・サン＝レミ修道院で作られた三種類のビールを、全く同じ三つのグラスに注ぐ。左から順に、ロシュフォール6、ロシュフォール8、ロシュフォール10として知られる瓶入りビールだ。アルコール度数はそれぞれ、体積比で七・五パーセント、九・二パーセント、一一・三パーセント。煎った大麦のモルトとキャンディシュガーを少しずつ増やしていくことでアルコール度数を高めている。色も茶色がかったベージュから褐色、ほとんど黒に近い栗色と順に濃くなっていく。味もはっきりとちがっていた。6は軽くてなめらか、8は芳醇で角のない甘さ、10は濃厚で深いカラメル味。不思議なことに、飲み比べてもアルコール含有量の差はさほど感じられなかった——少なくとも、席を立つまでは。

ビールがつくられるようになったのは、人類が穀物の栽培を始めたのと同時期だった可能性が高い——つまり、大昔ということだ。イスラエルのオハロⅡ遺跡で見つかった二万三千年前のフリント石の刃物を顕微鏡で調べて見られた光沢は、持ち手に固定された鋭い刃がケイ素の豊富な穀草類の茎を切るのに使われないとまずできないものだった。

注目すべきは、これが近東で定住生活と動植物の家畜化、栽培化が始まる最終氷期末期より、一万年以上も前である点だ。考古学上の記録によれば、植物性原料を潰したり挽いたりするとおいしく、甘くなることを人間が知ったのはオハロⅡよりずっと古いことなので、ビールもしくはビール様の飲み物の誕生もその直後まで遡る可能性がある。それどころか、穀粒を口で噛んで（アンデスのチチャは今でもこの方法で作られる）唾液中の酵素を加えればでんぷんが糖に変化するのだから、発酵は製粉より古い可能性すら出てくる。これを理由に、ことによるとなんらかの製法によるビールは、ヒトの現代的行動が始まった約十万年前からつくられていたのではないかという説も唱えられてきた。

世界各地でイネやアワ、トウモロコシ、タカキビなど多くの穀物がビール造りに使われており、いずれも発芽させればモルト（麦芽）にすることはできる。しかし、私たちの大多数が飲んでいる西洋式のビールに使われる主要な穀物は大麦だ。これはなにも、歴史のいたずらでたまたま決まったわけではない。大麦にはまるで工具箱のように酵素がそろっていて、醸造にはうってつけの材料なのだ。

たいていのイネ科植物がそうであるように、大麦もいたって単純なつくりをしている。根から穂までの全草を図7・1に示した。醸造家にとって大切なのは穂で、ここには種子が詰まっている。穂の構造は系統によって明らかにちがい、その差はビール造りにも大きく関わってくる。ちがうのは穂に種子が並んでいる列の数で、二条、四条、六条と二の倍数ばかりだ。多い方が良さそうに思えるかもしれないが、かならずしも六条が選ばれるとはかぎらず、現にヨーロッパでは二条大麦が圧倒的に主流。大事な

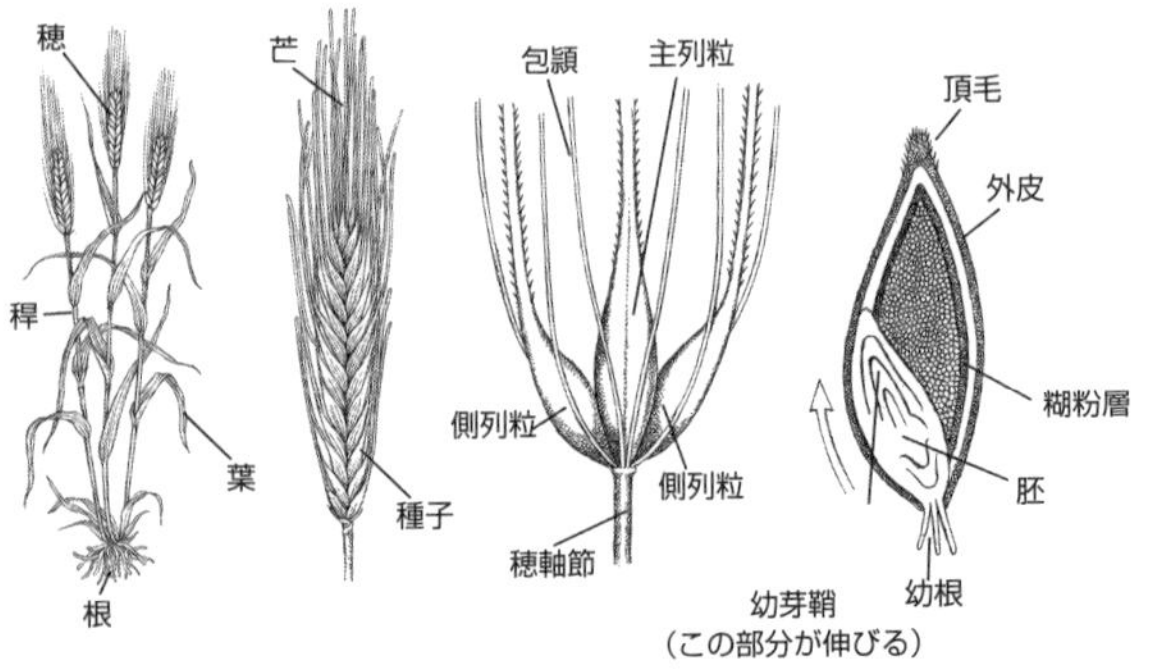

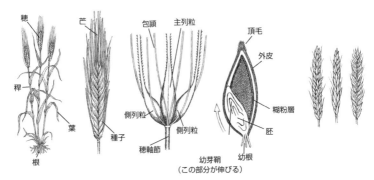

図7.1 左から順に、大麦の全体、穂の拡大図、大麦穀粒の詳細図、種子の断面図、六条、四条、二条大麦の穂。それぞれ穂のねじれ方の角度がちがうため、1列の粒の数もちがってくる。六条大麦は1段ごとに3分の2回転、四条大麦は半回転しているのに対し、二条大麦はまったくねじれておらず、すべての粒がまっすぐ、左右対称に並んでいる。

のは六条種と四条種だと酵素の組成が二条種とはちがっていることで、この点については後ほど説明する。

大麦の種は層状になっているが、これがビール造りに向いている理由を理解するうえでは大切な性質だ。なかでも、図7・1で「糊粉層」と示してあるごく小さな組織が酒づくりの鍵を握っている。

大麦という植物の通常のライフサイクルでは、種子の中の内胚乳という部分にでんぷんがたっぷりと蓄えられて、あとあと発芽したときに成長のエネルギー源になる。貯蔵されたでんぷんはそのままの形では使えないが、まわりの糊粉層に、発芽と同時に放出される酵素が準備されている。まずは糊粉層と内胚乳との境界が壊されて、内胚乳のでんぷん粒が糊粉層から侵入する別の酵素にさらされ、糖類(主として麦芽糖)へと分解される(第10章を参照のこと)。

糊粉層ならほかの穀物にもあるのだが、内胚乳の扉をこじ開け、でんぷんを糖に変える力で大麦にかなうものはない。だから、米や小麦を主原料にビールを造る際には、たいてい大麦もいくらか足している。

発芽を開始させることで大麦の種子から糖を引き出す

工程をモルティング〔製麦〕という。これを仕事にする人々は天然のシステムを横取りするため、モルトが必要になるまで発芽させないようにしておき、造りたくなったら人為的に発芽をうながす（第10章）。

種子の配列が六条、四条、二条の品種では、穂のねじれ方がちがっている。ねじれる角度によって、一列に並ぶ粒の数が変わるのだ。二条の品種ではねじれていないため、すべての粒が左右に一列ずつ、まっすぐ並んでいる。六条種は三分の二回転、四条種は半回転ねじれている（図7・1）。合衆国をのぞくほとんどの地域のビールは二条大麦で造られるのに対し、新世界の醸造業者は六条種をよく使う。両者は風味に差があるため、もしかすると嗜好の違いが関係しているのかもしれない。

また、大麦は春にも冬にも栽培することができる。おもな違いは、冬大麦の開花をうながすには秋の終わりに春化という過程（基本的には低温にさらすこと）を必要とする点だ。春化を経なければ、冬大麦には穂ができない。栽培されている系統（在来種）のほとんどは冬より春に育てた方が成績がよいため、一九六〇年代に至るまでヨーロッパのモルトはほぼ春蒔きの二条大麦で作られてきた。

オオムギの品種は、誇張でもなんでもなく本当に何千とある。「オオムギ遺伝資源の生息域外保全と利用に向けての世界戦略（*Global Strategy for the Ex-Situ Conservation and Use of Barley Germplasm*）」という報告書には、これら栽培品種に加え、全世界の野生オオムギもたくさんまとめられている。そのすべてが、食料及び農業のための植物遺伝資源に関する国際条約（全世界で五十を超える施設で行われている品種の記録と整理を規定している協定、略称ＩＴＰＧＲＦＡ）に基づいて設立された野生オオムギと在来栽培オオムギ登録品種（アクセッション）のコレクションに収められている。その総数はいまや四十万

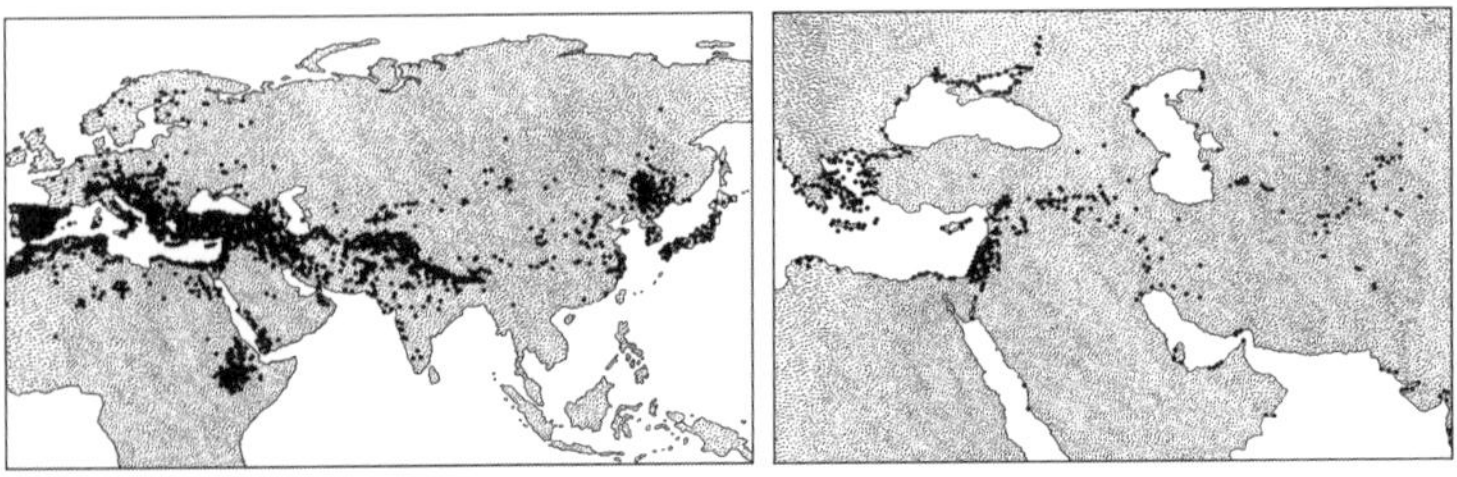

図 7.2　保存されているオオムギ登録品種の採集地を示す地図。左が栽培品種、右が野生品種。黒い点 1 つが 1 登録品種を示す。出典：オオムギ遺伝資源の生息域外保全と利用に向けての世界戦略

登録品種前後にものぼっており、なかでも最大で範囲も広いのはカナダのサスカチュワン州サスカトゥーンにあるカナダ植物遺伝子資源センター（PGRC）のコレクションだ。

　オオムギの栽培にあたる人々は百年ないし二百年前からきちんと交配記録を残してきたため、これらの品種には家系図がはっきりしているものも多く、ロランド・フォン・ボトマー、テオ・ファン・ヒントゥム、ヘルムート・クヌプファー、佐藤和広の共著『オオムギの多様性（*Diversity in Barley*）』にまとめられている。同書によればオオムギ品種の登録品種数は三万六千点にのぼり、そのうち二万五二九一点には家系図情報がついている。**図7・2**に示したのは、これら品種が栽培されている地域と、野生系統（登録品種数は一万二千を超える）が採集された土地だ。西半球の品種はいずれもヨーロッパかアジアから持ち込まれたものに由来するため、地図は省略した。

　すべての登録品種がビールに使われているものではないし、家畜の飼料専用の品種も少なくないが、現代ではモルト製造業者も醸造業者も多数の品種を利用しており、合衆国では米国モルト大麦協会（the American Malting Barley Association：AMBA）が毎年、モルト業者に向けて、今年はどの系統が最良になりそうかの情報を提供している。ヨーロッパではユーロモルトがオオムギの系統、モルト製造にまつわる情報センターの役割を果たしているし、オーストラリアではモル

ト・オーストラリアが同様のサービスを行っている。推薦される系統は国によってまちまちだ。二〇一七年を例にとれば、モルト・オーストラリアは二七種の在来品種を認定しており、なかでもバス、ボーディン、コマンダー、フリンダース、ラ・トローブ、ウェストミンスターが主要品種とされていた。オーストラリアもヨーロッパ同様、モルトやビールにはおおむね二条大麦が使われている。いっぽう合衆国では同年、ＡＭＢＡが二八の在来品種を認定しているが、こちらは六条と二条の両方が含まれる。二〇一七年にとりわけ人気が高かった六条品種はトラディションとレイシーだったようだが、二条の在来品種で需要も多くＡＭＢＡの推薦を受けていたのはＡＢＩヴォイジャー、ＡＣメトカーフ、ホケット、モラヴィアン69だった。

イネ、オオムギ、トウモロコシ、コムギはみんな、形態学からみた基本構造はとてもよく似ている。どれもイネ科の草本であり、互いに近縁だ。イネ科は単子葉植物といって、植物の系統樹が大きく二股に分かれた片方に属する。植物の発生の過程では、胚の中でも子葉とよばれる部分が育って最初の葉になる。単子葉植物とは被子植物のうち、この子葉が一つしかないものをいう（同じ被子植物が大きく分かれたもう片方の大枝を「双子葉植物」といって、この子葉が二つある）。

単子葉植物は非常に多彩で、イネ科の仲間からユリ、ヤシやチューリップ、タマネギ、リュウゼツランにバナナ、そのほかにも主要なグループがいくつも含まれる。この単子葉植物のうち、シバやレモングラス、カヤツリグサ、パイナップル類、それにオオムギやイネ、コムギ、エンバクなどの穀類はどれもイネ目という枝に属している。

イネ目はさらに細かく、四十以上に分けることができる。なかでもトウモロコシ、オオムギ、イネ、シバなどの草本がそろって属しているのがイネ科という科で、オオムギはイネ科の中のオオムギ属に分類される。

オオムギ属に種がいくつ含まれるのかはどの専門家の学説を信じるかによってちがってくるが、少なくても十種、多ければ三十種を超える。属名「ホルデウム（*Hordeum*）」はラテン語で「毛を逆立てる」を意味するホレオ（horreo）に由来し、剛毛の生えた穂のことを指している。ビール造りに使われる麦はほとんどがホルデウム・ヴルガレ（*H. vulgare*）という種だ。「ヴルガレ」もラテン語で、「ありふれた」を意味する。

オオムギと同じイネ科に属し、やはりビール造りに使われるコムギとイネにも、それぞれコムギ属コムギ（*Triticum aestivum*）とイネ属イネ（*Oryza sativa*）という属名と種名がついている。

二〇一五年、ジョナサン・ブラサックとフレッド・ブラットナーがゲノムレベルのDNA配列データをもちいて、オオムギ属の三十余種が互いにどのような類縁関係にあるかを調べている。その結果、ホルデウム・ヴルガレに加えて二種、H・ブルボスム（*H. bulbosum*）とH・ムリヌム（*H. murinum*）だけが同属の残り約三十種とははっきり異なるグループを成していることは疑いようがなかった。これにより、この三種を独自の亜属にまとめるという、従来からの形態学的分類が裏づけられることになった。

いっぽう疑問が晴れなかった分類群も残されている。栽培されているホルデウム・ヴルガレのあらゆる在来品種に対応する野生型と考えられているH・ヴルガレ・スポンタネウム（*H. vulgare spontaneum*）は分類学者たちのあいだで、独立した種だという意見もあれば、亜種にすぎないとも言われてきた（先の名前は、亜種と考えた場合の命名による）。各地の在来品種の共通祖先に最も近縁なこの野生オオムギが独立した種なのか、それともすべての栽培品種がこれと同種なのかについては、まだ意見の一致をみていない。
ホルデウム・ヴルガレの在来品種はどれも、育種家たちがいうところの栽培化症候群を経験している。栽培下にある系統では、一部の形質が野生の系統とはちがうのがふつうだ。オオムギの在来品種の場合、野生型にくらべて穂がはるかに壊れにくい。野生オオムギなら、穂が崩れやすい方があちこちに種が散らばりやすくてよかっただろう。しかし栽培する人間にはまた別の都合がある。収穫のときに種がぽろぽろ落ちるのは好ましくない。そんなわけで大昔のオオムギ育種家たちも初歩的な遺伝子工学に手を染めていたらしく、穂のつくりが特に丈夫で、収穫のときに穀粒が落ちなかった個体を選抜していったようだ。

ここでだれしも気になるのは、「栽培オオムギの在来品種たちはどこから来たのか？」だろう。だがそれを調べるにはまず、オオムギの栽培化は一度だけだったのか、それとも、複数の野生系統から別々に複数回起きたのかを知る必要がある。この問いに答えようと野生オオムギと栽培オオムギ在来種の個体群構造を調べる研究がいくつか行われている。

オオムギを研究対象とする遺伝学者たちが、自分たちの仕事を標準化すべく築きあげてきたのが「野生オオムギ多様性コレクション（the Wild Barley Diversity Collection：ＷＢＤＣ）」だ。野生オオムギ三一八系統（登録品種）から成るこのコレクションは、なるべく多岐にわたる非栽培系統を代表できるように、また、オオムギの生育する環境の生態的多様性を少しでも幅広く反映できるように選ばれている。登録品種の大半は肥沃な三日月地帯、近東の中でもオオムギが最初に栽培化されただろうと目されている地域から来たものだが、ほかに中央アジア、北アフリカ、黒海とカスピ海に挟まれたコーカサス地方のものもある。いっぽう、比較対象となる在来の栽培品種には、世界各地の三〇四登録品種から成る国際乾燥地農業研究センター（International Center for Agricultural Research in the Dry Areas：ＩＣＡＲＤ

A）のコレクションだけでまかなった研究もあれば、地理的にも遺伝的にも最大限の多様性を担保すべく、より広範囲の栽培系統のサンプルを加えた研究もある。

これほど多くの系統のゲノム解析を少しでも簡単にするのに、オオムギという植物の繁殖スタイルの特性が役にたってくれた。オオムギなどの穀草の個体は自家受粉が可能だ。いや、可能どころか、繁殖するには自家受粉が最も向くことがわかっている。たまにはほかの個体とかけ合わさることもあるものの、自家受粉が優先される。つまりオオムギたちのふるまいは、完全にとはいわないまでも、いくらか自分自身のクローンに近いといえる。それはまた同時に、私たちのように有性生殖を行う生き物にくらべ、遺伝的性質の足どりも追いやすく、祖先の姿も推測しやすいということでもある（そう、セックスがからむとすべてがややこしくなる）。オオムギの研究をなるべく楽にするため、使用する登録品種はすべて、三世代にわたって強制的自家受粉を重ねてから収穫した。

ホルデウム・ヴルガレという同じオオムギ種の内部で、品種ごとの遺伝的性質を調べる研究は、いくつかのグループが行っている。ジョアン・ラッセルとマーティン・メイシャーたちは、各種の在来品種を調べるにあたって全エクソーム・シーケンシングという方法をもちいた。この方法ではゲノムの中でも、タンパク質の暗号を指定する部分だけの配列を読みとる。この場合、一回調べるごとにデータ点すなわちDNA断片が何百万本もあり、これほどのデータをことごとくつなぎ合わせるのはバイオインフォマティクスにとっての大仕事になる。考えられる解決策については第5章で検討したとおりだ。

図7・3に示したのは、H・v・ヴルガレと野生型のH・v・スポンタネウムあわせて二五〇個体以

上の主成分分析である。ここから浮かび上がってくるのは、すべての在来品種が互いに似ていること、野生の系統（H・v・スポンタネウム）よりも他の在来品種との近さだった。こうした手法には問題点も多いものの、それでもこの図からは、それぞれの在来品種や野生系統の相互関係の仮説が――少なくとも、相互関係を考察するための新しい道筋くらいは見えてくる。

アナ・ポーツとツォウ・ファン、マイケル・クレッグ、ピーター・モレルは、あまたある在来品種がいくつのクラスターに分かれているのかを知るため、さらに多くの品種（八〇三点）を調べた。クラスターはたくさんあったが、大きくくくれば六つに分けられた（図7・4）。とりわけ意外だったのは、二次元マップ上に図示してみると、それぞれの品種の採集地を示す地図と重ね合わせができたことだ。たとえば、この図7・4で一か所に固まっている濃い灰色の丸は肥沃な三日月地帯の在来品種だし、淡い灰色の系統は中央アジアで見つかった。

　これらの報告でおもしろいのは、在来品種はそれぞれの故郷からあまり移動しないということだ。ポーツらの言葉を借りれば、「人間は広範囲に移動し、オオムギも栽培化以来、品種どうし混合しているのに、それ

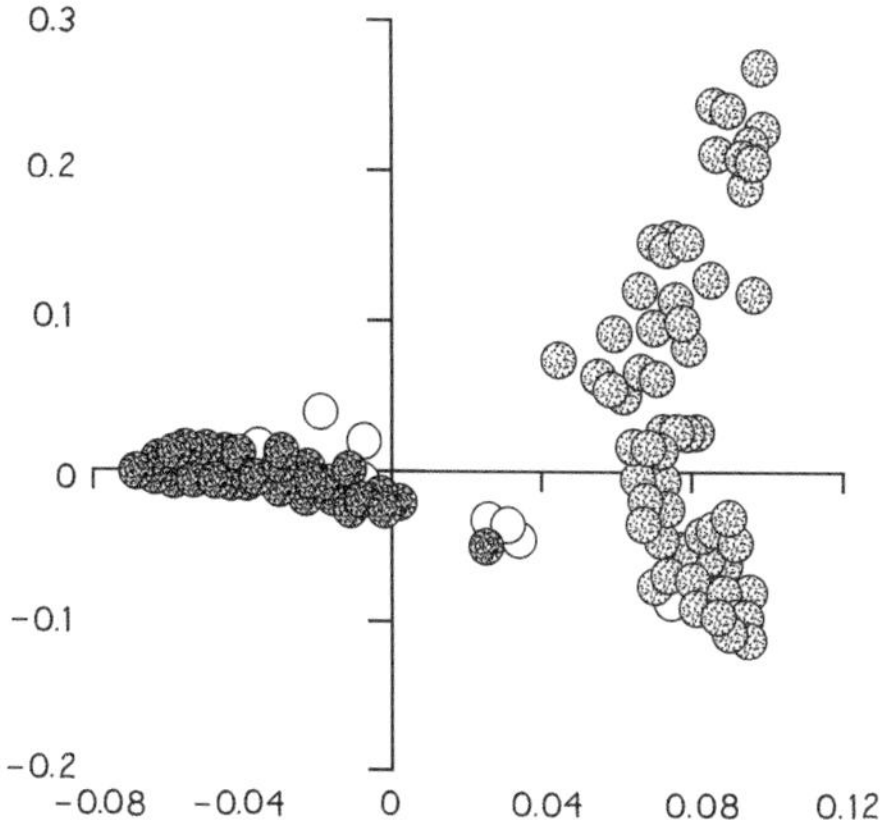

図7.3　H・v・ヴルガレの在来品種（黒い丸）と野生系統（H・v・スポンタネウム、灰色の丸）の主成分分析。対象となった個体は全部で250を超え、丸1つが1個体を表している。白い丸は、元は野生のH・v・スポンタネウムと分類されていたが、栽培されている在来品種により近いと思われる。X軸はデータの分散が最大である主成分軸、Y軸は分散が2番目に大きい主成分軸を表す。X軸とY軸に添えた数値のスケールは軸ごとに異なっている。出典：Russell *et al.*（2016）

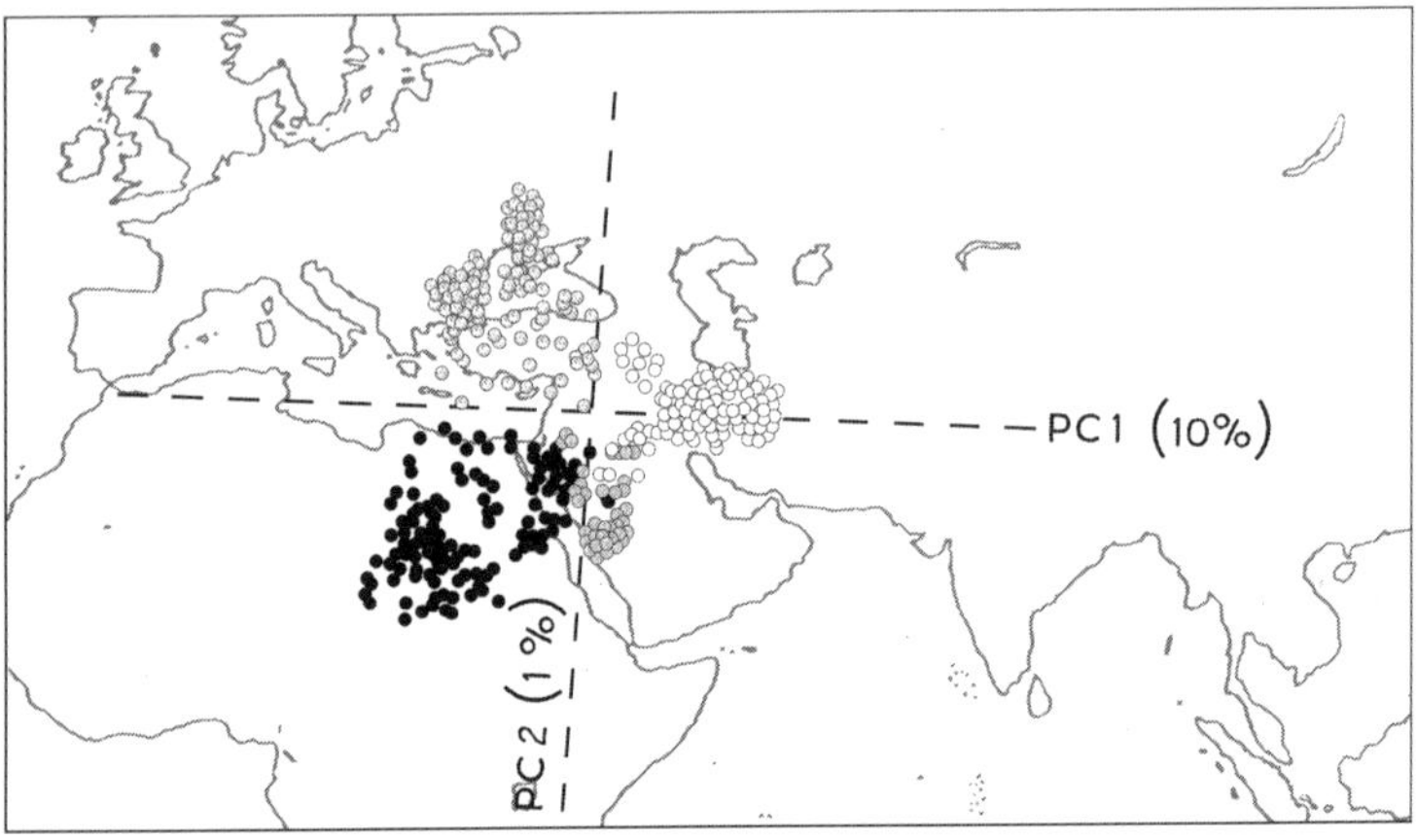

図7.4　オオムギ在来品種（左）と野生オオムギ（右）の主成分分析。在来品種803種についての分析結果を、それぞれの発見された場所を示す地図の上に重ね、4つのクラスターを仮定した（出典：Poets *et al.* [2015]）。丸の色の濃さは、仮定した4つのクラスター、中欧、地中海沿岸、東アフリカ、アジアを表す。

それの在来品種のゲノムを調べると地理的に近い場所に自生する野生個体群と先祖を共有しているパターンがみられる」というわけだ。

これらの研究からは、在来品種や野生系統がいくつのクラスターすなわち個体群に分かれるのか見積もるヒントが得られる。現時点では、その数は少なく見積もって四つ、細かく分けて十と考えられている。なかなかはっきりしないのは、クラスターの数を主成分分析で見定めようとすれば大きく主観に頼ることになるからだ。みなさんも地図と重ねられた図7・4でやってみればおわかりになるだろう。濃淡の色分けはされてないものと仮定して、この辺がひとかたまりだなと思ったところを丸で囲んでみるといい。多い人なら十以上も描くかもしれないし、少ない人だと二つどまりだろう。

第5章でも見たとおり、STRUCTUREというソフトウェアで図を描くと、対象生物の調べたいデータセットの中にクラスターつまり個体群がいくつあるかをより詳細に表示することが

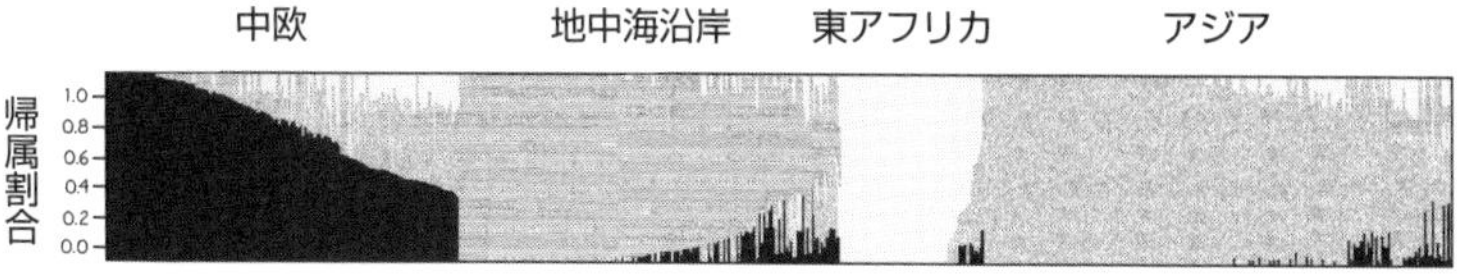

図7.5　オオムギ在来品種803種をK=4としてSTRUCTURE解析した結果。図7.4の主成分分析と同じく、中欧、地中海沿岸、東アフリカ、アジアの4つのクラスターがみられる。

できる。ここでは二つを説明することにしよう。

一つはポーツらの研究によるものだ（図7・5）。想定したKは4（つまり、祖先にあたる個体群は中欧、地中海沿岸、東アフリカ、アジアの四つあったと考えた）。この方法だと四つの個体群が視覚的に見てとれるが、いっぽうで、他の色がはみ出すなどしてはっきりしない個体もたくさんあるのがおわかりになるだろう。ということは、構造化個体群はたしかに四つだと思われるものの、どうやら在来品種どうしの混合もかなり起きているらしい。

二つ目の研究結果はジョアン・ラッセルとマーティン・メイシャーたちによるもので、近東は肥沃な三日月地帯の野生種九一種と在来種一七六種を対象にしている。地理的な範囲を狭くとったのは、この研究はもともと、特別な五つの登録品種の遺伝的特徴を知るために行われたものだからである。ここでは在来と野生の登録品種を別々に扱い、祖先集団の数は五つと仮定している（K＝5）。まずは野生登録品種を五つの祖先集団に帰属させたところ、明らかに二つのクラスターに分かれた。どうやら野生種は、はっきりと分かれた二つの集団に由来するものらしい（図7・6）。地理的には、主としてイスラエル、キプロス、レバノン、シリアで集められたグループと、トルコとイランで集められたグループとで分かれているようだ。

こうして野生系統がくわしくわかったら、次は図7・6のように在来品種を分析していった。この図を見れば、野生系統と在来品種とはまったくちがうことがよくわかる。ご覧になって明らかだと思われる方もそうでない方も

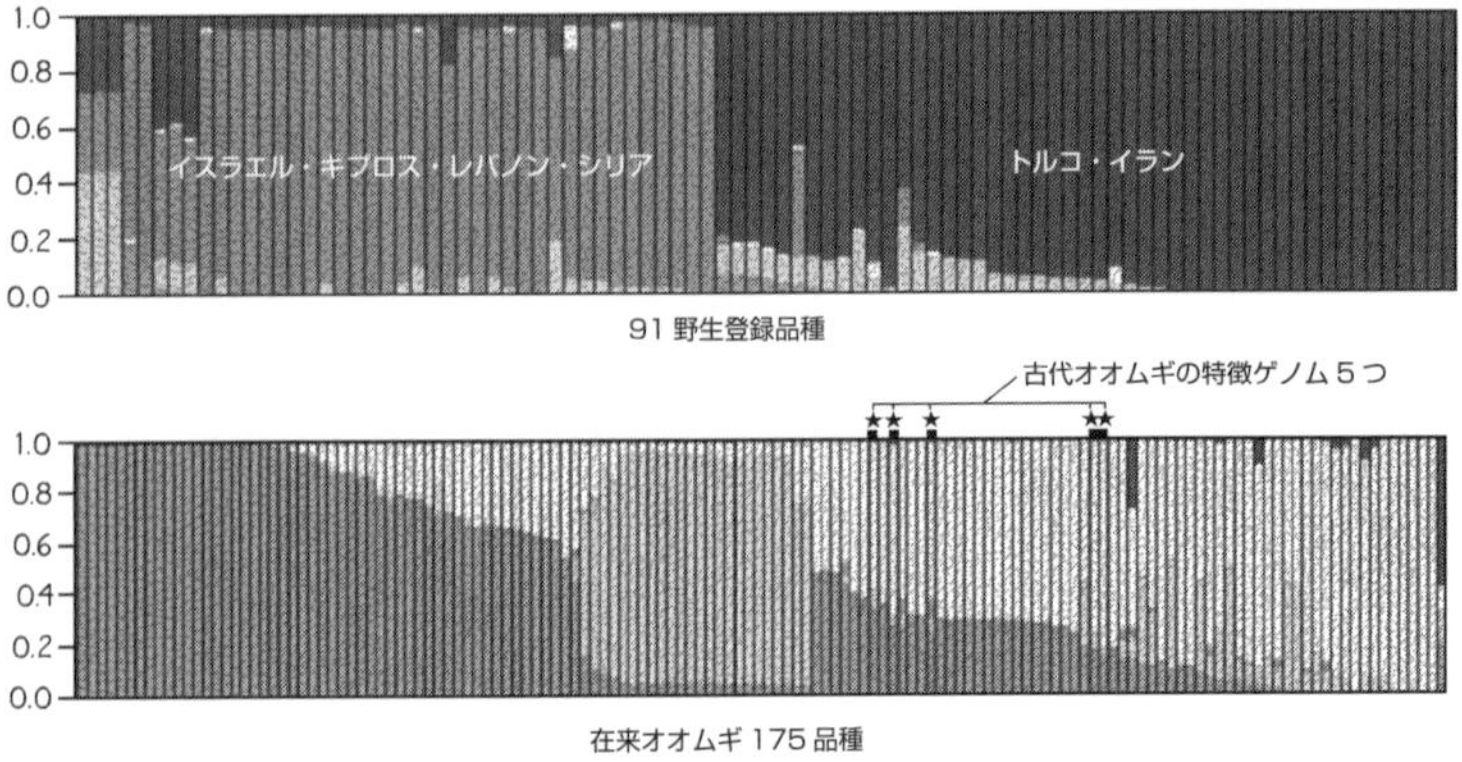

図 7.6　［上］ラッセルらの研究で使用された野生 91 登録品種の STRUCTURE による解析。祖先個体群の数は K=5 と仮定し、個体ごとに 5 つの個体群への割り振りを色分けして示した。2 つのクラスターが視覚的にも歴然としている。［下］在来オオムギ 176 品種を、祖先個体群の数は K=5 と仮定して STRUCTURE に準拠した解析結果。祖先個体群の色分けは上のグラフと同じ。古代オオムギ 5 つのゲノムは星印で示した。出典：Russell *et al.* (2016) と Mascher *et al.* (2016)

いらっしゃるだろうが、先のラッセルとメイシャーらは、クラスターの数は三つなのではと考えている。また、在来品種の中には野生個体群の変異はほとんど含まれていない。それでも、この地域のオオムギ在来品種の先祖が少なくとも三パターンあることはわかる。

先ほど触れた、五つの特別な登録品種もこちらに含まれていた。特別も特別、この五つはイスラエルで見つかった六千年前の穀粒で、遠い昔に人類が栽培していた品種の代表と考えられているものであった。なのにそれが、現代の在来品種とたいそうよく似ているらしい。より具体的に言えば、現代のイスラエルとエジプトの在来品種と非常に近い。この結果は、オオムギの栽培化はヨルダン渓谷上流部で始まったという意見とぴったり一致する。

これら五つの標本（図7・6では黒い星印で示した）の祖先ゲノム要素をくわしく調べたところ、現在イスラエルで栽培されている在来品種は、ときおり野生系統と交雑もしていたわりに、この六千年でたいして変わっていないらしいとわかった。

ゲノムレベルでの情報は、ご先祖様を教えてくれるばかりではない。栽培化にかかわったかもしれない遺伝子についても教えてくれる。前にも述べたとおり、野生登録品種が在来品種と見るからにちがう点は、穂の壊れやすさだ。しかし、過去一万年にわたって育種家たちが選択してきた形質はほかにもある。現に、ラッセルとメイシャーらは自分たちの得たデータセットを元に、在来品種において選抜され、今もされているのがどんな遺伝子だったかをつきとめた。

過去何千年ものあいだ選ばれてきたことがわかった形質としては、開花までの日数、温度や乾燥に応じての草丈などがある。どちらも栽培環境に適応するうえで大切ではあるが、チームのみんなも言うとおり、ほかにもまだ見つかっていない因子がたくさんあるはずで、それをあぶり出すにはさらなるゲノミクス研究が助けになりそうだ。

栽培化過程で起きた最も重要な遺伝子変化は穂の壊れやすさと先に述べたが、この点はどうだろうか。実は、遺伝子が穂軸節の壊れやすさを支配するしくみはいたってシンプルなものだった。かかわっている遺伝子はＢｔｒ１とＢｔｒ２の二つで、両者の作るタンパク質どうしが相互に作用する。二つの遺伝子が作るタンパク質が正しく嚙み合うと砕けるが、遺伝子に突然変異が起きてタンパク質が正しくそろわないと、穂軸は丈夫になり壊れない。

イネやコムギなど、ほかの栽培穀物も穂軸がしっかりしている。となると気になるのは、イネ、コムギ、オオムギの育種家たちがこの形質を選抜していった過程は、遺伝的にみても同じ経路だったのかという点だ。モハマド・プルケイランディッシュと小松田隆夫がこの謎に決着をつけた。実はオオムギだけ、そもそもの壊れ方からしてちがっていたのである。イネやコムギにはＢｔｒ１とＢｔｒ２の相互作用は関係していない。穂軸が崩れるという結果は同じでも、そうなるしくみは一通りではなかったのだ。

これは進化生物学の分野ではよくあることなので、人為淘汰をもちいる育種家たちが同じ原理に遭遇したとしても意外なことではない。

ロビン・A・アラビーはオオムギの生物学を論じた二〇一五年の総説論文冒頭で、オオムギ栽培化の歴史についての認識を一文に凝縮している。「オオムギはどこか一か所から来たのではない」。

この鋭い見解は重い意味をもつ。大半の研究者が長年、栽培化はどう考えても一回かぎりのできごとでしかありえないと思いこんできたからだ。そんな私たちのゲノムデータ解釈をアラビーが正してくれた。これまでに分析されたオオムギ在来品種には一つ残らず、祖先である野生登録品種四つないし五つのゲノムの痕跡が残っていることを指摘したのである。

アラビーは続いて、重要な問いを投げかける。「栽培化された各種の作物の中で、オオムギだけが例外なのか？　それともオオムギこそ通常の姿なのか？」。答えは、オオムギを例にとれば通常の姿とは何かがわかるといったところだろうか。栽培化とは——オオムギの場合はおおざっぱにいって肥沃な三日月地帯あたりで起きたようだが——どう見ても単純なプロセスではなかったのだ。

昔は、なるべく農耕向きの性質をそなえた品種を育成するのは、試行錯誤の営みだった。六千年前の農民は正式な遺伝学こそ知らないが、知恵もあり、自分の育てている作物のことならよく心得ていたから、望む結果を手にすることはできた。育種家が追求する二大目標は昔も今も変わらない。量と質だ。収量にかかわる形質といえば、種の数、年に複数回栽培できる、壊れやすかった穂が変異により効率よく収穫できるようになるなどがある。質を左右する形質は、タンパク質や脂質など栄養素の含有量に影響する表現型だ。二〇世紀が終わるころもまだ、オオムギの改良には古典的遺伝学の知識がもちいられ、単調かつ人手のかかるやり方で交雑の手助けをしていた。今ではゲノム技術が進み、おびただしい数の家系・品種に応用するのが容易になったことで、オオムギをはじめさまざまな穀物の品種改良にもまったくちがう取り組み方が可能になり、ずっと安くて早い方法が使われるようになった。

植物のゲノム育種はゲノム予測という発想を利用しており、形質予測能力が頼りだ。それにはまず、膨大な品種のゲノム配列が決定していなくてはならないし、目標になりうる形質（たとえば種子のサイズ、タンパク質含有量、タンパク質収量）についても豊富なデータが必要になる。この方法が使えるようになるまで、オオムギの品種改良の実験は非常に大がかりで、費用もかかった。今ではゲノム予測のおかげで、ある形質を持つ品種がどれくらい簡単に作れそうか、より精密に、すばやく、そして安く把握できるようになった。ビール造りに重要な品質形質の評価に向けた研究もすでにいくつも行われている。

マルテ・シュミットたちは、春蒔きオオムギと秋蒔きオオムギについて、モルト作りにかかわる一二種類の特性の予測能力を分析した。モルトに好適な形質一二種類をランクづけしたところ、秋蒔きオオムギの方が改良が簡単そうだとわかった。

また別の研究では、種子の品質形質の改善につながるゲノム断片が利用可能であることを示した。ナンナ・ニールセンらは、種子の重さ、タンパク質含有量、タンパク質収量、エルゴステロールのレベル（真菌や細菌に対する抵抗性の指標になると広く考えられている）などの特性について検討し、これらの形質を目標とする育種計画の有効性も、ゲノム科学をもちいて予測できることを示した。

そんなわけで、いまだ黎明期にあるとはいえ、ゲノム科学的手法にはオオムギ栽培の効率や収量、質の向上を促進する力があることはすでに示されている。とはいえ、オオムギの未来はさらに最先端の手法として近年注目を集めているCRISPR-Cas9というゲノム編集技術をもちいた直接の「遺伝子編集」

にかかっている可能性が高い。

この先どのような展開になるにせよ、モルト製造やビール醸造の原料の質を高めるうえで、分子生物学におおいに期待が持てることだけはまちがいない。

8
酵母
Yeast

ほっそりとした、つややかな茶色の瓶にはラベルが貼られていない。ネック周りに細く盛り上がったガラスの輪に浮き彫りされた文字によくよく目をこらせば、「Trappisten Bier」と読める。王冠にはよりくわしく「Trappist Westvleteren 12. 10.2%」とある。世界で最も伝説的なビールを本当に手にしているのだと思うと最初は衝撃で、すぐに畏怖の念が取って代わった。このビールはフランドルのシント・シクストゥス修道院の修道士たちの手でごく少量造られているだけで、ふつうなら修道院まで赴いて、まるでスパイ小説のような手順を踏まなくては買うこともできない。瓶の中の液体は「世界最高のビール」に何度も選ばれたナッツの香り高い濃いビールで、生きた酵母が異例なほど多いために鮮烈な酵母の香りがすると聞いている。

われわれはようやく勇気をふるい起こして栓を抜いた。世界最高のビールだったかって？　そんなことを言われても、この惑星上でビール最大の魅力はその種類の多さだというのに、一番を決めるのはおそろしく難しい決断だ。今はただ、このすばらしい調和は期待を裏切らなかったと述べるに留めておこう。

私たちは誇張でもなんでもなく四六時中、そして毎日、微生物の海を泳いでいる。人体の内部と表面に住む微生物の種類はおよそ一万種と試算されていて、これはふつうの熱帯雨林に生えている植物の種の二倍から三倍だし、地球上の鳥の全種類の数とほぼひとしい。それも、私たちにくっついている種類だけでこうなのだ。われらが同業者、故スティーヴン・ジェイ・グールドがかつて、恐竜の時代もヒトの時代もありはしなかった、ぼくらはみんな、ずっと微生物の時代を生きてきたのだと言い切ったのもむべなるかなである。

体内や体表にどの微生物が住んでいるかは、人によってまちまちだ。同じ人でも、体の部位ごとに別々の微生物を住まわせている。この小型の単細胞生物たちは、大きく分けて細菌、古細菌、真核生物という三つのグループ（ドメイン）に属している。三つとも、地球上のすべての生命をつなぐ共通の祖先に端を発していることは、それぞれの生殖の設計図であるゲノム（第5章を参照）の比較ではっきりしている。

このうち細菌と古細菌はかならず単細胞で、そのゲノムは核膜に包まれていないのに対し、真核生物には単細胞も多細胞もあり、核膜でしっかり囲われた核をもつ。ヒトも、ビールの材料になる大麦やホップも多細胞の真核生物なのに対し、ビールの第三の材料である酵母は単細胞の真核生物だ。

酵母は真核生物の中でも大きなグループ、菌類に属している。菌類といえば、きのこも菌類に含まれる。意外に思われるかもしれないが、きのこ一本は一つの個体ではなく、同じ種に属する単細胞生物が集まって作るコロニーなのだ。きのこはおなじみの形をしていて、形態学的研究も進んでいるから比較的見分けやすい。他方、小さな酵母はからだの構造に特徴が乏しいため、高性能の顕微鏡をもってしても見た目で分類するのは難しい。しかし、つくりは単純でも、この素朴な生き物たちは驚くほど多彩な生活様式に適応できる。だから無数の種が生まれたし、進化パターンも数多い。

そのことは人の生活を見るだけでわかるだろう。菌類を使った料理が食卓にのぼらない日はめったになく、食用のきのこも数多い。菌類は非常に治りにくくてつらい病気のもとにもなるし、水虫のような軽い病気の原因も菌類が多い。なかには、菌類で幻覚を見た経験をお持ちの方もいるだろう。百五十種を超える菌類で見つかっているシロシビン化合物は幻覚作用で名高い。奇妙な話だが、菌類は植物よりもむしろ動物に近い。まあ、菜食主義者がマッシュルームのサラダを食べるのがルール違反かどうかは議論の余地があるけれども。

菌類は大きく分ければ二つのグループになるが、そのほかに、あまりに独特すぎてそれぞれが一つのグループをつくるはぐれものが数種ある。主要グループ二つのうち、たいていの人になじみ深いのは担子菌（たとえばホコリタケやハツタケ、スッポンタケ）だろうが、ビールやパン、ワインをつくるのに重要な種は二つめのグループ、子嚢菌に属する。デューク大学のリタス・ヴィリガリス率いる大規模な共同研究グループは、なじみのある菌類二百種の類縁関係を調べるため、DNAの配列情報をもちいて系図を作成した（その方法については第14章で詳述する）。幸い、この図は以前から信じられていた菌類どうしの類縁関係の大部分を裏づけてくれただけでなく、今までわかっていなかったいくつかの菌の系統的位置も新たに決めてくれた。そして、私たちの知識の乏しさも浮き彫りになった。目下、公式に記載された菌類は十万種前後になるが、地球上の菌類は百五十万種と五百万種のあいだくらいではないかという人もいる。

ビール、パン、ワインの製造でおもな役割を果たすのはサッカロミセス・セレヴィシエ（*Saccharomyces cerevisiae*）という子嚢菌で、別名ビール酵母ともよばれるが、それ以外にもビール造りに役だったり害を及ぼしたりする菌類は数種類ある。

醸造学が進歩するにつれ、ほかの生物由来のビール材料（大麦、ホップ）と同様、酵母についても遺伝子（ゲノム）構造の理解がいよいよ重要になっている。従来の手法と新しいゲノム技術の主導権争いはまだ残っているものの、大部分の醸造家はゲノム科学が自分の仕事に提供してくれる情報を活用することにはかなり前向きだ。

サッカロミセス・セレヴィシエは真核生物の中でも早くからゲノム解析が行われていた種の一つで、配列決定は一九九六年だった。九〇年代に全ゲノム解析が登場したとき、酵母の中でもこの種は当然のごとく候補にあがった。経済的にも重要だし、ゲノムも小さい（ヒトゲノムが三〇億塩基対なのに対し、一二〇〇万塩基対）。私たちの試算によると、当時、初めての解析を行ったコンソーシアムが負担したコストは一〇〇〇万ドルから二五〇〇万ドル程度だったと思われる。大変な額になったのは、単に未知の要素が多かっただけでなく、当時使われていた第一世代のシーケンシング技術は無骨なうえに高価だったせいもある。

そのため、二〇〇五年になっても全ゲノムの変異解析が調べられていた酵母の種はひとにぎりだった。それが今は、酵母百種類のゲノム解読に一日もかからないし、費用も初の酵母のときとはくらべものにならない（おそらく一回あたり百ドル以下だろう）。これほどの変化が起きた理由は二つある。まず、ある主要なグループに属するどれか一種のゲノムが解明されれば、それを参照配列に設定することで近縁配列決定種のゲノムを調べる手がかりになる。二つめに、ゲノムシーケンシング技術が様変わりして、次世代シーケンシング、さらに現在では次々世代シーケンシングと呼ばれるものに変貌している。これがどれほどの加速ぶりかというと、たとえば一九八〇年代の大学院生なら、学位論文まるまる一本を、一つの種の一つの遺伝子の配列決定に捧げていたかもしれない。九〇年代になると、同様のプロジェクトは数十万塩基対で、対象も数種に拡大していただろう。ところが二〇〇〇年代の学生は、百種かそこらの種について何千万塩基対もの解読をやすやすとできるようになっていた。技術の進歩により、この数字は二〇一〇年代半ばに、さすがに十億は無理でも数億塩基対にまではね上がる。現代の学生にとっては三百億塩基対までならその配列決定は日常的なことだし、八〇年代と九〇年代にゲノム科学の分野でなしとげられた業績すべてに匹敵する量を、たった一人の大学院生が一秒以内に、しかもわずかなコストで仕上げられるようになっている。

これだけの進歩があれば、研究者たちが野生種のうちでビールやパン、ワインに使う酵母に最も近縁なのはどれかつきとめようと、いまや数千の種や系統の分析をこなしているのも驚くにはあたらない。この問題にとりくんでいる科学者たちは、人が育てている系統を培養酵母と呼んでおり、その探求を助けているのが、サッカロミセス・セレヴィシエの数ある菌株や近縁種たちを集中的に保管するリポジトリーだ。なかでも最大のものは英国はノリッジの食料資源研究所に置かれていて、四千を超える菌株を所蔵している。

ビール、パン、ワインの製造に関与する各種の酵母は基本的に同じサッカロミセス科（Saccharomycetaceae）という科に属している。この科に属する種は何千もあるが、前述のとおり、この三者の製造に欠かせないのはサッカロミセス・セレヴィシエという種だ。

S・セレヴィシエとその親類たちの歴史はおもしろくもあり、複雑でもある。図8・1にこれらの各種の系統関係を示してはみたが、この分野は進展も速く、わかっていないことも多い。そのうえ、種どうしで交雑が起きるのでなおさらややこしくなる。たとえば図に入っていない種にS・ユーバヤヌス（*S. eubayanus*）という低温で育つ酵母があるが、これとS・セレヴィシエとがラガー酵母S・パストリ

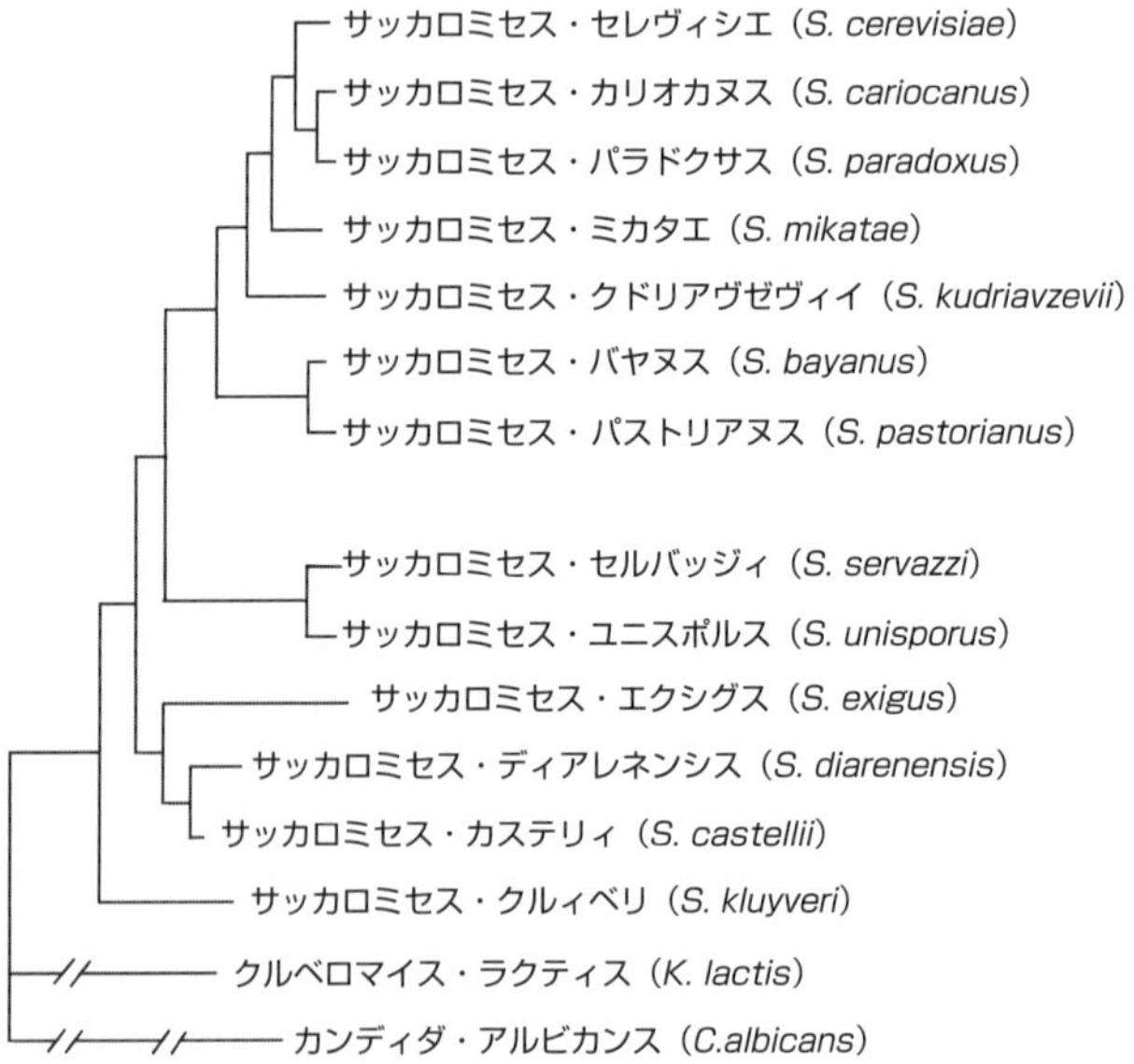

図8.1　サッカロミセス・セレヴィシエとその近縁種。系統樹の枝の長さはその種に蓄積された変化量に比例する。出典：Cliften *et. al* (2003)

アヌス（*S. pastorianus*）の両親なのだ。また、この図にはS・バヤヌス（*bayanus*）という種が入っている。新しい種を命名するのに既知の種の名前に接頭辞をつけることがあるが、接頭辞にはそれぞれ意味が決まっていて、「eu」は「真正の」という意味だ。ワイン造りにも使われるS・バヤヌスを調べてみると、S・セレヴィシエ（*S. cerevisiae*）とS・ウヴアルム（*S. uvarum*）、それにS・ユーバヤヌス（*S. eubayanus*）という三種の雑種であることがわかった。三つめのS・ユーバヤヌスは実際、S・バヤヌスが雑種だとわかった後で発見されたもので、これなども酵母の系統関係のややこしさを示す好例といえるだろう。このこんがらがった物語を解きほぐすには、現代のゲノム科学を待たねばならなかった。

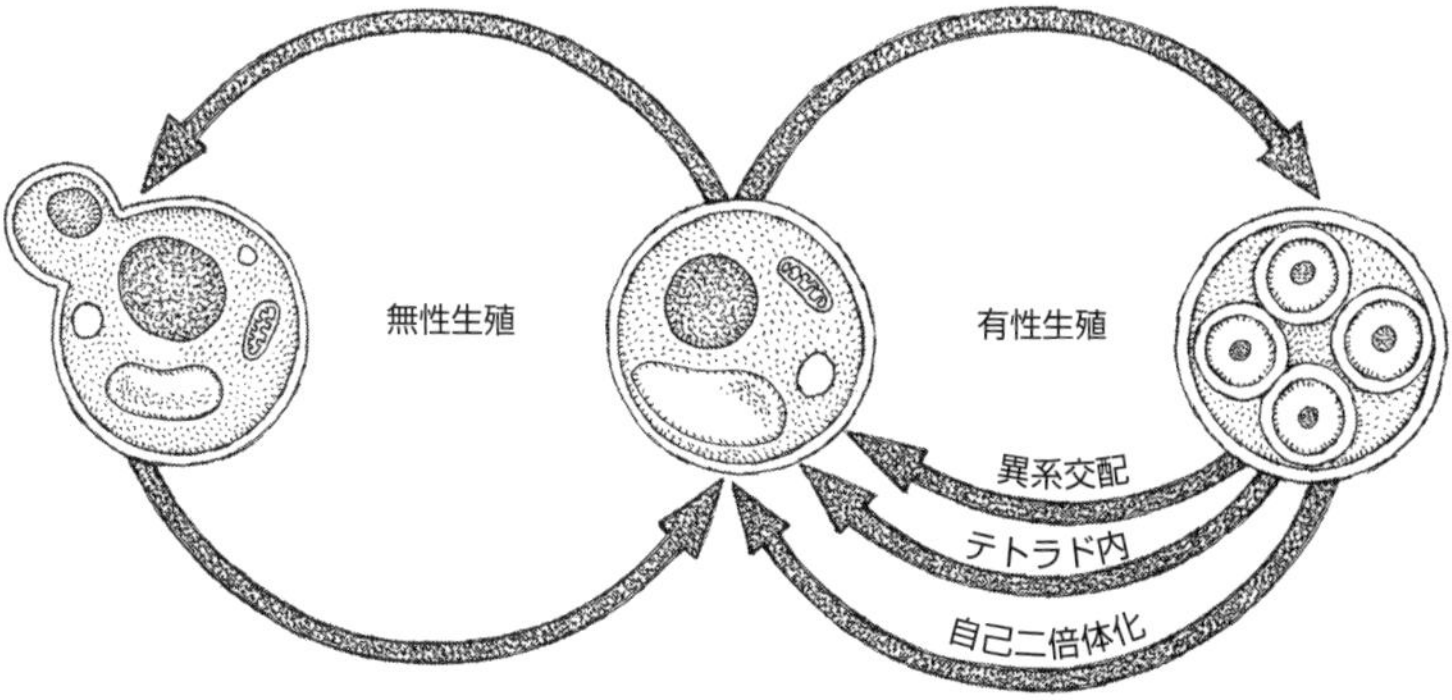

図8.2　酵母の生活環。栄養素の量が多いときは、図中央の酵母の細胞は無性生殖に満足している（左の円）。左端の図のように「シュムー」とよばれる突起ができ、姉妹にあたる酵母が本体を離れて独自のサイクルを始める。他方、栄養素が乏しいと、酵母の細胞は有性生殖の「方針」をとり、そのゲノムは配偶子（4分子）を作る（右端）。その後の有性生殖には複数の道があるが、そのひとつに、4分子のうちの細胞の1つが別個体の4分子の1つと出会うというものがある。有性生殖サイクルには非常に複雑な配偶様式がある。

サッカロミセス・セレヴィシエは生涯の大半を、信心深い修道士のように生殖を断ってすごす。ところがそのいっぽうで、驚くほど奔放になる時期もある。まったくちがうライフスタイルのどちらになるかは、生殖の時期に酵母の集団がどのくらい幸せだったかで決まる。ここでいう「幸せ」とは、利用可能な栄養がどれくらいあるかを意味する。**図8・2**は出芽酵母の生活環を表したものだ。条件のよいときは無性生殖だが、栄養が乏しくなると性に目覚め、胞子を作る。

菌類が植物より動物に近いことを思い出すのはこの辺だ。植物は日光と土壌中の養分から生活に必要なエネルギーを自分で作りだせるが、菌類は私たち同様、炭水化物などの栄養素を必要とする。そして、栄養不足になると生殖戦略の変更を迫られ、自分と遺伝的に同一な娘細胞を生やすのをやめて、私たちでいえば生殖細胞に相当する一倍体の胞子を作りはじめる。これによってほかの酵母と遺伝物質を交換できることなるし（図8・2）、ときには雑種が生まれる機会にもなる。

もっとも、通常は周囲の栄養も豊富だし、S・セレヴィシエはそこらじゅうにたくさんいる――だからこそ科学者たちの研究対象として好まれることになったのだ。実験室で簡単に培養できるし、タンパク質の相互作用や、タンパク質が遺伝子によって制御されるようすなどを理解するモデルとして非常に重宝だったからである。

ビール酵母の祖先の確定を目指す実験アプローチは、オオムギで行われている（第7章）のとよく似たもので、なるべく近縁な野生の種や亜種を比較対象にもちいた。選ばれたのはサッカロミセス・パラドクサス（*Saccharomyces paradoxus*）という種だった。これまで一度も純粋培養されたことがなかったらしく人間に利用されていないので、もしもS・セレヴィシエが人間に「捕われて」いなかったらどうなっていたかを推論するモデルに使えるのだ。こうして比較対象が決まると、研究者たちはビール酵母の数ある菌株の地理的個体群構造を、ビール以外の酵母（ワインや清酒、医療用サンプル、天然の果実や樹液から採取したものなど）と比較した。S・パラドクサスの個体群構造はいたって明快なもので、採集された地域ごとにゲノムにもはっきりした境界がみられた。STRUCTURE解析をしてみると、ヨーロッパ、東アジア、北アメリカ、ハワイというまったく別個の個体群が明らかになった。なかでもヨーロッパと東アジア、北アメリカの三群は百パーセントの確実さで、ハワイの菌株はおよそ八〇パーセントがハワイ由来、二〇パーセントが北アメリカ由来のように見える。野生酵母の個体群がはっきり分かれているのは、おそらく生物学者や醸造業者の手が入っていないためだろう。

ジャンニ・リティらがサッカロミセス・セレヴィシエについて、ワイン用や医療用、パン用など三六菌株のゲノムを調べると、野生酵母とはまったくちがった結果となった。こちらは各個体を祖先菌株に帰属させるのが非常に困難だった。調べた菌株はビールにあまり使わないワイン酵母が主ではあったが、それでも清酒用、ワイン用、パン用の酵母が互いにはっきりと分かれていることは示せた。つまりこの三者は、初めてそれぞれの発酵に使われて以来、ずっと別々に保たれてきたということだ（ニンカシの物語では、おそらくビールにパンが入っていたはずなのだが）。またこれらの菌株が、人々の創意工夫で（あるいは偶然に）別々の機会に捕獲されたこともうかがえる。

二〇一六年に行われた研究はこれよりずっと大規模で、発酵用S・セレヴィシエの菌株は一五七系統を扱うものだった。これによりケヴィン・J・フェルストレーペンたちはビール用酵母のゲノム的特徴を細かく特定することができた。この培養酵母菌株の構造についてデータは何を教えてくれるのか、第5章で紹介したゲノム科学の手法をもちい、順を追って検討していこう。

フェルストレーペンのチームはまず、一五七の菌株をデノボ解析した。つまりターゲット・シーケンシングではなく、古典的なやり方で配列を決定したのだ。こんなことができたのも酵母のゲノムが小さいからこそである。サイズが小さいとそれだけでなく、各菌株につき中央値で六億七五〇〇万塩基対を解読できるので、すべての菌株について非常に質の高い解読がなされている。DNA配列決定の際には、カバレッジ、すなわち配列決定されたDNA量をその生物の単一ゲノムサイズで単純に割った値がきわめて重要であることを思い出そう。ここでは、カバレッジは配列決定された平均六七五万塩基対をゲノムサイズ五〇〇万塩基対で割った値になる。これほど高いカバレッジ値はなかなかで、読み取りエラーはたとえあったとしてもごく稀だろう。

こうして得られた大量のデータのようすを理解するためにまず、主成分分析で視覚的に眺めてみよう（図8・3）。素人の目にはクラスターは四つ見える——五つだという人も、三つの人もいるかもしれないが、まあ四つということでよさそうだ。ただしこの図で表せているのはたくさんある変数の二割ほどでしかなく、まだかなりの情報が抜け落ちている。この分析法の意義は、数百次元を二次元に絞りこみ、

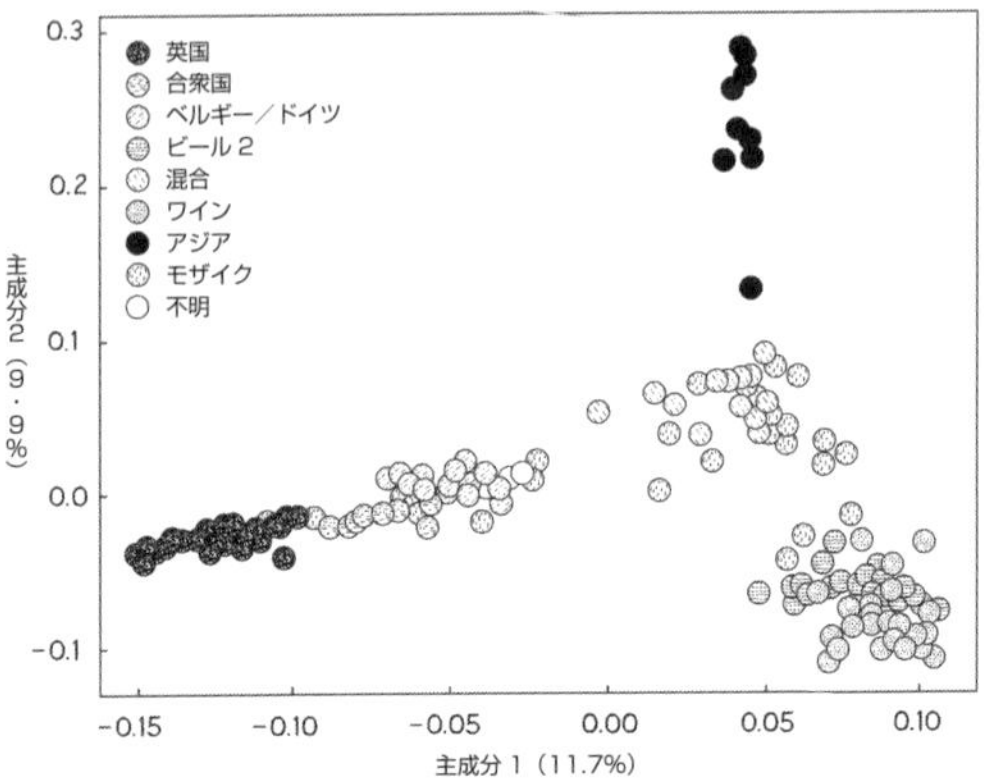

図8.3　メーレ／フェルストレーペンのグループによるサッカロミセス・セレヴィシエゲノムデータの主成分分析。出典：Gallone *et. al*（2016）

人の目で見やすくすることなのだ。きめの粗い分析ではあるが、ビール酵母が二か所に現れているのは見てとれる。一つは横に細長く伸びている菌株、もう一つが右下でワイン酵母といっしょに固まっている。縦に並んでいるのはアジアの清酒酵母で、ほかのS・セレヴィシエ菌株とかなりちがうことが以前からわかっていた。

統計的検定によって尤度《ゆうど》〔ある統計モデルのもとでデータが生じる確率の積〕が最大と判定された個体群数8を仮定して（K＝8）、もっと精密なSTRUCTURE解析を行った結果が図8・4である。図中の長方形が示すとおり、いくつかの地理的地域は固有の個体群とはっきり結びつけられる。ふしぎなことに、「ビール2」で示したビール酵母は、ワイン酵母と多少つながりがあるらしい。この群はベルギー、英国、合衆国、ドイツ、それに東欧で使われている変わり種の寄せ集めなのだ。「混合」の菌株ははっきり独立しているように見えるが、いくつかの個体群の要素をそなえている。「モザイク」株はその名のとおり、分析対象になったあらゆる個体群がごちゃまぜになっているようだ。

K＝8で解析したこれらの酵母のあいだに階層関係は

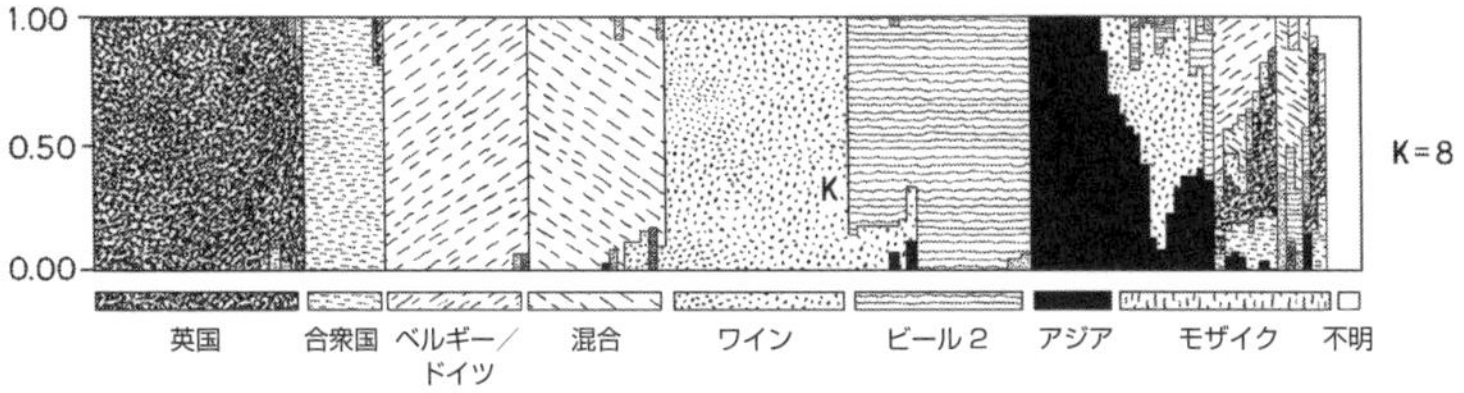

図 8.4 酵母 157 菌株の STRUCTURE 解析。グラフの下に記してあるのは各個体群の略号で、図 8.3 と同じ起源地を表している。出典：Gallone *et. al*（2016）

あるのかもしれないが、はっきりとはわからない。個体群の数を少なくとるほどいくつもの地域が一つにくっついてしまう傾向はあるのだが、階層関係がありそうな場合にきちんと調べるには系統解析（図8・5）を行うのが一番だ。

注意すべき点は、この系統樹の根元にはいくつかの野生の菌株があること。培養酵母というからにはみんな野生酵母に由来するはずで、その先祖が系統樹の出発点になる。フェルストレーペンたちによれば、系統樹の樹形と、描かれている工業用菌株の位置から考えて、「現在入手可能な何千種類もの工業用酵母は、わずか数個の祖先菌株が食品発酵の場に入りこんだことに端を発し、その後の進化で独立した系統となって、今ではそれぞれ特定の産業に応用されている」ようだという。

この系統樹を見ていくと、ビール酵母の歴史についていくつか重要なことがわかる。まず、英国のビール酵母とベルギー／ドイツのビール酵母とはある共通祖先に由来している（図8・5のノード2）。つまり、ヨーロッパのこれら二つの地域で使われている酵母は、そのほかの酵母とかなり隔てられてきたことになる。これほどきれいに分かれているのが共通祖先のせいではないのなら、ほかの土地の菌株も系統樹の中で英国やベルギー／ドイツの部分に入りこんでいるはずである。

また、英国の菌株には合衆国の菌株の方が近縁らしいことは、両地域の酵母がベルギー／ドイツの酵母を含まない単系統群（ノード1）であるこ

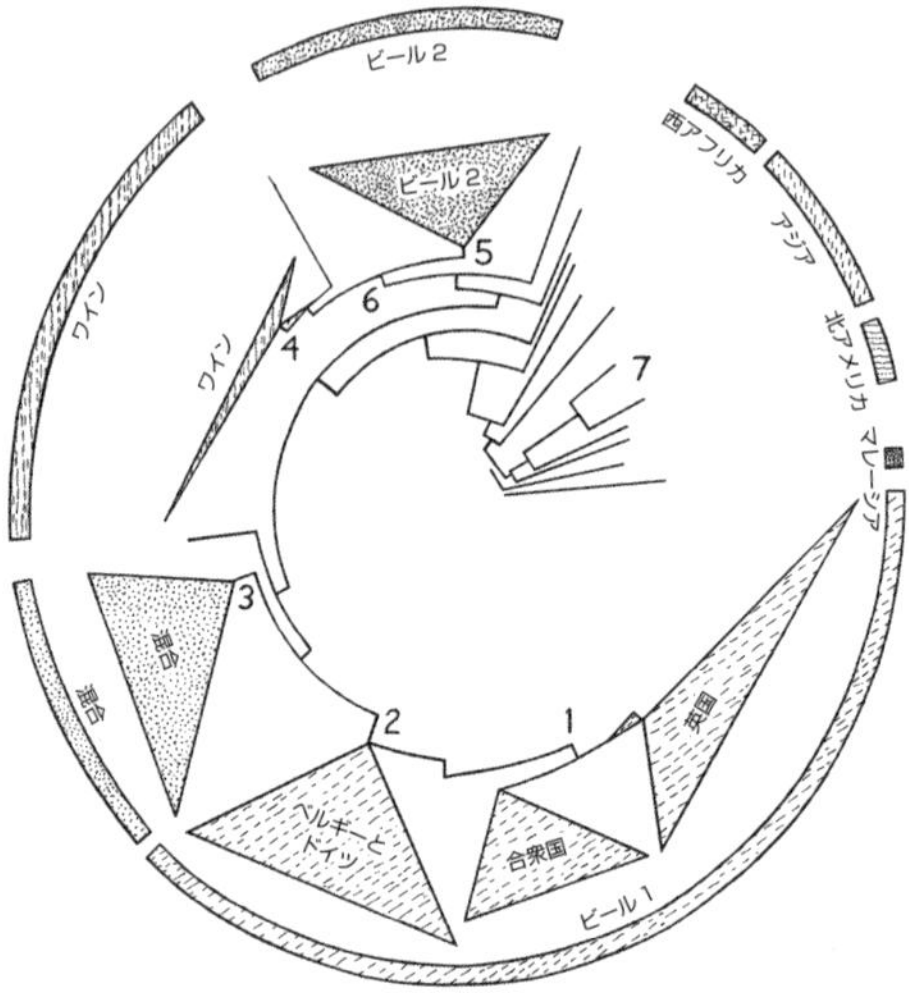

図 8.5 酵母 157 菌株の系統解析。分岐点（ノード）に振った番号は本文中の記述と対応している。枝の長さ、三角形の高さはその菌種の進化的変化量の多寡を表す。Gallone *et. al*（2016）によるカテゴリーは外周に示した。

とからも見てとれる。

混合群の酵母菌株はたしかに名前のとおりだった。混合菌株すべての元となった祖先（ノード3）からはあまりにも多くの菌株が生じていて、地理的な範囲が広いばかりかパン酵母まで含まれていたのだ。

系統樹上の位置からみると、ワイン酵母群は完全に均一とはいえない。いくつかのビール酵母を含め、ほかの酵母も同じワイン系統群に入るからだ（ノード4）。「ビール2」という群はベルギー、英国、合衆国、ドイツ、東欧から集まった混成群ではあるが、同じ一つの祖先から発している（ノード5）。前にも触れたとおり、このビール2群はワイン酵母といくらか親和性があるが、系統樹はそのことをはっきり裏づけてくれる（ノード6）。最後に、清酒酵母も単一の祖先に由来するが、系統樹の中の位置からみて（ノード7）、この祖先はほかのすべての工業用酵母菌株の祖先でもあるらしい。

ここまで読んできて、ビール造りに興味のある方なら、ラガー酵母とエール酵母の違いが気になっているだろう。この二つはかなりちがうはず——だから系統樹の離れた場所に位置するはずだ——だってラガー酵母は仕事の大半を醸造タンクの底でこなすのに、エール酵母は表面ではたらいて分厚いかすの層が浮くことはよく知られているのだから。それに、こっちの方が大切かもしれないが、エール酵母には室温くらいの温度、ラガー酵母にはそれよりずっと低温が最適だ。さらに、ジョアンナ・ベルロウスカとドロータ・クレギール、カタルツィナ・ライコウスカが二〇一五年にはっきり示したとおり、ラガー酵母はゲノム特性も生理学的性質もエール酵母とは大きくちがっている。だから二つはかなり離れていてもよさそうなものではないか。

話が複雑になるのはここからだ。先にも述べたように、つい最近までラガー酵母はどれもサッカロミセス・カルルスベルゲンシス（*Saccharomyces carlsbergensis*）という種に属すると思われていた。それが今では、ふつうのビール酵母であるS・セレヴィシエと近縁のS・ユーバヤヌスとの種間雑種であることがわかっている。もっともこの交雑より前に、祖先の片方にはゲノム重複が起きた。いつ起きたのかはわかっていないものの、おそらく五百年以上は前だと思われる（第2章を思い出してほしい）が、どんな系統にとってもゲノム重複や交雑は大変なおおごとなのだ。

ややこしいのはそれだけではない。交雑種のラガー酵母にはS・パストリアヌスという名がつけられた。そして一部には、ビール酵母づくりにこれ以上S・ウヴァルムなどという種を増やすのかという議論さえあった。

でもそんなややこしい話はみんな、ラガーとエールの酵母が系統樹の別々の場所にあるはずという考えを補強してくれるだけではないのかって？　それがそうでもないのだ。フェルストレーペンたちの研究には、合衆国、ドイツ／ベルギー、ビール2群のラガー酵母がいくつか入っていた。その結果、ラガー酵母はビール2群とドイツ／ベルギー群の全体に散らばっていることがわかった。奇妙な話に思えるかもしれない。二つの酵母がこれほどちがうことと相反しているからだ。しかしそれを言うなら、ビール酵母はワイン酵母群からも見つかるし、ビール群だってまったく別々の二群がある。どうやら培養酵母の世界は「なんでもあり」らしい。

ここまではサッカロミセス属だけの話に絞ってきたが、ほかの属の酵母も——ときにこわごわ、ときに大胆に——ビール造りに使われている。歴史的には、非サッカロミセスの酵母の大半がじゃまもの扱いで、悪臭の元になるのではと思われてきた。四十年前、著者の一人が自家醸造を始めたばかりのころ、煮沸や発酵にぬかりがあって、できてみたらアルコール含有量はそれなりなのに濁りがあり、味も変だったことがある。何かわからないが別種の酵母、たぶん野生種が麦汁に混入し、エール酵母がやるはずだった発酵を引き継いだのだ。このときは事故だったが、昨今ではサワービール、セゾン、ファームハウスエールなどがはやってきて、サッカロミセス・セレヴィシエにあまり近くない種の酵母がビール業界の本流にも登場している。先のようなビールを造るのに非常に大切な酵母の属は二つ、デッケラ（*Dekkera*）属とブレタノミセス（*Brettanomyces*）属だ。ビールに使われる非サッカロミセス種といえばそれなりにサッカロミセスと近縁なものが多いが、この二つはピチア（*Pichia*）属とともに系統樹の上ではかなり遠い位置にある。酵母には属がとにかく多いので、実験してみる値打ちのある種は山ほどある。うっかり混入されるより、わかって試す方がいいだろう。とはいっても、ビールの歴史は偶然によ

る発見には事欠かないのだが。

フェルストレーペンたちの研究はそれだけですばらしく、ビール酵母についてこれほどの発見をなしとげたが、これを踏まえて解決すべき重要な問題はまだまだいくつもある。なかにはゲノム技術で酵母の遺伝子を操作してみるまでわからない（第16章を参照のこと）ものもあるが、それ以外にビール酵母の生物学を理解するうえで重要な問いもある。

まず、系統樹をていねいに見てみよう。枝の長さがまちまちなのは、その系統が続いてくるあいだにどれだけの変化が起きたかを長さで表すからだ。ここでワイン菌株をどれでもいいからビール菌株と見くらべると、ワイン酵母の枝がビール酵母より短いとわかるだろう。これは、同じような年月なのにビール酵母のゲノムはワイン酵母より変化が大きかったことを意味する。

アンソニー・R・ボーンマンたちが二〇一六年、ワイン酵母一一九菌株のゲノムの多様性をくわしく調べたところ、ワイン酵母はいたって均質で、遺伝的変異性は予想を下回ることがわかった。この分析結果は、ボトルネック効果の存在を示す。

こう考えてみよう。袋に白、赤、黒のおはじきが同じ数ずつ入っているとする。これを残らず、首の細い瓶に移しかえる。瓶を逆さにふっておはじきを出そうとしても、ほとんど首のところで詰まって数個しか出てこない。出てきたのが数個だと、最初の一：一：一という比率は失われ、三色の構成はかなりちがったものになるだろう。それどころか全部が同色になる可能性だってたっぷりある。

おはじきが遺伝子、三つの色を対立遺伝子と考えてみると、遺伝的ボトルネックのたとえとしてぴったりだ。ボトルネックの次はかならず近親交配が起こるから、新しい、おそらくはばらつきの乏しくなった状態が強化される。ワイン酵母の枝をひどく短くしたのは明らかにこの現象だ。

対照的に、ビール酵母にはゲノムの変異がずっとたくさんみられる。ビール造りに使われる酵母は、ワイン酵母のように長いあいだ栄養飢餓状態にさらされることがない。先に述べたとおり、これでは酵母も無性生殖で満足してしまい（図8・2）、胞子を作って有性生殖に追いこまれるには飢えさせてやる必要がある。その結果、ビール酵母には胞子を作る能力の衰えた菌株が多いし、完全に喪失したものもある。なんと、ビール1群に属する菌株の大半は胞子を作れない。生殖をせずにいられるのも、ときに能力さえ失うのも、家畜化された菌株の特徴だ。先の読めない環境で生きる野生酵母にとってはリスクのある戦術だが、それを醸造家たちは多くの菌株に強いたのである。

そして、有性生殖を避けることはビール酵母にとっても悪い話ではなかった。ビール酵母はふつう、一回の醸造が終わると次の麦汁に移され、再利用されるサイクルを繰り返す。ビールはすぐに続けて次を作るのがふつうで、長く貯蔵されることはないため、酵母はほとんどの期間を満腹して幸せにすごす。

これに対してワイン造りは季節の作業だ。ワイン酵母が幸せでいられるのは毎年、泡だつ果醪《かもろみ》の中で宴会をしていられる短期間にかぎられる。それ以外の時期は乾いた樽にへばりついているか、葡萄畑にいるか、ひどいときには昆虫の消化管の中ですごす。そんな不遇の時期、ふたたび発酵サイクルに参加できる見込みも低いまま、ワイン酵母たちはしきりに有性生殖を行いつつ、発酵は行わずに生きることになる。そのためワイン酵母は、集団の規模もビール酵母よりずっと小さい時期が大半を占める。

この違いは、個体群に大変おもしろい三つの影響を及ぼす。まず、個体群サイズに差があることで、ビール酵母はワイン酵母より進化が速い。この現象は図8・5で紹介した研究結果でも裏づけられているし、遺伝的変異性がずっと大きいことからもわかる。二つめに、ビールの醸造家たちはいささか独占欲が強く、すぐれた材料の組み合わせを見つけると秘密にしがちなので、ビール酵母の菌株は互いに隔離され、分化が促進される。最後に、ビール用菌株は一般に有性生殖の能力が衰えているうえ、比較的幸せなので（苛酷な自然淘汰がかからないので）、ゲノムに含まれる突然変異を（つまり多様性を）たくさん許容できる。

そうはいっても、醸造家がよい環境を用意できなければ、ビール酵母は幸せに生きられない。だから過去数千年のビール造りの歴史は、囚われの酵母にとっては人間に強いられた壮大な進化の実験だった。

酵母の中には野生の生活を続け、遺伝的変異性を維持したものもある。人に捕えられ、家畜化されて、今では野生の祖先とまったくちがうふるまいをするものもある。かと思えば、制約の厳しい条件で育てられているために、環境に合わせて独特の進化をとげたものもある。そのあいだにビール酵母は、栽培化・家畜化された生き物にみられる特徴を二つ獲得したようだ。極端なゲノムの分化と、極端なニッチの特殊化である。幸い、サッカロミセス属の内部にも外部にも十分な多様性は保たれているので、人類がビール造りを続けるかぎり、ビール酵母の生物学がおもしろさを失うことはないだろう。

最後に。酵母とビールの長い歴史に登場した最新の発明は、伝統を大胆に無視している。ビールの誕生以来ずっと、醸造家たちは一度に一バッチずつ仕込まなくてはならないという制約に縛られてきた。発酵が終わり、ビールをくみ出して瓶に詰めたら、死んだ酵母もまだ生きている酵母もタンクからすっかりとり除き、また一から仕込みにかかるしかない。でも、昨今の蒸留酒にはよくあるように、ビールもずっととぎれなく造ることができたらどうだろう。ワシントン大学の化学者、アルシャキム・ネルソンがその方法を提案した。ネルソン率いるチームは3Dプリンターをもちいて、酵母の集団を入れれば一度に何か月も元気に活動できるヒドロゲル製の微小なバイオリアクターを作った。この小さいキューブに酵母を注入してブドウ糖溶液に投入すると、酵母はその天職である発酵にとりかかり、それを溶液がつぎ足されるかぎりいつまでも続けるのだ。酵母がこれで生と死のサイクルを放棄してしまう理由はまだわかっていないが、この新しい方法によってビール造りの未来はどうなることか、控えめに言っても好奇心をそそられずにはいられない。

9

ホップ

Hops

国際苦味単位（IBU）二六〇〇のホップ爆弾なんてものもあるそうだが、そう簡単には見つからないのも正当な理由があるのだろう。マンハッタンじゅうのビール店を探し回ってもIBU一三〇のトリプルIPA以上にエクストリームなボトルは手に入らなかった。ラベルの主役はくっきり目立つホップの毬果三つで、すぐ上に書かれた「熟成には向きません」という説明も気になる。

栓を抜くと、苦いシムコーホップを思わせる香りがぶつかってきた。ところが口に含むと、芳香と一一・二五パーセントのアルコールが上回る。甘く、フルーティで、ほとんどまろやかと言ってもいいほどのエールで、たっぷり使ったホップに負けるのではなく、支えられていた。そのバランスの見事さに、正直、もっとIBUの高いボトルが見つからなくてよかったと思うほどだった。

近現代のビールの主要材料で植物に由来するものは二つ、大麦の穀粒と、ホップ、別名セイヨウカラハナソウ（*Humulus lupulus*）の乾かした毬果だ。大麦は最初から使われていたのに対し、ホップを入れてみるというのは物のわかった人が後から思いついたことだった。大麦とビールは常にともにあり、その歴史は少なくとも人類が定住生活を始めたころまでは遡るが、ホップを入れるのが当たり前のことになってからせいぜい千年しかたっていない（第2章、第3章）。

もともとヨーロッパのビールは野生のハーブ類をとり合わせたグルートを足して香りづけされていたが、九世紀になってこのグルートはホップに取って代わられていく。それにはさまざまな利点があった。ホップは苦味が爽やかなだけでなく、保存料としてもはたらいたからである。とはいえ、だれもがただちに取り入れたわけではない。英国での切りかえはゆっくりとしか進まず、一六世紀までかかった。

これほど時間がかかったのも、ホップの怪しいうわさが理由の一つかもしれない。一二世紀のこと、女子修道院の院長だったヒルデガルト・フォン・ビンゲンが、ホップは「人の内に憂鬱を育て、魂をみじめにし、内臓に重荷を背負わせる」と嘆いている。俗世間ではさらに大昔から、男性のいやがる二つの症状がホップのせいにされてきた。勃起不全（失礼にも、「ビール職人のうなだれ」と呼ばれた）と、女性のような乳房になることである。今ではホップにエストロゲンが含まれることがわかっており、関連が考えられないこともないが、証拠はまだない。そのくせ単体では、ホップの毬果を干したものは中世の医療で、歯痛から腎臓結石にいたるまで、さまざまな病気の薬として広く使われていた。さらに鎮静作用にも定評があり、つい最近まで安眠のためよく枕の詰め物になっていた。

普及の遅れには政治もかかわっていた可能性がある。一六世紀の短詩はこう歌う。

ホップ、宗教改革、粗ラシャ、ビール、

みんな同じ年にイングランドへやってきた

ここで語られているのは、ヘンリー八世の治世にプロテスタントの到来とホップ入りビールの隆盛が重なったことである。政治的な追い風を受けてか、一六世紀半ば以降はイングランドでもホップが大人気となり、変化を残念がる人はほとんどいなかった。もうひとつ注目に値するのは、一六世紀に移る直前、ドイツの一部地域でビール純粋令が導入され、修道院でのグルートビール造りが中止されたことだ。表向きの目的はパンの値段を抑えるため、大麦以外の穀物を使わせないとのことだったが、政治的にはローマカトリック教会の勢力をそぐという重要な効果があった。どうやら宗教改革の担い手たちにとって、グルートビールは排除したい飲み物だったらしい。

純粋令はビール製造技術の発展にも影響を及ぼした。その後の五百年、ビールの原料を当時知られていた水、大麦、ホップの三種類で一本化する圧力のせいで、実験の対象は原則、大麦とホップに制限されることになった。幸い、ここ数十年で状況は変わり、さまざまな面で振り出しに戻ったといえる。それでも、現代ではおおぜいの職人があらゆる条件をいじって大胆に実験するようになったわりに、ホップがきわめて重要な材料であることは変わっていない。そこで、この驚くべきつる植物についてくわしく調べていこう。

小麦や大麦と同様、セイヨウカラハナソウ（*Humulus lupulus*）すなわちホップも被子植物の仲間だ。しかし被子植物は大きく二つに分かれていて、大麦が単子葉植物なのに対し、ホップはもう一つの枝、

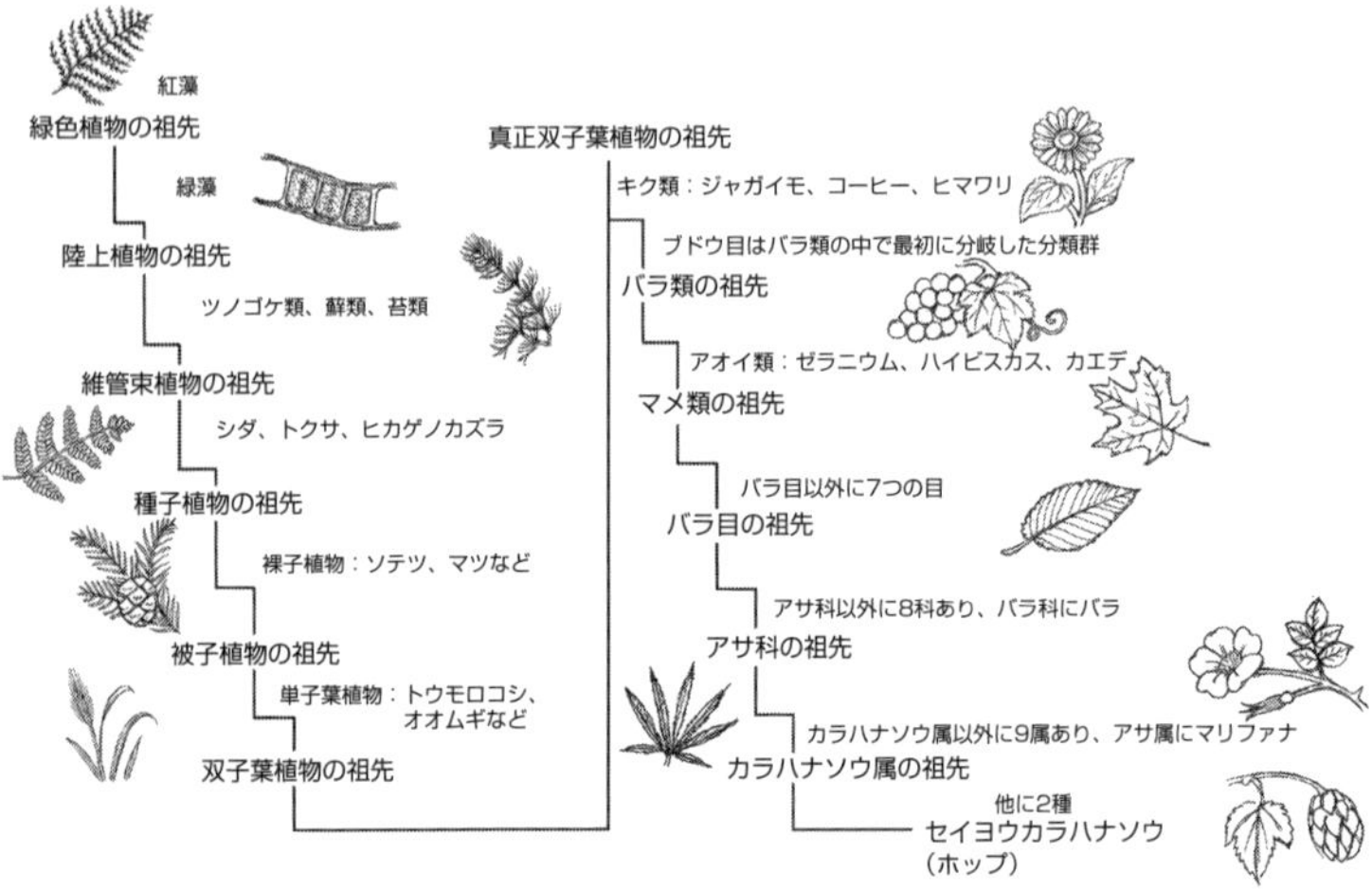

図 9.1　ホップ（*Humulus lupulus*）の分類。高次カテゴリーの中でホップの位置を示している。

双子葉植物に属している。単子葉植物と双子葉植物を分ける決め手になるのは子葉といって、発芽したら最初の葉になる鞘状の組織である。基本的に、この鞘が単子葉植物では一つ、双子葉植物には二つある。図9・1に、植物の中でホップがどう分類されているかを示した。

二十万種類を超える双子葉植物は、形態学的特徴と分子情報の両方に基づいて、より細かな分類単位に分けられている。最初の分岐は真正双子葉植物と、マツモの仲間だけから成る小さく奇妙なグループのあいだで起こった。その次には雑多ないくつかの系統と、ホップも属するコア真正双子葉植物が分岐する。この「コア」はバラ類（ホップはこっちに入る）とキク類（茄子やじゃがいも、唐辛子、ひまわり、トマト、コーヒー、そのほか一般的な香草類など食用植物がたくさん含まれる）に分かれ、バラ類はさらに大きく二つ、マメ類（ホップはこっちだ）とアオイ類（ゼラニウムやハイビスカス、かえでなどが入る）に分かれる。マメ類から最初に分岐するのがブドウ目で、ブドウがここに入

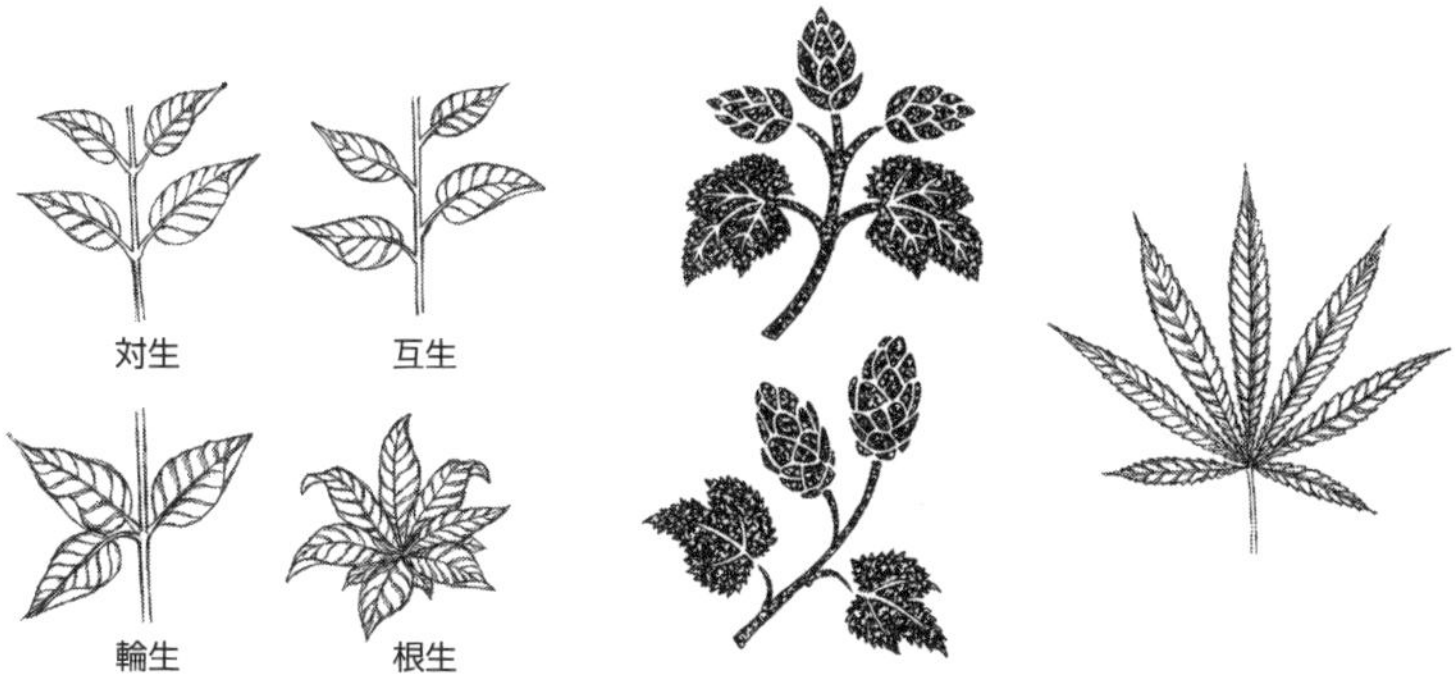

図 9.2 双子葉植物の葉のつき方。左端の図は 4 つのおもな葉のつき方を示している。中央の黒い 2 つの図はいずれもホップで、対生しているものと互生しているもの。アサ（右端）の葉は掌状の複葉。

る。マメ類に残った八つの目の一つがバラ目で、ごく一部をあげるとバラ、マリファナ、ホップなどが含まれる。バラ目の九つの科の中にアサ科があり、十の属に分かれているが、そのうちアサ属（マリファナ）とカラハナソウ属（ホップ）の二つは共通点が多く、近縁だ。カラハナソウ属に分類される種には目下のところカナムグラ（*Humulus scandens* あるいは *japonicus*）、カラハナソウ（*Humulus yunnanensis*）、それにホップであるセイヨウカラハナソウの三つがある。

現在、アサ科にはおよそ十の属があるが、おもしろいことに、アサ属とカラハナソウ属は互いに最も近縁だ。メイ＝キン・ヤンらはこの系統樹の樹形をもとに、ホップとマリファナの重要な形態学的特徴の進化の謎を解明した。具体的にいうと、ホップとマリファナだけはそれ以外のアサ科植物とは葉っぱの並びかた（葉序という）が大きくちがう。ほとんどの植物は、互生だったり対生だったり、根元からまとまって生えていたり、輪生だったりと葉の並びがそれぞれに決まっており（図9・2）、アサ科の祖先はどうやら互生だったらしい。ところがホップとアサはどちらも図のような混合型なのだ。アサの場合、地面に近いところの葉は互いに向かい合って茎から生えているのに、先端に近い部分では交互につく。ホップでも互生と対生の両方がみられるが、アサのように場所によって決まっているわけではない。

また、アサもホップも葉の形は掌状で、葉の付け根あたりの一か所から突起が放射状に伸びてできている。アサの葉といえば細い小葉が九つか七つというのがおなじみの形だが、ホップではアサより太い突起が一つ、三つ、あるいは五つしかなく、根元も水かきが張ったようにつながっているので形がずいぶんちがう（図9・2）。

ホップの生殖システムは興味深く、それを知ることが品種改良の鍵であることはいうまでもない。アサ科すべての共通祖先はおそらく雌雄同株、つまり雄の生殖器官と雌の生殖器官が同一の個体についていたらしい。アサ科には祖先と同様、完全に雌雄同株の属が多いのだが、アサもホップも例外だ。アサは雌雄同株と雌雄異株の両方がふつうなので、マリファナの同一個体群の中には雄株、雌株、雌雄同体の株がそろうことがある。ホップはこれとはちがい、おおむね雌雄異株のところにときおり雌雄同株の個体が現れる。

こうした生殖様式が重要なのは、マリファナもホップも期待されている物質――それぞれ蕾と毬果――は雌株にしかできず、しかも未受粉でなくてはならないからだ。マリファナを栽培する人々はその経験から、次世代用の種を作るとき株にショックを与え、ストレスをかければ花粉が雌化されて雌株ばかりを作れると知っているし、研究者たちも種用の花粉を雌化したものばかりにする遺伝子組み換え法を発見ずみだ。いっぽう、ホップ農家も同じことを試みたものの、ストレスをかけて作らせた花粉は生殖能力を失うことがわかり、雄株の数をなるべく減らすよう心がけるにとどまっている。

ホップの雄花は雄性の生殖構造、つまり花粉をつける雄しべを持つ。雌花には実のもととなる子房があるが、ビールの大切な材料である毬果になるのは雌花の表面の細かなぎざぎざ部分である。毬果は種

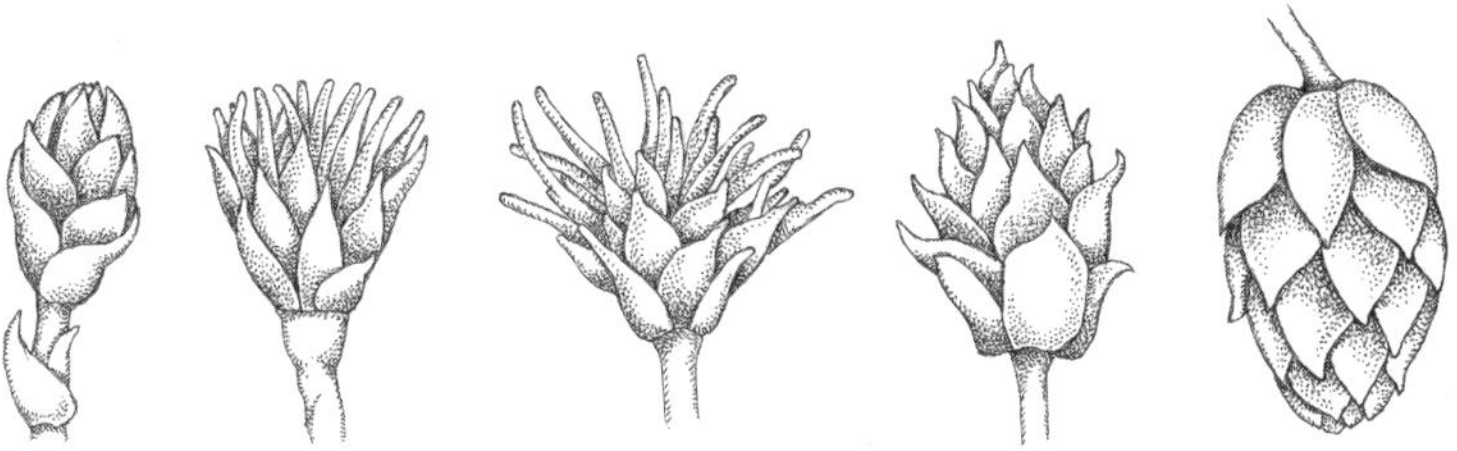

図9.3　ホップの雌花の成長。「ピン」とよばれる左端の状態から、右の毬果になるまで。中央の毛花の段階では尖った突起が放射状に広がり、後にはその突起が松かさのような形状に変化する。

なしが理想なので、たいがいの栽培マニュアルには、種のついた雌株が一本でも見つかったら犯人の雄株を探しだして排除するようにと書かれている。雌株に花がつくと、図9・3のように表面のささくれが発達して、おなじみの（松ぼっくりのような）ホップの姿ができあがる。

また、ホップには多年生と一年生が混ざっている。多年生の株には二十年も生きるものもあるが、一年生の株は一回しか繁殖しない。花はつるの途中につく。ところで、同じつる植物といっても種類があって、ホップは吸盤や巻きひげで体を支えるのではなく、茎本体がらせん状に伸びて支柱にからみついていく。このように本体が巻きつく種類のつる植物では、下向きに生えた毛で相手にとりつくものが多い。世界のホップ産地では、木製の支柱のあいだにホップを支える紐が張られ、つるが十メートルも伸びた姿は実に壮観だ。

ホップの毬果は、雌花がさらに成長した状態である。この形をとる植物は少なくなく、実に栄養を与えつつ発達途上の胚（仮にあればの話だが）を保護することができる。前にもふれたとおり、受粉なしでも植物をだましてこの状態にさせることは可能で、ホップも例外ではない。図9・4に毬果の構造と花柄、ルプリン腺、苞《ほう》、小苞などの重要な部分を示した。苞は葉に似た緑色の鞘で、いくつも集まって毬果の表面を構成するが、化学的成分はビール造りに重要ではない。小苞は花柄（毬果の茎にあたる）についている葉に似た小突起で、油脂類

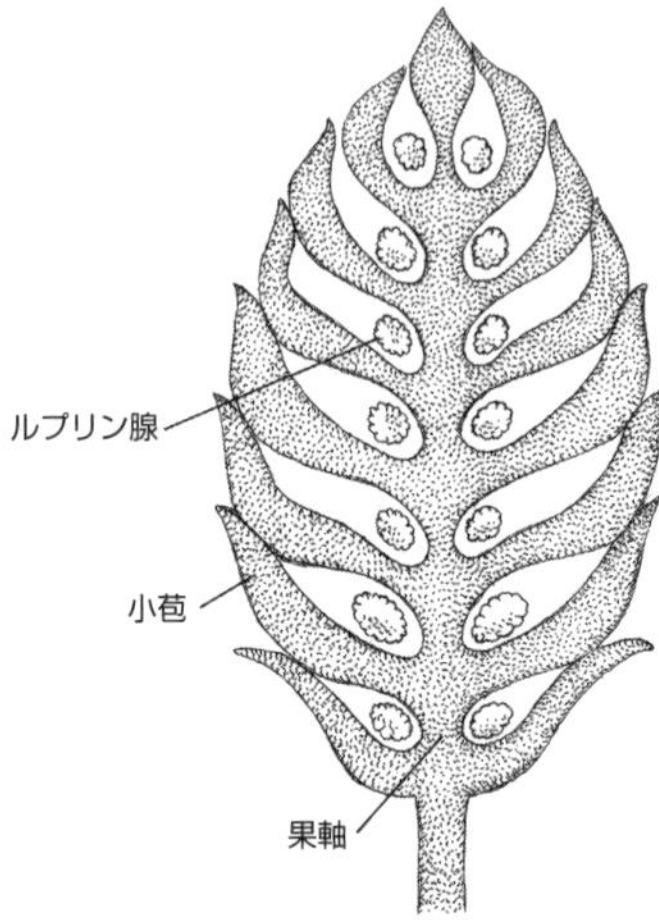

図 9.4　ホップの中央部分の内部構造が見えるよう、外側の苞葉をとり除いて縦に切ったところ。小苞は緑色がかった覆いで、苞葉の下で毬果を包んでいる。果軸は茎の一部だが毬果の先端まで続いており、小苞はここから生えている。ルプリン腺はまん中の軸近くにつく。

や樹脂類のほかタンニンやポリフェノール類を含み、いずれもビール造りにかかわってくる。しかしビール造りへの貢献度に関するかぎり、毬果の中で最も重要なのはルプリン腺だろう。摘んだばかりの毬果だとこの部分は黄色くて、精油や樹脂の粒がいくつもついてかなりべとべとする。粒を舐めると苦く、これこそホップがビールに与える苦味のもとだ。

ホップの毬果に含まれる化学物質は何百種類もある。ごくふつうのホップの場合、重量でいうとセルロースとリグニンが四〇パーセント、タンパク質一五パーセント、全樹脂の合計が一五パーセント、水一〇パーセント、灰分八パーセント、タンニン四パーセント、脂質と蝋《ろう》三パーセント、単糖類二パーセント、ペクチン二パーセント、アミノ酸〇・一パーセントとなる。セルロースとリグニンは植物を支える骨組みを作る重要な化合物だけに、それだけで半分近くを占めるのも意外ではない。どちらもかなり丈夫な分子で（ヒトは消化管に住む細菌たちの力を借りてもなお消化に苦労する）、ビールの味や匂いにはほとんど影響しない。そのほかの化合物で最も重要なのは精油類と樹脂類で、これがビールに苦味と独特の芳香をもたらす。精油類は一部のビールに持ち味を与える成分で、フルーティさ、スパイシーさ、フローラルさなどのみなもとになる。

樹脂類は大きく硬樹脂と軟樹脂の二つに分けられる。軟樹脂とは総樹脂のうち、ヘキサンという有機化合物に溶けるものの総称で、味や香りのために大切なα酸を含むため、ホップの品種ごとに含有量が測定されている。硬樹脂はヘキサンに溶けず、α酸と分子がわずかにちがうβ酸から成り立っている。ビールに関連のあるα酸はおもにフムロンとコフムロンとアドフムロンで、β酸はルプロン、コルプロン、アドルプロンが大半を占める。

ホップから出てくるα酸は、そのままでは苦くない。苦味を引き出すには異性化という化学的なプロセスが必要で、そのためには煮沸しなくてはならない。異性化の前と後では分子の形が大きく変わっており、人間にとっての味や匂いの感じ方にはこの小さな分子のα型（異性化前）とイソα型（異性化後）の違いが大きくものをいう（第11章を参照のこと）。かいつまんでいえば、ビールが苦くなるのはフムロンがイソフムロンになるからなのだ。

いっぽう、β酸は煮沸しても異性体にならない。β酸が苦くなるのは酸化されたときだが、こちらの苦味は不快なものと考えられているためビール造りではなんとしても避けようとする。

ビール造りの場で使われる測定値の中でも特に重要なものに、国際苦味単位（ＩＢＵ）がある。その定義はイソフムロンの百万分率だが、測定方法はちょっとややこしい。

α酸もイソα酸もヘキサンなどの有機溶媒に溶けるので、単位体積あたりに含まれるイソフムロンの量を測りたければ、あらかじめ体積を測ったビールから有機溶媒を使ってイソフムロンを抽出することができる。測りとるのは麦汁を煮立て、ホップを加えた後、フムロンがイソ形になるころである。

手順は次のとおり。一定量のビールをイソオクタンと混ぜる。有機化合物には水に溶けないものも多く、イソオクタンもその一つなので水とイソオクタンは分離する。次に、イソフムロンが残らずイソオクタンに移るよう、混合物全体のpHを下げて酸性にしてやる。これにより、イソフムロンはビールとイソオクタンの混合物の中に溶けだす。

イソオクタンと水は混じり合わないから、この反応が進む容器の中は二層に分かれる。イソフムロンは有機層に溶けているので、水の層から分離するのは簡単だ。

有機層をある決まった量だけキュベットというガラスかプラスチックスの容器に移して、分光計という機械に入れる。この機械は、小さなキュベットの中の溶液にさまざまな波長の光を当てるもので、溶液中のイソフムロンが光を吸収すれば、光源の反対側にある検知器に届く光がそれだけ遮られることになる。ここでは特定の波長（二七五ナノメートル）の光で測定するが、得られた吸光度はイソフムロンの濃度に比例するので、数値を計算式に入れれば、ほうら！　ビールの苦さを表すＩＢＵが出る。

大半のビールのＩＢＵ値は二〇から六〇のあいだに収まっている。しかしビールの苦さはこの数値だけで評価できるわけではない。ＩＢＵが六〇のビールでも、苦さを感じにくくさせる化合物がたくさん含まれていれば、ＩＢＵ二〇のビールほど苦くないこともあるのだ。

もう一つ注意してほしい点は、ここでＩＢＵで測れると言っているのは苦さであって、ホップにそなわった苦味以外の性質がもたらす「ホッピィ風味」については何も言っていないことだ。国際苦味単位はホッピィ風味を測るものではないし、そう解釈されるべきでもない。

ＩＢＵが一〇〇から二〇〇程度のビールでももう十分に苦いのに、世の中にはいろいろと化け物のようなビールがあって、最高だと二六〇〇までいくらしい（図9・5）。これがきっかけで、ＩＢＵの有用性についてちょっとした論争が起きた。人間の舌で現代のビールを味わって、さまざまな苦味レベルをはっきり判断できるのは一五〇まで（もしかしたらもっと下回るかもしれない）だったからである。

Book review

DECEMBER
2019
12月の新刊

勁草書房
〒112－0005 東京都文京区水道２－１－１
営業部 03－3814－6861 FAX 03－3814－6854
ホームページでも情報発信中。ぜひご覧ください。
http://www.keisoshobo.co.jp

表示価格には消費税は含まれておりません。

話し手の意味の心理性と公共性
コミュニケーションの哲学へ

三木那由他

誰かが何かを意味するとはどういうことなのか？　グライス以来の「話し手の意味とは何か」という哲学的問いに新たな解答を提示する。

A5 判上製 304 頁　本体 4800 円
ISBN978－4－326－10278－5

勁草法律実務シリーズ
金融商品取引法の理論・実務・判例

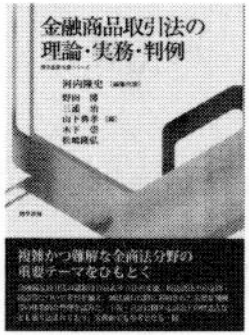

河内隆史編集代表
野田 博・三浦 治・山下典孝・木下 崇・松嶋隆弘 編

複雑かつ難解な金商法分野において、学問的にも実務的にも重要な諸問題に焦点を絞り、理論と実務の双方の観点から融合的に検証する。

A5 判並製 644 頁　本体 8000 円
ISBN978－4－326－40369－1

リスクの立憲主義
権力を縛るだけでなく、生かす憲法へ

KDDI 総合研究所叢書 9
災害復興の経済分析
持続可能な地域開発と社会的脆弱性

ISBN978-4-326-45117-3

日中韓働き方の経済学分析

日本を持続させるために中国・韓国から学べること

石塚浩美

日本・中国・韓国の労働市場等をダイバーシティに焦点を当てて比較研究し、日本経済の維持・成長に必要な経済活性化の方策を訴える。

A5 判上製 240 頁　本体 3300 円
ISBN978-4-326-50468-8

ナウシカ解読［増補版］

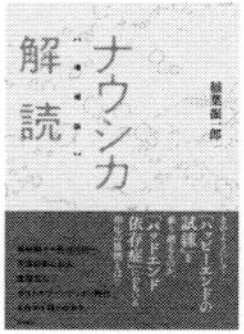

稲葉振一郎

「ハッピーエンドの試練」を切り抜けたものと「バッドエンド依存症」に陥ったもの。その両諸作品の検討から見えてくるものとは。

四六判上製 496 頁　本体 2700 円
ISBN978-4-326-65424-6

ちょっと気になる「働き方」の話

権丈英子

これからの働き方を考える上での課題を網羅。働き方と社会保障を一体のシステムとして、根本からわかりやすく学び、教えるための入門書。

A5 判並製 320 頁　本体 2500 円
ISBN978-4-326-70111-7

社会福祉の拡大と形成

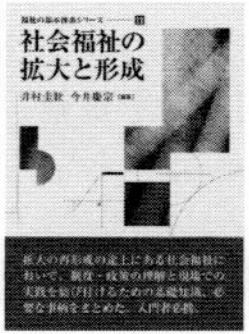

井村圭壯・今井慶宗 編著

拡大と再形成の途上にある社会福祉において、制度・政策の理解と現場での実践を結び付けるための基礎知識、必要な事柄をまとめた。

A5 判並製 176 頁　本体 2000 円
ISBN978-4-326-70113-1

最後に、細かいことだがＩＢＵとホップについていくつかふれておかねばならない。まず、ビールは貯蔵が長すぎるとＩＢＵが下がる。ということは、イソフムロンは時間とともに減る傾向があるらしい。

もうひとつ、昨今ではホップをペレット化するのが一般的になった。これは乾かしたホップをハンマーミルで細かい粉に挽き、ペット用のドライフードのような形に押しかためるものだ。ビール造りにはペレットと毬果のどちらがいいのだろうか。これについては意見が分かれている。丸ごとのホップにもペレットにもそれぞれ長所と短所があり、結局のところは似たり寄ったりなのだ。

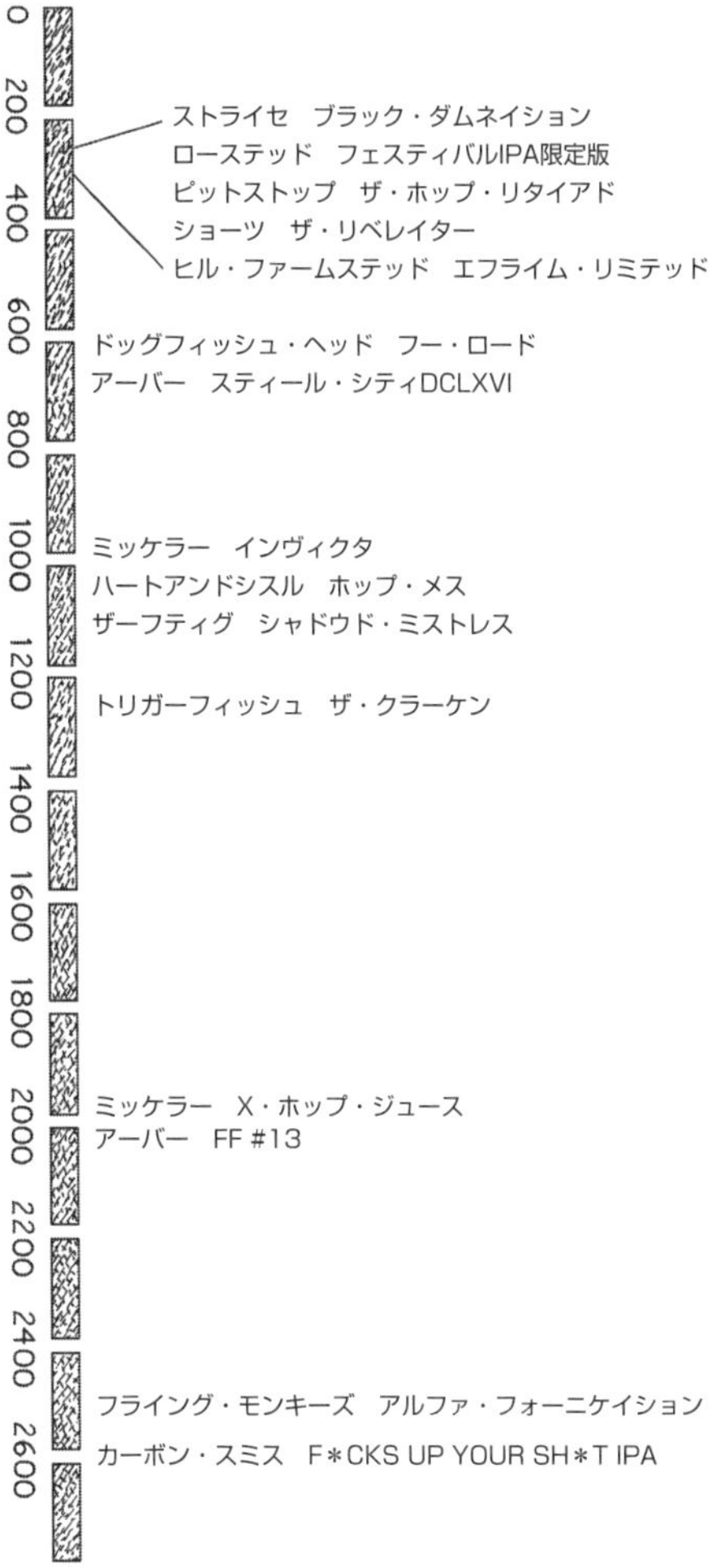

図9.5　国際苦味単位（IBU）が200から2600のビール銘柄（世界で最も苦いものも含む）。IBU200未満の銘柄は何千種もある。ここに挙げた製品がかならずしも現在も製造されているとはかぎらない。

これまでのところはホップをまるでどれも同じであるかのように扱ってきた。しかし実際はビールの種類ごとに好適な、また、製造工程のさまざまな段階で投入するのに向いた種類がたくさんある。あるものはα酸が多く、はっきりと苦味用として評価されている。そのような種類は早い段階で加えられるのがふつうで、合衆国でクラフトビール革命が始まりつつあったころにアイダホ大学で作出されたガリーナ、その数年後にワシントン州で開発されたナゲットなどがある。この二つはいずれもα酸が一三パーセント前後で、たとえば一九三〇年代に英国で作出されたノーザンブルワーなど旧世界のビター系統の九パーセントよりも高い。

一般には苦味で知られるホップだが、実はほとんどの品種は「アロマ」に分類される。こちらはα酸が少なく、より繊細な風味を出す化合物の方が優勢だ。合衆国のアロマホップには、スパイシーとフローラルとシトラス系でほまれの高いカスケードや、ときにイングランドの傑作ファッグルのアメリカ版代替品と思われることもあるコロンビアなどがある。ファッグルは多くのすぐれたイングリッシュエールを支える背骨で、木の香りとハーブの香り、ときにはフルーティーな香りさえもたらす。イングランドのアロマホップの名作にはもう一つゴールディングがあり、独特の花のようなスパイス香がある。いっぽう、α酸とアロマを兼ねそなえるよう、特別に改良された品種もある。ノーザンブルワーもときに、アメリカのクラスターやドイツのパールとならんでここに分類されることがある。

興味深いことに、すっきりした苦味で評判高いピルスナーに使われた伝統のザーツには、α酸が三パーセントしか含まれない。ザーツはドイツのハラタウやテトナンガーとともに、アロマを苦味より重視する「ノーブル」というカテゴリーによく入れられる。

このように同じ品種があっさり二つ以上の枠に入ってしまうことも、かつて品種間の交雑が盛んだったことを知るとさほど意外に思えなくなるかもしれない。アメリカのアロマ系品種センテニアルを例にとれば、ブルワーズ・ゴールドが四分の三、ファッグルが三二分の三、イーストケント・ゴールディングが六分の一、バヴァリアンが三二分の一、そして一六分の一はわかっていない。それも作出は一九七〇年代とごく新しいのにである。

これほど多彩な品種があふれていてはまごつくしかない。酵母や大麦のようにすべてのホップの共通祖先へ近づく試みが進んでいないのは、そのせいもあるのかもしれない。それでも、分子の技術とその他の手法の両方を駆使してホップの系統関係を追っている研究はいくつかある。遺伝子を使わないやり方で一つおもしろいのが、ミハエル・ドレーゼル、クリスティアン・フォークト、アンドレアス・ドゥンケル、それにトマス・ホフマンによる研究で、約九十品種のホップについて化学的な特徴一一七項目を調べている。彼らは高性能液体クロマトグラフィ（HPLC）をもちい、ホップに含まれるとわかっている百以上の化合物について化学情報を得た。HPLCとは溶液をカラムに通し、中に含まれるいくつもの化学物質を分離させる方法だ。こうして分離した成分を、今度は先ほど紹介した分光測定法で調べれば特徴を知ることができる。ドレーゼルらは、系統ごとに最適調整されたHPLCをもって含有化合物を分離し、定量的データを得た。このデータから約九十品種の系図が推定された。そのうち一〇品種の部分系図を図9・6に示した。

村上敦司らは、何種類かのDNA配列解析（葉緑体のターゲット遺伝子の配列決定も含む）を併用して、世界四十か所以上のホップを調べている。その成果から、セイヨウカラハナソウという種には、ユーラシア群の系統とアジア／新世界（北アメリカ）群という大きく二つの流れがあるらしいとわかった。こ

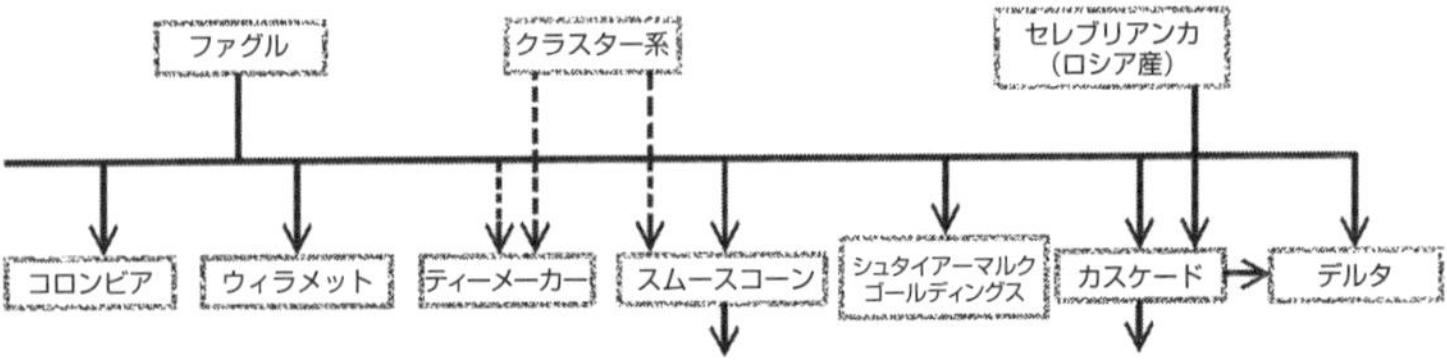

図 9.6 ドレーゼル *et. al* (2016) によるホップ系図の一部分。対象になった約 90 系統のうち 10 品種について類縁関係を示した。下向きの矢印はほかの系統と近縁であることを表す。

こまでわかったとはいっても、両者の境目はまだぼんやりしている。中国のサンプルが分析カテゴリーにうまく当てはまらなかったからである。当時としては、これが限度であった。

ホップのゲノムについては目下、さまざまな品種で十分な変異があることまではわかっているので、将来はDNAフィンガープリンティング法を利用することで、ほかの方法では調べのつかなかったサンプルの正体もわかるようになるかもしれない。とはいえホップのゲノム解析はまだ始まったばかりだ。なにしろ初めてのゲノムの暫定版が二〇一五年にできたばかりで、それが不完全なことはよく知られているのだから。そうはいっても、暫定版が利用できるようになっただけでも、これからの遺伝子研究やゲノム研究への扉が開かれることだろう。なんといってもホップのデータベース（HopBase）はすでに存在するのだから。ゆくゆくはこのデータベースがホップの収量や、かび、ウイルスなどへの抵抗性などを探究するうえでも、近現代のビールに欠かせないこのすばらしい植物の生物学的歴史を明らかにするうえでも、役にたってくれることだろう。

PART III THREE

快楽の科学

The Science of Gemütlichkeit

10
発酵
Fermentation

世の中には桁外れなアルコール含有量を売りにしたビールがある。なかには「ビール」といいながら蒸留酒に匹敵する異様な度数まであるが、こうしたアルコール爆弾はたいてい、凍結濃縮といって、液体からアルコール度数の低い部分を人工的にとり除く方法を使っている。今からせっかく発酵の話をするのだから、ここでは別に昔ながらのとまではいわずとも、もう少しおとなしいビールを味わいたい。そこで選んだのが、ラム酒樽で熟成した度数一六・九パーセントのスパイスとかぼちゃを使ったエールである。注ぐと濃い赤銅色で、表面に泡の層はできない。あぶくもほとんどはじけない。口に含んで初めて、その粘度に気づく。なめらかかつ豊かで、果物たっぷりのラムケーキに感じる酒に似ている。

対照実験として、アルコールが体積比でたっぷり一八度という、二時間にわたってホップを加えつづけたエールと比較してみた。何から何まで正反対な二つの組み合わせは、腕のある職人なら、ともすれば濃くなりすぎるアルコールもうまく持ち味に変える道はいくつもあるのだと教えてくれた。

ビールを飲む理由はいくつもあるが、その一つがアルコールのもたらす各種の好ましい効果（と、好ましくない効果）を味わうことであるからには、アルコール分子の驚くべき化学と自然誌に多少なりとも触れないかぎり、ビールを生物学的に語ったことにはならない。化学がお好きでない向きは、今は次の公式で十分かもしれない。「糖類＋酵母＝アルコール＋二酸化炭素」だ。逆に、もう少しくわしく知りたい方には、さあ始まり始まり。

まずはアルコールの起源から始めよう。ところでアルコールという言葉は、有機化合物の中のあるグループの総称なので、厳密にいうとアルコールと名のつく分子は何種類もある。その中でも、ビール好きにとってことさら気になるアルコールといえばエタノールだ。第1章の銀河バーでも触れたとおり、アルコールの分子は宇宙のあちこちを自由に漂っているというのに、地球上では自由なエタノールは貴重品だ。だから人類がエタノールを手に入れたければ、作ってくれるほかの生物を見つけるか、実験室で苦労して合成するしかない。ビール職人やワイン職人が糖類をアルコールに変えさせるのに選んだ生物はサッカロミセス・セレヴィシエ（*Saccharomyces cerevisiae*）という酵母で、こいつらはごきげんでアルコールを作ってくれる。

あらゆる分子の機能は、分子を構成する原子の顔ぶれと原子の並び方の両方に左右される。なかでも、原子の並びは分子の形（折れ曲がり方）に影響し、ひいてはそのふるまい方に影響する。同じ原子からできている分子でも、空間内でのその配置がみな同じとはかぎらず、ふるまいもちがってくる。分子やその中の原子――そして電子――はよく化学反応式に出てくる。

化学反応式も等式の一種なので、かならず両辺がつり合っていなくてはならない。さもないと、おかしな副作用が起きてしまう。

化学反応式を書くにはまず、分子を構成する原子をそれぞれの記号で表し、右下に小さな数字を添えて何個入っているかを示す。たとえば二酸化炭素なら炭素（C）一つと酸素（O）二つだからCO_2と書く。でもこれは略記号なので、分子の中で原子がどう配置されているかは表せない。分子の形をもう少していねいに表現し、機能を理解する助けにするには、玉に棒を刺したような棒球モデルがよく使われる。原子の「球」には、それぞれつき出す「棒」の本数が決まっていて、原子が近隣の原子とくっつくのに使う結合の数を表している。

二つの原子が結びつく方法には何種類かあるが、いちばんよくあるのが共有結合といって、二つの原子が電子を共有してできる。水素はふつう単結合なので水素の球からは棒が一本しか出ていないのに対し、酸素は結合が二つできるので棒は二本、炭素は四つ作るので四本飛び出している。ある原子からつき出す棒の数は、原子数と、電子の軌道とによって決まる。

棒と球による表記法では、二酸化炭素はO=C=Oとなる。結合が全部で四つあるのがおわかりだろうか。酸素原子からそれぞれ二本ずつで、炭素原子から見ると棒は四本になっている。

この表記法は平面的だが、分子は空間の中に存在するし、三次元の構造がある。だから同じ二酸化炭素でも、ノートに書きやすい形と、自然な（棒が球に刺さったような）形は区別する必要がある。ただ二酸化炭素の場合は原子が一直線に並んでいるため三次元のモデルもノート用の表記もたまたま似ているのだが、ほかの分子だと原子と原子の結合に角度がついていることが多く、本当に三次元になっている。

この三次元構造はビール造りの鍵を握る。発酵を分子レベルで見ると、アルコールを作る反応を推進しているのは、分子の大きさや形だからだ。自然は分子にどの原子が入っているかにはあまり頓着していない。それよりも分子の外形を手がかりにしている。

薬には分子の小さいものが多いが、エタノールも分子は小さい。分子量（含まれる原子の原子量の合計）は四六で、最小の処方薬であるヒドロキシウレアの七六よりさらに小さい。

図10・1のように、各種のアルコールはいずれも、まん中に炭素原子が一個ある。炭素原子は一個あたり結合を四つ作るから、アルコールの分子ではまん中の炭素から腕が四本伸びていることになる。四本のうち一つはどんなアルコールでも共通で、かならずOH（ヒドロキシ基）がつく。図の中の三つのRはいろいろで、水素のように単純なものがつくこともあれば、メチル基（CH_3）のようにこみいった側鎖でもいい。Rが三個とも水素だと、メタノール（毒性が強く、失明や死につながるから避けなくてはならない）になる。ところが三個あった水素のうち一個をCH_3に変えるだけで、毒だったメタノールが、たいていは嬉しいエタノールになる。

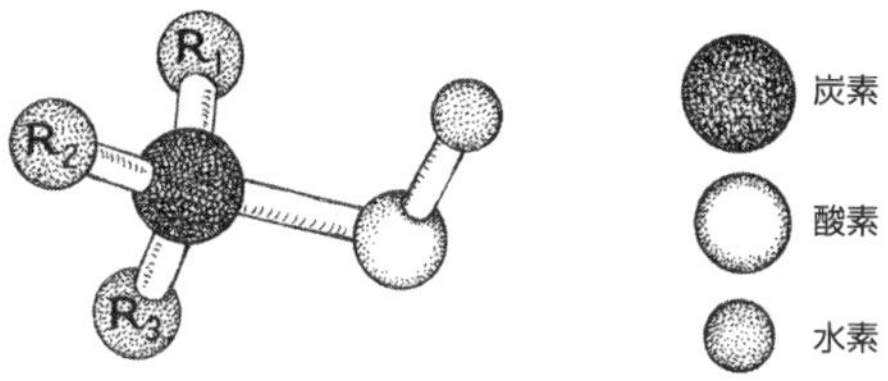

図 10.1 ［左］アルコール分子に共通の一般的な化学構造式。3つのRは中央の炭素につながった基を表している。どんなアルコール分子にもヒドロキシ基（OH）はかならずある。メタノールの場合だとRは3つとも水素なのに対し、エタノールではR1とR3が水素でR2はメチル基（炭素原子1つに水素原子が3つつながったもの）である。

ビールを造る人々にとって気になるアルコールはあと二つある。発酵中によけいな細菌や酵母が混ざるとできるのがブタノールとプロパノールで、神経系に有害なので嫌われる。二つともセルロースの分解によって生じるので、最初からセルロースは入れたくないところだ。

酵母がビールのアルコールを作るにあたって分解するのは、モルト（麦芽）の中の糖類だ。糖類といえば最も身近なのはショ糖、コーヒーに入れる砂糖だろう。ショ糖と見た目がよく似た分子に、麦芽糖や乳糖などがある。三つとも二糖類といって、さらに単純な単糖類が二つつながってできている（もっと複雑な多糖類というのも醸造に関係するが、こちらはあまり登場しない）。

糖を構成する基本の単位は、炭素の輪っかだ。単糖類には輪っか（炭素環）に炭素が五つあるもの（五炭糖）と、六つあるもの（六炭糖）がある。輪っかの中で隣どうしになった二つの炭素は一本の結合を作り、それぞれ反対側の炭素との結合に一本ずつを使うから、炭素一つあたりに残った腕は二本ずつとなる。残った二本にはHとOHが、分子の中でうまくつり合うように上向きまたは下向きにつくので、この上下でさまざまな組み合わせができる。糖といっても味はそれぞれちがう。輪っかを構成する炭素から上やら下やらにいろいろな原子団（基）がついたせいで全体の形も変わり、舌で味を感じる受容体の応答がちがってくるからだ。舌にある各種の受容体を刺激することで味がどうなるかについては第11章でくわしく扱うが、基本的には、味わう対象（ここでは糖）の形こそが味の源と考えられている。

たとえば、炭素六個の輪っかである単糖類、ブドウ糖を見てみよう（図10・2）。この炭素環を構成する炭素には、三時の位置から時計回りに番号をつける。それぞれの炭素からつき出しているHとOHは上向きか下向きのいずれかで、その順序が糖全体の形を決める。ブドウ糖の分子では、炭素の一番から四番までについたOH基は下、下、上、下の順になっている。ここで、ブドウ糖の二番の炭素についたOHを下から上へひっくり返すと、並びは下、上、上、下となる。これは不安定なマンノースという糖物質で、甘味はあるが天然では見つからない。炭素一番と二番のOHを上向きにする（上、上、上、下）と、苦いマンノースになる。このように、全体の構造が同じで、構成要素も同じでも、ついているHとOHの向きを反対にするだけで味も正反対になる。炭素一番から四番にOHがつく方向の組み合わせは合計一六通りあり、一つずつが別々の分子になる。根本的な化学的組成は同じでも、ヒトの味蕾に与える影響は大きく変わる可能性がある。

植物は進化の過程で、光合成で作ったエネルギーを貯蔵するのに驚くべき方法をあみ出してきた。水などの物質から電子を奪い、それを再利用して二酸化炭素のほか、炭素を含むもっと大きな分子を作り、エネルギーを化学的に蓄えるのだ。糖類はこの過程の最終産物で、これにより植物は将来の必要にそな

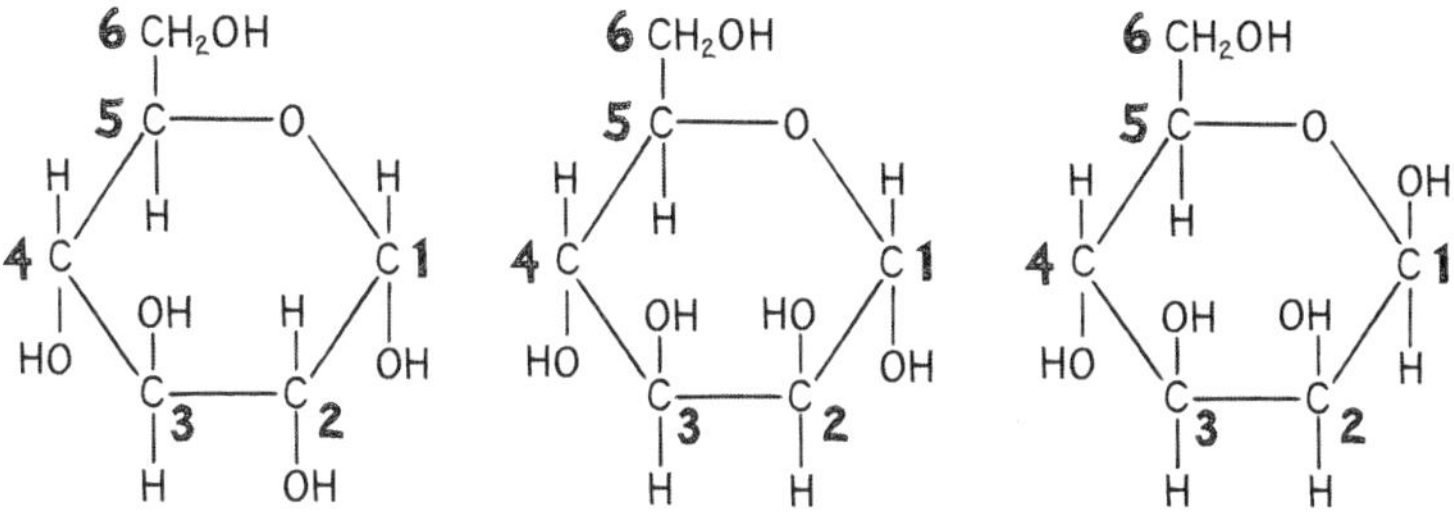

図 10.2　左の図はブドウ糖の化学構造。炭素 1 から 4 までに OH が下、下、上、下の順についている。ほかの糖では OH の上下の組み合わせがそれぞれ異なる。中央の図は不安定なマンノース（下、上、上、下）、右は苦いマンノース（上、上、上、下）の構造を表している。

えて、ブドウ糖やブドウ糖をつないだ長い鎖にして、大量のエネルギーとして貯蔵できる。この長い鎖にはでんぷんやセルロースなどがあり、いずれも大きすぎてヒトの味蕾《みらい》は反応しない。だから味がしなかったり、効率よく分解できなかったりする。

でんぷんは二種類の分子からできている。一つがアミロースといって、ブドウ糖どうしがグリコシド結合という共有結合で順につながった、単純な一直線の鎖だ。もう一つがアミロペクチンといい、一直線の部分もあるが、ところどころで枝分かれしてより大きなでんぷん分子を作る。でんぷんはアミロペクチンとアミロースがおよそ三対一くらいでできていて、植物の細胞から取り出すと粉末状になる。いっぽうセルロースもブドウ糖の鎖だが、ところどころで集まって丈夫な格子状になることもある。セルロースは紙の成分でもあるかと思えば、レタスのような食品にも含まれる（食物繊維が必要だからレタスなど緑色の葉野菜も食べなさいと言われるのは、セルロースは消化管でほとんど分解されないからである）。大事なのは、セルロースもでんぷんもブドウ糖分子の長い鎖でできているのに、そのふるまいは大きくちがうという点だ。

こうした鎖の長い分子をビールの原料にできるのも、私たちにとってありがたいことに、でんぷんをもっと小さな糖、酵母が取りついてアルコールを作れるような糖に変える方法を、自然が用意してくれたおかげなのである。

収穫したばかりの大麦は、ぎっしり詰まったでんぷんの長鎖の塊で、これは種子の中にある胚を育てる栄養源として用意されたものだ。酵母は鎖を切るのに必要な酵素のしくみを持っていないから、このままでは発酵に使えない。ところが胚が育つ準備ができると、穀粒は資源の一部を割いて長いでんぷんの鎖を切断し、大麦の胚が利用できる小さい糖、小さめのでんぷん分子にする。穀粒には必要な一連の酵素がそなわっているので、ブドウ糖や麦芽糖、マルトトリオースのほか、それより複雑なものも含めてさまざまな糖を作ることができる。胚の成長を早い段階で止めてやると酵素も止まり、糖も短めのでんぷん分子も、使われずに穀粒の中に残ることになる。

モルト職人たちは穀粒を水に浸すことで胚をだまし、もう発芽してもいいんだなと思わせて、胚のためにでんぷんの鎖を切り刻む酵素過程のスイッチを入れる。

穀粒が糖や短いでんぷんでいっぱいになったら、モルト職人は穀粒を加熱、乾燥して酵素のはたらきを止め、窯に移して焙《あぶ》る。乾燥にかける時間は、求める色や味によっていろいろだ。それぞれの工程のタイミングとやり方を正確に調節することででんぷんと酵素の比率をコントロールできるのだが、この比率は次の工程で大切になる。

次の糖化では、発芽した穀粒（大麦にかぎらず、ビールに使いたい穀物ならなんでも）から糖を残らず引き出そうとする。糖化にはいくつもの手順があるが、まずは発芽した大麦を冷たい水に浸してから、糊化にとりかかる。これはどうしても必要というわけではないのだが、浸した麦が加熱されてふくらみ、

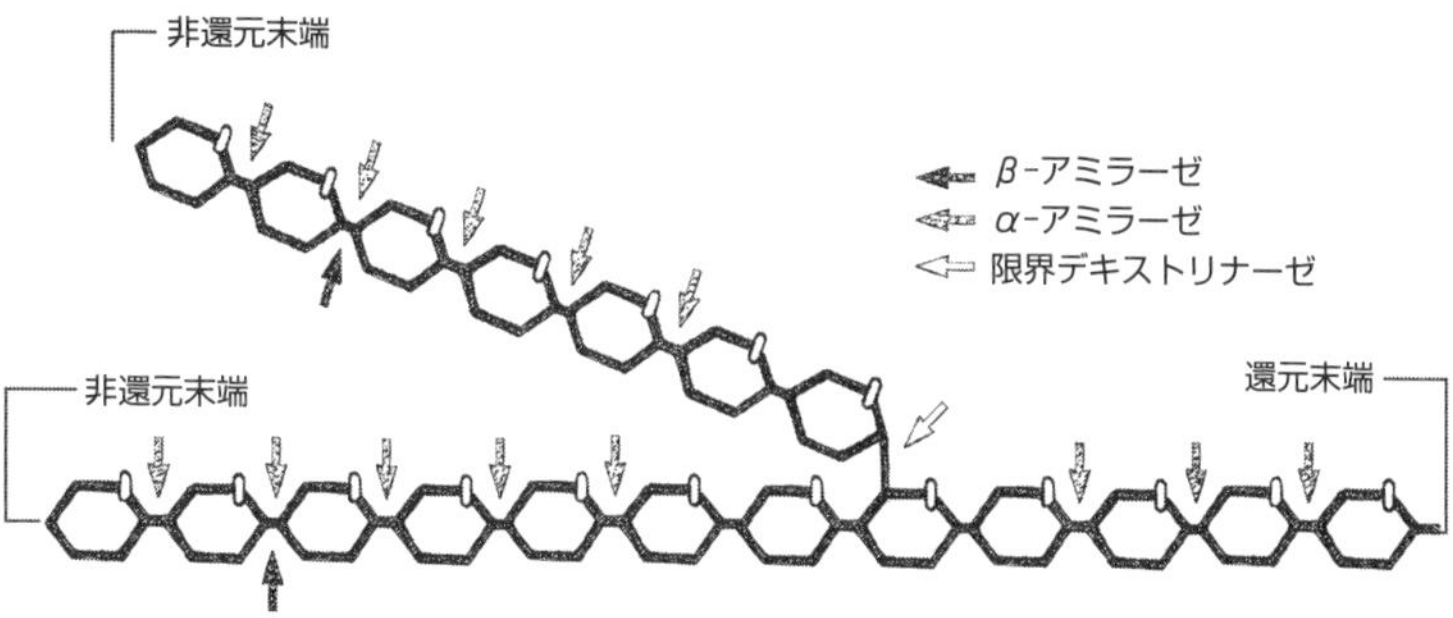

図 10.3　アミラーゼと限界デキストリナーゼがでんぷん分子を切り刻んで炭素環 1 つずつの糖にするやり方。

でんぷんが本格的に糊化すると、糖化のスピードは上がる。糖化の過程ではさまざまな温度を通過して、モルトに含まれる酵素をはたらかせる。三種類の酵素（αアミラーゼ、βアミラーゼ、限界デキストリナーゼ）は小さな機械のようにでんぷんの鎖に沿って動き回り、糖環と糖環の結合を切り離していく。これら三種の酵素がはたらくようすを図10・3に示した。でんぷんにも一本で枝分かれのないアミロースと枝のあるアミロペクチンがあるが、二種類のアミラーゼはその両方に作用し、でんぷん分子をどこででも切断できる。三番目の限界デキストリナーゼはアミロペクチンの枝分かれ部分を切断するもので、側鎖を切り離すことで分子を小さくする。こうしてできたどろどろの溶液にはブドウ糖などの単糖類がふんだんに含まれて、麦汁という名で呼ばれる。

つづいて、この液化した穀粒と糖の混合物を（通常はホップを加えた後で）酵母に与える。第8章で扱った酵母は、小さな糖を餌としてとり込み、先とはまた別の酵素ひとそろいをもちいて分解するように進化してきた。図10・4は、ビール酵母が糖をアルコールに変えるときに使う三つの小プロセス（1、2、3）の図解である。三段階とはいっても実際には、複雑な分子機械二つ（1と2）と、単純な化学反応一つ（3）なのだが。

第一の反応段階は、ブドウ糖のような大きな糖類から、より小さなピルビン酸の分子を作る（図10・5）。ピルビン酸は第二の酵素反応段階によって、さらに小さい分子、アセトアルデヒドに変換される。そして最後に、アセトアルデヒドが単純な化学反応でエタノールに変わる。

この反応段階は大がかりなもので、九つのタンパク質が合わさって一つの機械となり、解糖という仕事をこなす。これら九つの酵素の機能はおもに、リン酸塩（P）などの分子をくっつけたり、結合を切ったりすることだ。この過程を通して登場する重要な分子が還元型ニコチンアミドアデニンジヌクレオチドリン酸（NADPH）で、アデノシン三リン酸（ATP）の助けを借りつつ分子から分子へ電子を運ぶ。

ここまでの説明では酵母による発酵のしくみを扱ってきたが、発酵を行うのは酵母だけではない。細菌の中にも発酵のわざを覚えたものがある。細菌も解糖でピルビン酸を作るのは酵母と同様だが、作ったピルビン酸の扱いが独特だ。ピルビン酸は反応性が高く、酸素のない条件、あるいはアルデヒド脱炭酸酵素（酵母は持っているが細菌にはない）のない条件ではNADPHから電子を奪ってNADPにする。奪った電子でピルビン酸は還元されて、乳酸という小さな分子に変わる。

この変化は、ピルビン酸のまん中の炭素原子で起きている。この炭素と結合を二本作っていた酸素が、片方の腕で水素をつかまえて（「還元される」という）OH基（ヒドロキシ基）になる。このときにできたNADPは、解糖で再利用される。このとおり細菌は電子の扱いについて、効率的、かつ進化的にも別個の方法を見つけたのだ。

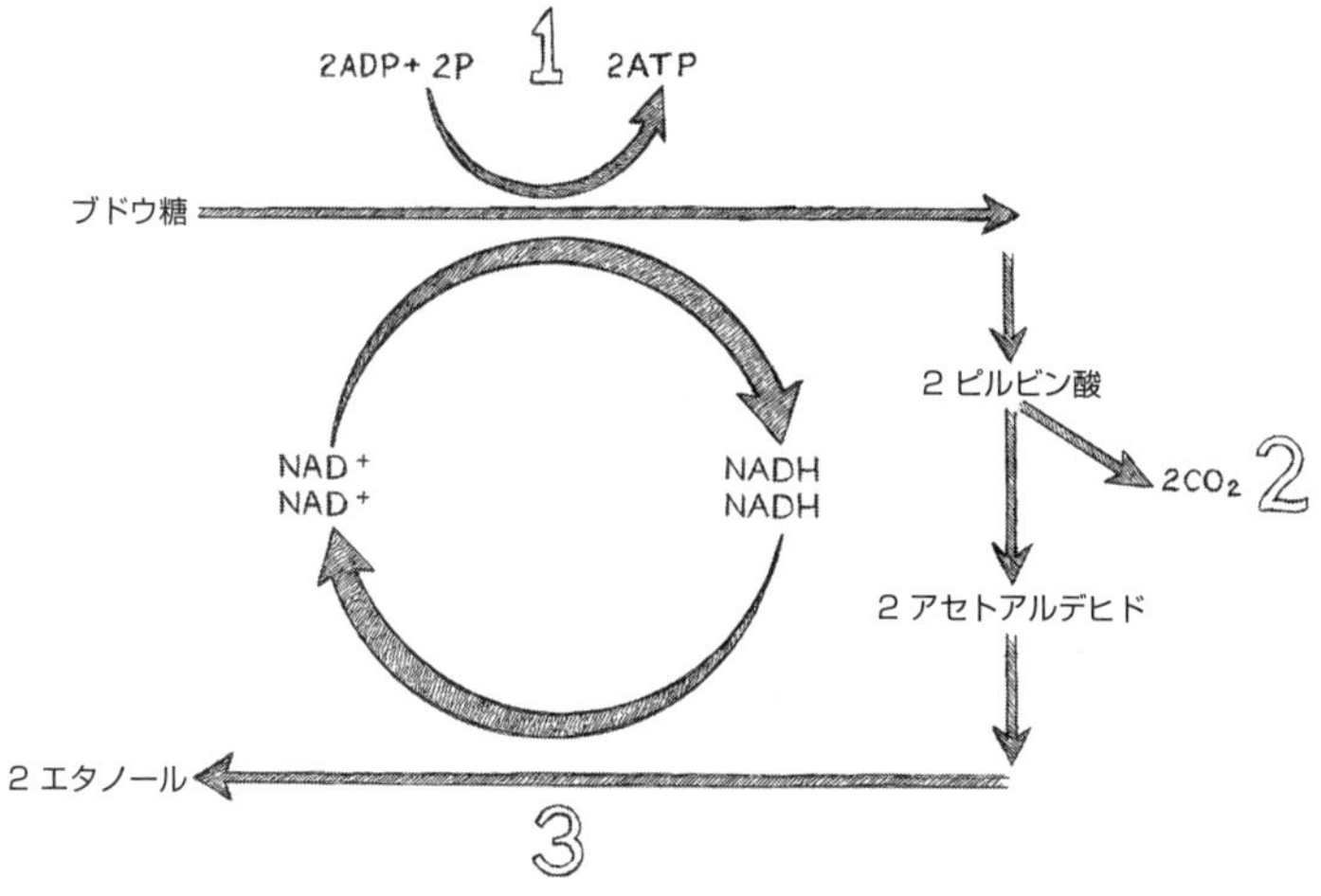

図 10.4　発酵プロセス。数字 1、2、3 は酵母が糖をエタノールに変える過程にかかわる 2 つの複雑な仕組み（1、2）と化学反応（3）を表している。

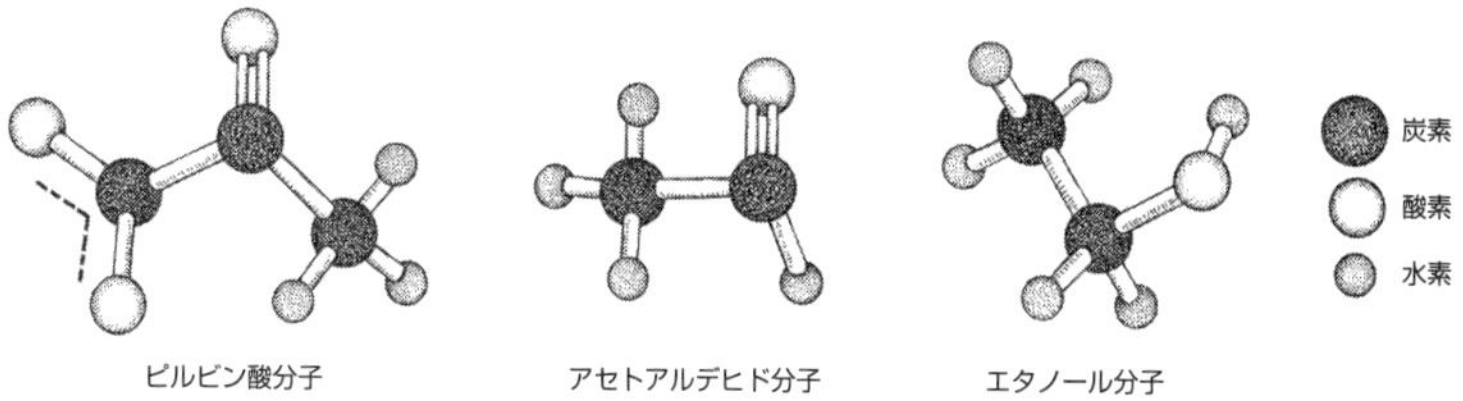

図 10.5　発酵によってできる物質 3 種。［左］ピルビン酸の棒球モデルに添えた破線は、頂点にある炭素につながる酸素原子 2 つが電子を共有していることを表す。この空間構造のためピルビン酸は非常に反応性が高い。アルコールを作る過程でピルビン酸を分解する酵素は、カルボキシル基を奪って二酸化炭素（CO_2）を出すので、脱炭酸酵素とよばれている。CO_2 が排出されると泡になり、生成物には炭酸が含まれる。［中央］アセトアルデヒドはエタノールとよく似ていて、右側の炭素と二重結合している酸素だけがちがう。ここから最終的にエタノール（右図）になるには、水素が 1 つ加わって二重結合を断ち切ってやらなくてはならない。そのためには陽子を 1 個得るだけでよく、ここでは陽子のドナーとして汎用的にもちいられる NADPH という分子から受け取る。

乳酸は細菌、エタノールは酵母の発酵で作られる。どちらも化学的な組成はかなり似ているのに、分子の形がはっきりとちがうので味もまったくちがう。ビール造りでは細菌による発酵は欠陥とされるのがふつうだが、いつもというわけではない。欠陥どころか、伝統的なビールの中にもドイツのベルリナーヴァイセのように、ブレタノミセス（*Brettanomyces*）属のエール酵母（多彩な味を生み出す酵母だ）のほかにラクトバチルス（*Lactobacillus*）属またはペディオコッカス（*Pediococcus*）属の細菌を加えて造るものもあるほどだ。ブレタノミセス酵母が入ると、ビールは独特のにぎやかな味になる。このブレット君が発酵のときにアルコール以外の物質も作るからだが、個性のみなもとになるのはおもに4-エチルフェノール（薬のような匂い／味）、4-エチルグアヤコール（煙のような匂い／味）、イソ吉草酸（チーズのような匂い／味）の三つだ。この酵母はふつうのビール酵母よりずっと発酵が遅く、たっぷり時間をかけなくてはならない。当然、発酵の担い手を複数同時に扱うのは難しく、職人の腕の見せどころとなる。

酵母の菌株を変える、モルト作りや糖化の手法を使い分ける、糖を使う酵母以外の生物を人為的に加えたり入るに任せたりするなどの方法で、醸造家たちは雰囲気も味も香りも驚くほど幅広いビールを生み出すことができるのである。

では、それらさまざまなビールには、どれくらいのアルコールが入っているのだろうか。アルコール含有量を割り出すために発酵前と発酵後の比重を測るやり方については、第6章で紹介した。仮に麦汁の中の糖がアルコールと二酸化炭素だけに変わるとしたら、発酵後の比重は単位体積あたりで糖がアルコールに変わった量を反映しているはずで、アルコール濃度を試算する手がかりになる。比重の測定結果があれば、アルコールの体積パーセント（ABV）も重量パーセント（ABW）も簡単な計算式で出すことができる。アルコール度数としてふつうに使われるのはABVの方だ。九パーセントを超えると体積パーセントと重量パーセントの差がどんどん開いていくが、九パーセント未満では似たような数字で、そこそこ正確だ。

アルコールの体積パーセントの計算式は「一三二・七一五×(OG－FG)」で、OGは初期比重、FGが最終比重で、一三二・七一五が魔法の数字、換算の術に使われる定数。だから初期比重が一・〇六六で最終比重が一・〇一〇だと、ABVは〇・〇五六×一三二・七一五で体積比七・四三パーセントになる。

ABWも同じ測定値から計算できるが、「魔法の数字」だけがちがう。また、ABVからABWにも簡単な式で換算できる。ABW＝ABV×〇・七九三三六なので、先ほどのビールならABWは七・四三×〇・七九三三六で五・八九四パーセントとなる。

このような計算は、ビールを造る人たちや、めっぽう熱心なビール党には重要なものだが、一般のファンの方には、みなさんの飲むビールは何十億という化学反応の成果であること、その化学反応をなしとげたのは命ある生物たちだということを頭に置いておいていただきたい。ビールも命ある、呼吸する生物なのである。

11 ビールと五感

Beer and the Senses

ずんぐりした茶色の瓶からも、ラベルの髭文字からも、中身は古風かつ風変わりなはずだと思われたが、実際そのとおりであった。これはドイツ中部のフランケン地方の傑作「スモークビール」といって、酵母こそラガー酵母だが、モルトは大昔のやり方で、ブナの木で徹底的に燻した色の濃いものを使っている。注げば濃い、深い栗色で、それでいて輝かんばかりに透明な液体はフランケン地方の教会で鳴り響く鐘の音を思わせる。泡の層はすぐに消えてしまったが、あふれた泡がグラス側面を伝って残した粘っこい跡は、細く立ちのぼる煙を思わせる。

このビールには鼻も口も圧倒されるばかりだった。香りはつんとくるほどの薫製香、風味は最後の一滴がなくなってもなかなか消えない。目を閉じれば、まるで薪のはぜる音が聞こえてくるかのようだ。

このビールも純粋令を守って造られたとはいえ、現代のピルスナースタイルのラガーとは極限までかけ離れたものだった。

五感に襲いかかる情報の嵐は瓶をクーラーから出したときに始まる。瓶の冷たさを感じ、ラベルの色は見えるが、五感とビールの旅はまだまだ始まったばかり。視覚も、視覚にくらべ過小評価されがちな温冷覚も、すでに大車輪で信号を送り、脳が解釈するのをただひたすら待っている。このビールは求めていたものだろうか。冷えすぎてはいないか。ようやく栓を抜くと、いくつもの感覚イベントが起こる。うまく開ければぽんと心地よい音がして、瓶の中でビールを加圧していた二酸化炭素の噴きだす音があとに続く。グラスに注げば視覚と聴覚がふたたび稼働して、色や透明感（ときには透明感のなさ）、こぽこぽとグラスを満たしていく音をとり込む。続いてグラスを口元へ運べば、鼻は香りで満たされる。唇がグラスに触れると、神経はさらに別の情報を放出し、何か冷たいものが来るぞと脳に伝える。唇の触覚受容細胞は続いてグラスを正しい位置へ誘導する。

グラスを傾けたらいよいよ本番だ。味蕾《みらい》の中の味覚受容体の分子は通り過ぎる分子を捕まえて、脳にビールの塩辛さ、甘さ、苦さ、酸っぱさ（将来はもしかしたら「うまみ」の量も）の情報を投げつける。食欲をそそる「うまみ」というのはヒトが受容できる第五の味覚カテゴリーだ。味のほかに泡のはじける感覚の受容体もあるので、炭酸も感じることができるし、度数が十分高ければアルコールも感じられる。

ビールが喉の奥に達すると、旅も次の段階に入る。とはいってもそれまでだって冷たさを感じる冷受容体はずっとはたらいていたし、口の奥の方にも味覚の受容体はあるので、そこも刺激されたわけだが、嚥下《えんげ》すると同時に後味が舌を襲い、舌はまたしても情報を脳に送る。味のよいビールなら、脳は好きだなと思いはじめ、ふたたびグラスを持ち上げることになるだろう。ひどい味だったら——たとえばスカンク臭がしたり、気が抜けていたりしたら——遠ざける可能性が高い。どちらにしても、嚥下という行為を通じて脳は基本的な感覚のすべてから情報攻めにされているといっていいだろう。脳にアルコールの影響が出てくる（第12章と第13章で扱う）のはもっとあと、ビールが腸から吸収されてからの話である。それまでのあいだはとにかく忙しい。

脳が外界から取り入れる情報はすべて感覚系によって、神経系の「通貨」である電気インパルスの形でもたらされる。神経系は体の末端から脳へ、脳から遠く離れた部位へと情報を運ぶ、実に効率のいい生理的システムで、電気インパルスもその一部をなす。著名な科学者のフランシス・クリックがかつて、脳の出力は（人間に特有の意識も含めて）「神経細胞、グリア細胞、そしてそれらを構成したり影響を及ぼしたりする原子、イオン、分子に全面的に起因している」と述べていた。これはビールの飲用にもひとしく当てはまる。ビールに対する私たちの反応も、脳のさまざまな部位へと向かい、届いた先で驚くほど詳細に解釈される電気的インパルス以上でもなければ以下でもない。

ビールだって、感覚系によってキャッチされ、知覚によって解釈される信号の発生源と考えることができる。ビールを楽しむうえでかかわっていることが明らかなのは「五感」のうちでも視覚、味覚、嗅覚の三つだが、聴覚、触覚、温冷覚も大切だ。第13章で説明する予定だが、アルコールはバランス感覚にも影響を与えるので、結局のところビールはヒトの感覚のすべてに作用することになる。

瓶の栓ならぽん、缶ならぷしゅっという音は、空気が乱されて起こった波にすぎない。波を捉えた外耳は、天然の漏斗《ろうと》のように音を集めて内耳へ伝える。音を測る基準は十以上もあるが、ここでは周波数（音高）と大きさ（音量）について考えよう。波と名のつくものはみんなそうだが、開栓によって押しのけられた空気にも周波数と強さがある。周波数はヘルツ（Hz）、強さはデシベル（dB）という単位で測る。

人間の耳では二〇ヘルツから二万ヘルツくらいまで聞きとることができる。低い方だと、パイプオルガンの最低音が二〇ヘルツ前後で、人の通常の話し声が五〇〇ヘルツ前後だ。マライア・キャリーが「エモーションズ」のラスト近くで出す笛のような高音は三一〇〇ヘルツ前後、シンバルのぶつかる音は一万ヘルツ程度である。

ビール瓶の栓を抜くことで起こる音は比較的高い方で、数千ヘルツという範囲にあたる。いっぽう、音量の単位であるデシベルは音源からの距離によっても変わるから相対的な測定値ではあるが、栓のあく音となると高さより音量の方が大事だろう。

人間が許容できる音量の範囲はゼロデシベルからだいたい一四〇デシベルくらいで、あまりに大きい音は内耳の組織に物理的な損傷を与えかねない。ささやき声は二〇デシベル前後、面と向かってふつうに会話をすると六〇デシベルくらい、削岩機が一〇〇デシベルくらい、ジェット機の離陸が一三〇デシベル程度である。瓶ビールの栓を抜く音は五〇から六〇デシベルといったところだろうか。グラスに注ぐ音は開栓にくらべ周波数も低くて音量も小さいがそれでも聞き取れて、栓を抜く音はしなかったのに開いているのはなぜ、と面食らうことにもなる。

栓を抜く音、器に注ぐときの炭酸の音、眼の前に置かれたビールの底から立ちのぼる泡の繊細な音、これらの音波は内耳に届き、鼓膜で集められる。鼓膜の振動は内耳にある三つの小さな骨（槌骨《つち》、きぬた骨、あぶみ骨）と機械的なやりとりをしている。鼓膜にぶつかった波の特徴は、鼓膜から槌骨へ、きぬた骨へ、あぶみ骨へと伝わる機械的な連鎖反応によって蝸牛《かぎゅう》に届く（図11・1）。蝸牛の内側は神経細胞につながった毛が密生し、液体で満たされている。毛は液体が動くと反応して、特定の音で特定の曲がり方をするので、毛とつながっている神経細胞もそれに応じた反応をする。こうして情報は前述のように電気インパルスの形で脳に伝えられる。

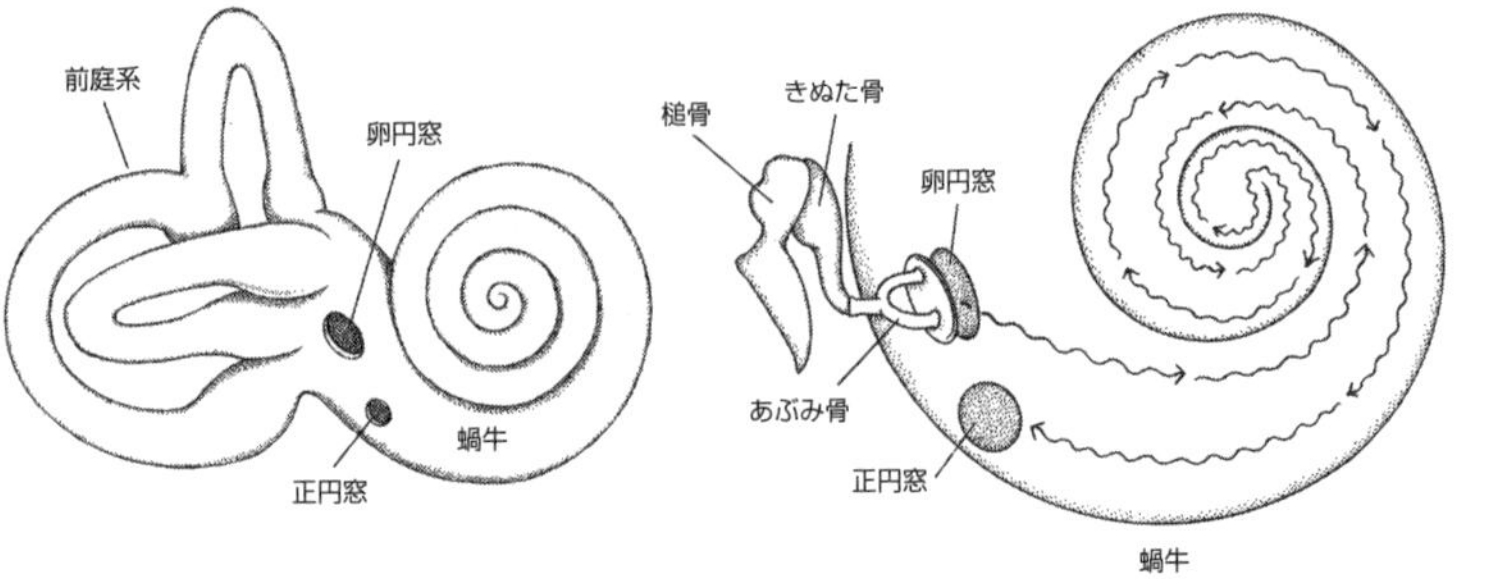

図 11.1 ［左］蝸牛とバランスを司る前庭系（半円形をした管状の部分）との関係。［右］内耳にある 3 つの骨（槌骨、きぬた骨、あぶみ骨）と蝸牛、正円窓、卵円窓の関係。

聞こえた音をどう解釈するかは記憶と情動に左右される。人間の脳とはいろいろいたずらをするもので、社会科学者のチャールズ・スペンスが研究を重ねている。これまで板チョコの商品名と味の感じ方の関係、炭酸飲料の缶の色や食品包装を開ける音のうるささが消費者の選好に与える影響など幅広いテーマを調べてきたチームだが、ビールについては瓶の開栓音と液体を注ぐ音を大量に集めて検討している（グロールシュのスイングトップ瓶が特にすてきだった）。ここでは、音は温度、炭酸、粘度という三つの下位要素に分類された。まさかと思われるだろうが、かなりの通なら器に注ぐ音からビールが冷えているかぬるいかの区別がつくし、炭酸の効き具合まで聞き分けた。粘度についても、差が十分に大きければ聴覚で判断がつく。注がれる音に耳を傾ければ、これから飲むビールについて相当しっかりしたイメージ形成ができるというわけだ。

こうしてビールは注がれ、最初の一口を飲む準備もできたし、グラスに入った姿も拝めることになった。仮に、今見ているのは注いだばかりのラガーだとしよう。このラガーにはあらゆる角度からあらゆる波長の光が当たっていて、一部は跳ね返され、一部は吸収されている。ラガーは黄金色なので、波長が五七〇から五九〇ナノメートル（黄金色の波長だ）以外の光はビールに吸収される。まん中の五七〇から五九〇ナノメートルの光はみんな反射され、目の中の網膜に衝突して色を教えてくれる。

グラスの周囲にある物から反射された光、グラスの向こうから透過してきた光（透明なラガーだったらの話だが）、グラスの落とす影などについての情報も同時に網膜から脳へ送られる。視野に入る形、物体の情報だ。

人間の目は複雑なつくりをしているが、なかでも主役は網膜である。網膜とは眼球の奥側の壁に細胞が一面に並んでいるところで、ここも実は脳の一部なのだと主張する科学者もいる。網膜の細胞で主要なものに、桿《かん》体細胞と錐《すい》体細胞の二種類がある。桿体細胞は片目あたりおよそ一億二千万個、錐体細胞は六百万から七百万個程度で、いずれも外界から入ってきた光に関する情報を、視神経を介して脳に伝える。桿体細胞は入ってくる光についておおまかな特徴を集めて伝えるが、ほかの細胞にくらべて光が少なくても機能するため、暗い場所で物を見るのに役だつ。錐体細胞には大きく三種類あって、それぞれ担当する色の名をとって赤錐体（L錐体）、緑錐体（M錐体）、青錐体（S錐体）と呼ばれている。桿体細胞も錐体細胞も、オプシンという分子を介して光から情報を引き出す。桿体細胞のオプシンはロドプシンといい、赤、緑、青の錐体細胞もそれぞれに赤オプシン、緑オプシン、青オプシンを持っている。

オプシンはいずれも細胞膜に突き刺さったタンパク質で、それぞれタンパク質がポケット状になったところにレチナール（ビタミンAの仲間だ）という小さな分子を一個ずつかかえこんでいる。レチナールは専門的には発色団といって、光が当たると反応する分子。レチナールの反応は桿体細胞でも錐体細胞でも連鎖反応の引き金となり、生じた活動電位が脳まで伝わっていく。オプシンは反応が最大となる光の波長が種類によってちがうので、その違いによってさまざまな波長の光から得られる情報が脳に届くことになる。

　このしくみを先ほどのラガーに当てはめてみよう。波長五七〇から五九〇ナノメートルの光が網膜にぶつかり、錐体細胞を刺激する。入ってきた光が仮に純粋な緑色だったなら緑オプシンが反応して、見えた物体は緑色でしたという信号を送ることだろう。しかし波長が五七〇から五九〇ナノメートルの光が最適というオプシンはない。代わりに反応するのは、赤錐体と緑錐体のオプシンだ——ただし、純粋な赤や緑の光が当たったときよりずっと低いレベルで。この二つをもとに、脳がビールの色を黄金色と解釈する。さあ、次はグラスを口元へ運ぶ番だ。

　神経科学の分野で登場する挿し絵の中でもとりわけ印象的なのが「ホムンクルス」だろう（図11・2）。この絵は、ワイルダー・ペンフィールドという脳外科医の研究をもとに描かれた。ペンフィールドは開頭手術のついでに患者の脳のいろいろな部位を刺激しては、本人にどんな感じがしますかと直接たずねたり、身体のどこかがぴくぴく動くのを観察したりをくり返した。直接たずねるって、患者は麻酔で眠っていなかったのかって？　それが、眠ってはいなかった。脳の表層には痛みを感じる受容体がないから、脳の手術は全身麻酔なしでもできるのだ。映画「ハンニバル」の最後の一五分をごらんになればわかるが、そのおかげでペンフィールドは、身体の各部位の感覚や運動を脳のどこが担当しているかを特定し、重要な部分ほど大きく描いたホムンクルスの絵で表現することができた。

　ビール好きにとって重要なのは、ホムンクルスでは唇と舌が人間の体とは不釣り合いに大きく拡大されている点だろう。唇と舌が脳の中でこれほど広い土地を割り当てられていることは、これから口に運ぶグラスの感じ方にかかわってくる。

触覚は聴覚とならんで機械的感覚だ。人体には、接触した物体を検知するのに特化した細胞が何種類もある（図11・3）。おもなものにマイスナー小体、メルケル細胞‐神経終末複合体、ルフィニ終末、パチーニ小体などがあり、いずれも表皮の下、真皮《しんぴ》に埋まっている。グラスが唇に当たったときに活躍するのはマイスナー小体といって、軽い接触を検知する細胞だ。ヒトの唇にはこの受容体がぎっしり詰まっている。

マイスナー小体は非常に敏感で、一個でも力がかかって（たとえばビールのグラスが軽く唇に触れて）変形すると活動電位が生じて脳まで運ばれる。これを受けて脳は、何がどこに当たっているのかマッピングできる。

マイスナー小体は指先にも多く、グラスのような物体の操作を円滑にする。こうしてグラスが唇に当

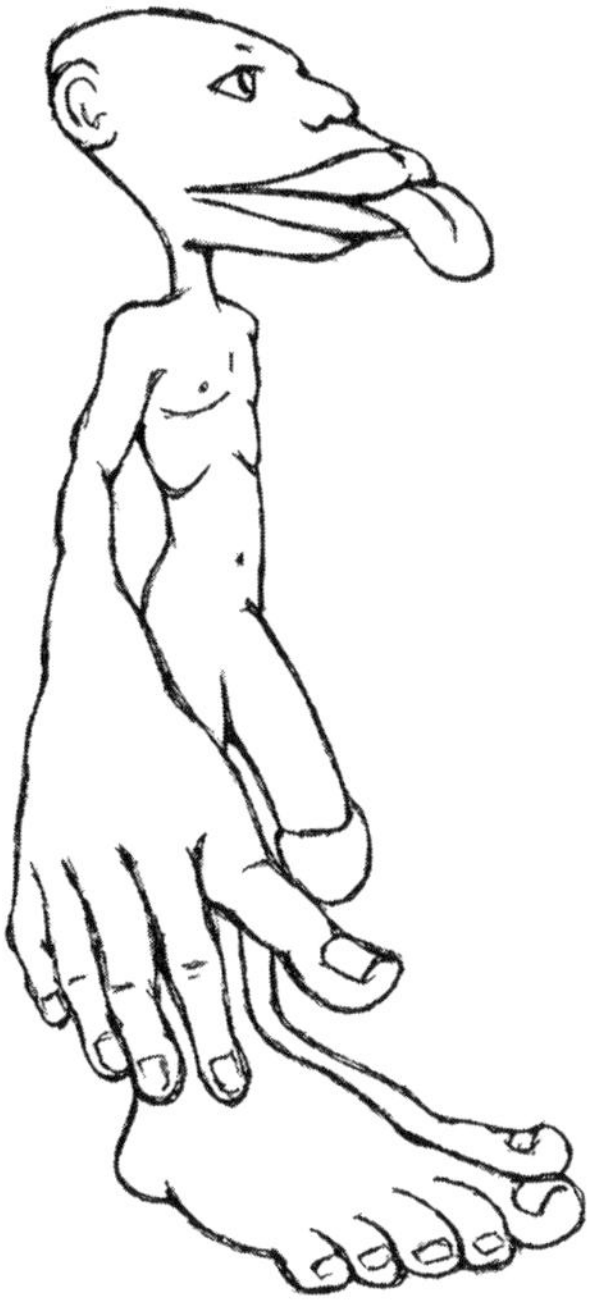

図 11.2　感覚ホムンクルス。全身の各部位の感覚に脳の表面の土地がどれくらい割り当てられているかを地図のように示したもの。大きく描かれている部分は、そこからの感覚のために広い面積が使われていることを示す。たとえば唇は鼻より大きくなっており、唇での触覚には鼻の触覚よりも脳の面積がたくさん使われているとわかる。

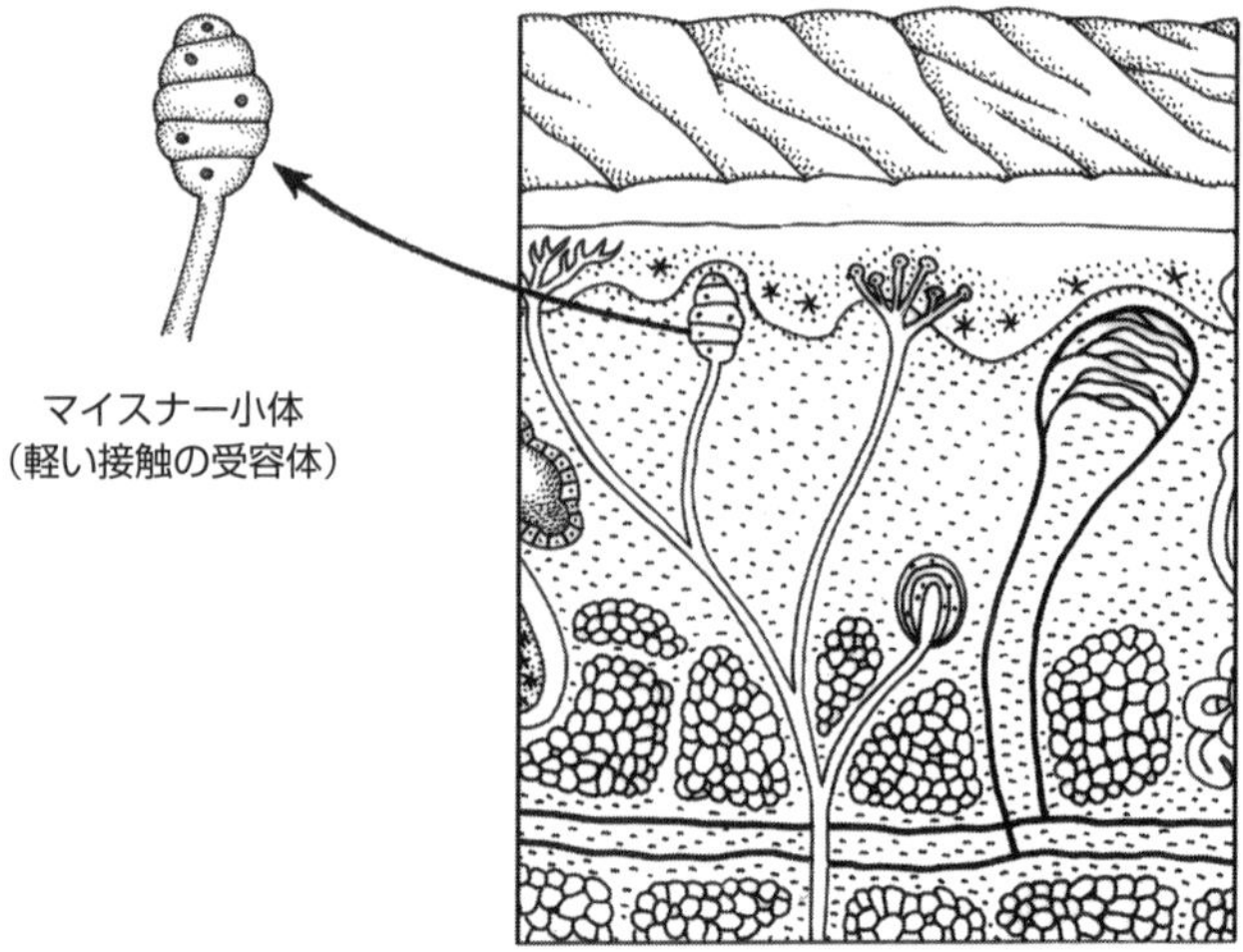

図 11.3　マイスナー小体と、受容体が埋まっている皮膚の表層。

たり、マイスナー小体がグラスの位置に関する情報を脳にリレーすると、飲み手は中身を正確に、巧みに口に入れることができる。

けれども、口にビールが流しこまれる前に、みなさんはグラスから発するすてきな香りの存在に気づくことだろう。そう、今度は嗅覚の世界に進もう。

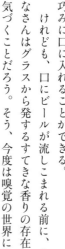

ヒトはほかの動物にくらべて嗅覚が貧弱だとはよくいわれるところだ。とりわけ、犬のように外界との交渉の大半をにおいに頼っている生き物とは比べものにならない。ところが、これまで人間の嗅覚でわかる臭気物質の数は一万種類ほどと長く思われていたのが、アンドレアス・ケラーたちの最近の研究では一兆種類にものぼる可能性が出てきた。

嗅覚は化学感覚といわれている。聴覚や視覚のように波を検知するのでもなければ、触覚のように感覚細胞の機械的変形を検知するのともちがって、嗅覚(と味覚)は空気中を漂う、あるいは摂取する飲食物に含まれる化学物質の分子に反応する。私たちがにおいとして知覚する分子や化学物質には、それぞれに特有の形がある。ホップに含まれる花のような香りはリナロールという小さな分子によって引き起こされるし、ホップが強く効いたビールに感じるウッディな香りはβ-イオノンという分子が原因だ。

ちがうにおいの元になる分子は、ちがう構造をしている。総じて分子の構造が似ていれば似ているほど、人間が感じるにおいも似通っている。つまりにおいとは、鼻腔の細胞が分子の形を認識し、その情報を脳へ届ける能力に基づくものなのだ。鼻腔の天井面は嗅覚受容細胞で覆われており、これら受容細胞は神経を介して脳の中の嗅球へ通じている。

嗅覚細胞の細胞膜には膜を縫うように七回出入りするタンパク質が刺さっていて、このタンパク質の末端のうち片方が、におい分子を認識して相互作用するように特定の形をしている。

におい物質の分子は受容体のタンパク質と物理的に反応するのか、それとも振動などほかの物理現象が関与するのかについてはまだ意見の一致をみていない。どちらにしても、におい物質と受容体のタンパク質の相互作用が引き金となって、受容細胞内で一連の化学反応が起こる。それにより生じた活動電位が脳まで届いて解釈される。

ということは、受容細胞の細胞膜に縫いこまれるタンパク質は、かなり種類が豊富でなくては困るだろう。人間だとこのタンパク質は四百種類ほどだが、象では二千近く、犬は八百種類ある。

ところでみなさんは、ビールはなぜこんなによい香りがするのだろうとお思いになったことはないだろうか。だって、日ごろ口にする食べ物には、さほどにおいのないものもあるではないか。なのにビールには、最初からよい香りを放つしかない、すばらしい物質がいくつもとりそろえられている。

ホアキン・クリスティアンスと同僚たちの示したところでは、その鍵は酵母にあった。グラスを唇に近づけるとたちのぼる甘い香りは二種類の小さな分子、酢酸エチルと酢酸イソアミルに由来する。この二つは酵母が生む物質で、クリスティアンスらはこの二つの生合成に必要な酵素を持たない菌株を作って実験を行った（図11・4）。酵母がこの二つの香り物質を放出するのは、どう見ても偶然とは思えない。この小さな生き物たちは、何億年もにわたって共進化してきたショウジョウバエを誘い、自分たちをあちこちへ運んでもらうために香りを放っていた可能性が高い。どうやら私たちがビールの香りを好むのは偶然の産物で、酵母が本来ひきつけたかったのはショウジョウバエだったようなのだ。

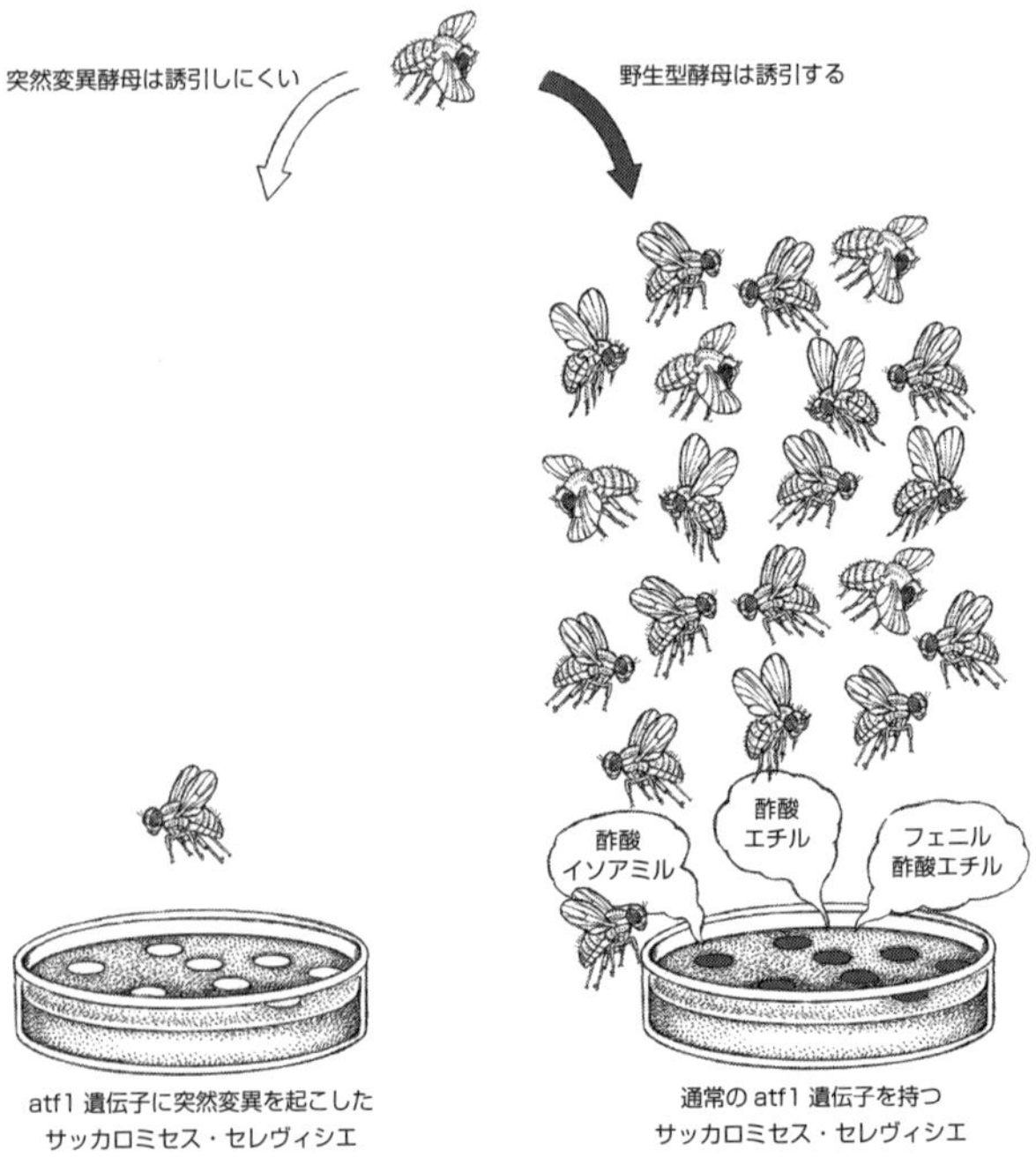

図 11.4　ショウジョウバエが酢酸エチルと酢酸イソアミルに惹きつけられることを示すクリスティアンスたちの実験。ショウジョウバエに突然変異酵母を与えても近づこうとせず、酢酸イソアミルや酢酸エチルを合成できる正常な（野生種の）酵母に引き寄せられる。

米国マスタービール醸造家協会は、会員がビールの味を評価するときに「フレーバー（風味）ホイール」というツールを使うよう推奨している。この独創的な工夫は一九七〇年代に米国醸造化学者学会のモルテン・マイルゴールが考案したもので、それ以来いくつものバージョンが出ている。その狙いはビールの特徴となる味を要素ごとに分け、製品どうしの比較を容易にすることにある。円を放射状に切り分けた図をもちいて、まずは大きなカテゴリー（香料様、カラメル香、脂質様、酸化臭など）に分け、それぞれをさらに細かく分けていく（グレープフルーツ、カラメル、農場、土臭い、燃えたタイヤ、そして絶対に遭遇したくない赤ちゃんの嘔吐物／おむつなど）。このやり方だと、たとえばおおまかに「穀粒様」と分類されたビールも、細かくいえば「穀物様」か「モルト（麦芽）様」か「麦汁様」のいずれかということになる。

どんなビールが対象でも味の概略を語れるという意味で、フレーバーホイールがすばらしい出発点になってくれたことはまちがいない。しかし非常にたくさんのバージョンがあることを見ても、ホイールで扱おうとするものがいかに主観的かわかるだろう。そもそもヒトの味覚に非常に個人差が大きいため、飲む人によって味が大きく変わるであろうビールが少なくないのだ。

ということは、私たちもここで自分たちの嗜好をはっきりさせておいた方がいいのかもしれない。この本の全体を通して、さまざまなビールの説明に形容詞を使ってきた。形容詞にはどうしても意見がにじみ出てしまうので公平を期すために白状しておくと、著者二人の好みは特徴のはっきりした品で、いっそ自己主張が強いくらいが嬉しい。モルトかホップのどちらかに偏っていても気にならないし、フレーバーホイールも「とんがった」グラフの方に、特定のフレーバーを目立たせない平板なビールよりも手が伸びる。くり返しておくがこの優先順位も完全な主観であって、みなさんのひいきの基準はまったく別かもしれない。

味覚受容体細胞は一か所に三十個から百個くらいずつまとまって味蕾を形成している。においとならんで味も化学受容感覚で、嗅覚のところで説明したのと同じ鍵と鍵穴の原理でさまざまな味分子を認識する。そして嗅覚受容体と同様、味覚受容体も味覚細胞の細胞膜を七回貫通していて、飲んだ液体や食べた食べ物からもたらされる微細な味分子と反応する。味覚受容体には大きく五種類あって、甘味、酸味、苦味、塩辛さ、うまみ（グルタミン酸塩に感じるおいしさで、アジア料理全般によくふりかけられるグルタミン酸ナトリウムもその一つだ）の五つの味を伝達する。何を食べたにせよ、私たちが味として感じるのはこれら別々の受容体の反応が混ざったものなのだ。

この味蕾がさらに集まっているのが乳頭といって、これは鏡に舌を映せば肉眼で見える。乳頭は主として舌の先端側半分に分布し、奥の方ではまばらになる。

ヒト個体群は味を感じる強さによって、ハイポテイスター、テイスター、スーパーテイスターという基本の三群から成る。その比率はおよそ一対二対一で、そのほかにごくまれなスーパースーパーテイスターというカテゴリーがある。味を中ぐらいに感じるか、過敏に感じるか、あまり感じないかは味覚細胞の数で決まる。自分がどれに当てはまるかを見分けるには数を数えるだけでいい。三穴ルーズリーフを一枚用意して、穴のまわりを四角く切り抜いておく。ぶどうゼリーを口に入れるか、色の濃い赤ワイン、あるいはぶどう味の炭酸飲料をひと口すすって、舌を紫色の色素に浸す。舌先近くならどこでもいいから穴のあいた紙を乗せて鏡を見てみよう。紫色のきのこのような形がいくつも見えるはずだ。この乳頭の数が十五個に満たなかったらハイポテイスターの可能性が高いし、十五個から三十個ならテイス

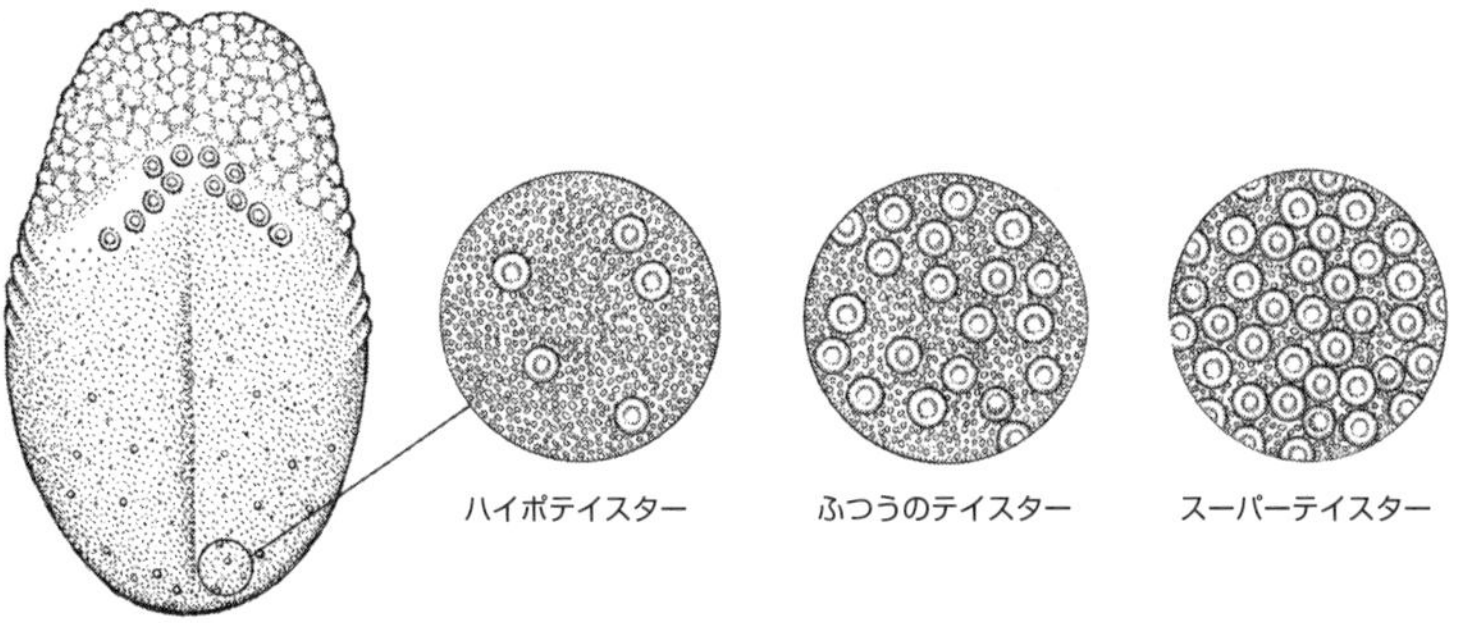

図 11.5 ［左］舌の中でも味蕾や乳頭が分布している部分。丸い枠は味蕾の密度を調べるためルーズリーフの穴を乗せたところ。［右］3つの丸い図はハイポテイスター、テイスター、スーパーテイスターの舌。

ターだろう。そして三十個を超えるようならスーパーテイスターか、もしかしたらスーパースーパーテイスターだとわかる（図11・5）。

クラフトビールの中にはときどき、めちゃくちゃにホップの効いたビールがある。私たちは大喜びで楽しんでいることからも、ふつうのテイスターだとわかる。スーパーテイスターにはホッピィなビールはとんでもない苦さに感じられるので、よほどでなければ飲みたがらない。IPA系のものは避けて通るし、ときにはラガーでさえも味蕾がひりひりすることがある。

アルコール度数の高いビールでも味蕾がひりつくことがあるが、著者二人はこちらも大丈夫だ。いっぽう、スーパーテイスターだとアルコールの多いビールは唇に触れただけでも焼けるようで、蒸留酒などほとんど楽しめないという。対照的にハイポテイスターたちはエクストリームな苦さにもらくらく耐える代わり、コロンビアホップとカスケードホップの区別はつかない。スーパーテイスターならいとも簡単に当てられるのだが、両方とも苦すぎて楽しめないのがふつうだ。

このように味を感じる能力には遺伝的な差があるため、ホッピィなビールを楽しめるのは中ぐらいのテイスターだ。だからといって、スーパーテイスターやハイポテイスターはアルコール飲料を楽しめないことにはならない。条件づけによっておいしく感じるようにもなれるし、スーパーテイスターがその能力を有効活用することだってある。高級レストランのシェフの大半はスーパーテイスターで、過敏な味覚を利用するすべを身につけて今までにない料理の考案に役だてているのではないかとも言われている。

もっとも、中ぐらいのテイスターもたいていは、それなりに各種の味覚受容体のバランスがとれたビールを好むものだ。だから、近年サワービールの人気が上がったとはいえ、本当に酸っぱいファームハウスエールを味見した人はだれでも（たとえおいしいと思ったにせよ）酸味の受容体が甘味や苦味の受容体にくらべて異常に反応していることに気づくはずだ。

そうはいってもクリエイティブな醸造家たちに実験を思いとどまらせるのは難しい。目下、一部で流行している海塩を使ったビールがいい例だ。もしかして、うまみビールもそのうち登場するのだろうか。

地球上の生き物の中では、ヒトの五感はかなり限られている。光だって見える波長の範囲は狭いし、視野も狭い。その狭い視野のうち、立体視できる範囲も狭い。そのうえ、色の識別となるとおかしな異常がいくつもある。しかも視覚だけでこの始末。ヒトは視覚優位の動物と言われているのにである。味覚と嗅覚はそこそこ鋭敏だが、もっと鋭敏な哺乳類はたくさんいる。

こうした欠点の数々は、進化について大事なことを教えてくれる。自然淘汰は完璧を目指して努力したりはせず、現実的な解で手を打つ。ヒトという種がこんなものでよかろうと割りきった解は私たちを万能選手にはしてくれないが、日常生活で外界を解釈するにはなんの不足もない。それに、狙ったことではないけれど、ビールを楽しむにはすばらしく向いている。ビールはヒトの感覚システムのほとんどについて、ちょうどいいところを正確に射抜いてくるのだから。

12
ビール腹
Beer Bellies

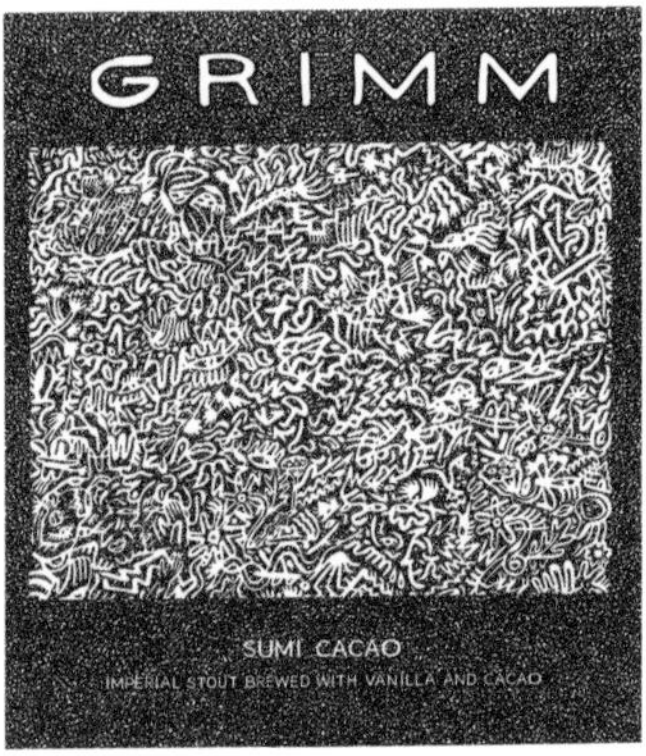

ウルトラライトビールが何の抵抗もなくグラスに流れこんだのに比べると、インペリアルスタウトはまるで、瓶からスプーンでほじり出せとでも言わんばかりだった。これだけの差も驚くには当たらない。わずか九六カロリーというふれこみのウルトラに、スタウトはなんと三〇六カロリーをぶつけてきたのだから。減量をがんばっている人なら選択に迷う余地はないだろうし、熱心なビールファン二人も迷わなかった。ウルトラライトは一応ビールであることは伝わったが、それを超える点はほとんどない。スタウトは対照的に、その濃さと複雑さ、そしていつまでも残る後口でわれわれを叩きのめしてくれた。この差には余分な摂取カロリーに見合う価値があるだろうか。答えは問うまでもなかった。

ビールはおいしいし、呑みすぎなければ脳にも心地よい効果をもたらしてくれる。しかしなんということだろう、ビールが体内にもたらした化学物質、分子は代謝しなくてはならない。そして残念なことにその化学物質の大半は、ビールに含まれるような濃度のままでは私たちの身体に合わず、ひいき目に見てもヒトの代謝システムを極限まで酷使する。ビールが脳に及ぼす効果は第13章で扱うことにして、本章ではそれ以外の部分に与える影響を見ていくことにしよう。

発酵の目的がアルコールの産生である以上、みなさんの目の前の瓶にもそれなりのアルコールが含まれていることだろう。発酵によるもう一つの産物は二酸化炭素なので、ビールにはそれもいくらか含まれ、ぷつぷつと泡立つ感覚を与えてくれるはずだ。本来のはたらきを終えていたら、酵母の細胞は発酵タンクの底に沈殿しているはずで、液体の中を浮遊する分子のおもな供給源となる。たいていのメーカーは酵母の層を濾《こ》してとり除くなり加熱して殺すなりしているが、自家醸造を楽しむ人々やクラフトビールのメーカーだと、濾過《ろか》や加熱ではなく静かに別の容器に移すことで酵母を除くのがふつうで、生きた（そして栄養豊富な）酵母がいくらか残る。また、酵母の一部は発酵中に自然死するから、壊れた細胞の成分もビールの中を漂うことになる。細胞の残骸に含まれる分子はいろいろで、酵母の生存を支えていた細胞膜（脂質）、DNA、それに長鎖の炭水化物などがある。飲んだビールに含まれていたこれらの成分は身体によって利用される——良くも悪くも。

哺乳類は摂取した飲食物を消化するのに、効率的だが複雑怪奇なやり方を進化させてきた。ヒトの消化システムも進化の産物だけあって、なかにはひどく曲がりくねった工程もある。そんな奇妙な部分ができるのは、自然淘汰が完璧な設計も、最高の結果も目指していないからである。感覚のところでも述べたが、進化とは単に解決策を見つけるだけのプロセスなのだ。

自然界にごちゃついた部分がみられる理由はそれだけではない。まず、自然淘汰が作用するにはそれ以前から多様性があることが必要で、生物は生存のために問題を解決したいからといって新しい有用な変異を簡単にひねり出すことはできない。生物の個体群は、遺伝子の突然変異というランダムなプロセスで自然に得られた変異でやりくりするしかない。さらに、進化には方向性があるとはかぎらない。一九四〇年代から五〇年代ごろには、進化とは少しでも好ましい状態へ向かってじわじわと進んでいくものとの考え方が広く受け入れられていたが、一九七〇年代からは、進化の歴史には偶然の方が大きいとは言わないまでも、同じくらい影響していると認識されている。進化とはこのとおり気まぐれなので、人体のシステムも、工学的にみれば最適とはほど遠いのだ。

　消化器官が食べたものから栄養素の分子を抽出してくれるおかげで人は必要なエネルギーを得ることができて、基本的な代謝や身体過程を維持し、動き回り、そしてなによりも、エネルギー消費量の多い脳を養うことができる。消化器官はエネルギーとは関係ないさまざまな分子も届けてくれるが、消化の話となるとやはり主役はエネルギーだろう。そこで登場するのがカロリーという言葉である。

　このカロリーという概念はどうもつかみにくい。油やエタノールのように触って感じることもできない。実のところカロリーとは、人間がどのように飲食物を代謝し、また活動によってエネルギーを消費するのかを測るものさしとしては有用だが、もとはといえば抽象概念なのだ。カロリーは熱、あるいはエネルギーの単位で、具体的には、一グラムの水を摂氏一度あたためるのに必要な熱の量と定義されている。ところで、食品の外包装に表示してある「カロリー」の数字は、本当なら千倍してやらなくてはカロリーにならない（つまり、あれはキロカロリーなのだ）が、本章ではこれからも見なれた方を使う。

カロリーは食品以外にも使われる。みなさんの車に入っているガソリンにもカロリーがあり、それが何カロリーなのかはタンクに残っている量で決まる。このようにエネルギーや熱がカロリーとして測れるのも、エネルギー源が「燃やされ」たり、代謝されたりするからだ。エネルギー源の種類がちがえば、燃やし方だってちがってくる。人体がビールからエネルギーを引き出すべく燃やす材料には、エタノール、タンパク質、炭水化物がある。食べ物全体に広げるとほかにもたくさんのエネルギーがあり、なかでも最も重要なのはおそらく脂質だろう。エネルギー源はそれぞれ、何カロリーになるかが決まっている。脂質を食べた場合、消化器が身体に供給してくれるのは一グラムにつき九カロリー程度。タンパク質と炭水化物は一グラムで四カロリー、エタノールは七カロリーのエネルギーに変換される。純粋なエタノールがときに栄養的には空っぽだと言われるのは、エネルギーだけでほかの栄養素を含んでいないせいだ。

みなさんが歩いたり、走ったり、頭を使ったりするときに体が消費しているのは、エネルギー源（カロリーで測ることができる）として取り入れた分子。そのとき、すぐ使える分子が手近にないようなら、貯蔵してある分子を出してこなくては機能が止まってしまう。余ったエネルギーは脂質の形で貯蔵されている。エネルギー源になる分子はただちに必要な分以外、残らず脂質に変換すれば効率よく蓄えることができるのだ。

なかには、食べ物でいちばんカロリーが高いのは脂質なのだから（なにしろ一グラムで九カロリーだ）、肥満の大半は油っこい食事が原因だろうと思う人もいるかもしれない。もしこれが本当なら、脂質ほぼゼロのビールは好きなだけ飲んでも太る心配はまずないことになる。ところが残念。油っこい食べ物も、ビールのカロリー源であるエタノールや炭水化物とは手順こそちがうが分解されてしまう。

ビールを飲んで胃に入る炭水化物は、糖化したばかりの状態にくらべれば濃度が低く、残糖とよばれる。よくある米国産ビールだと、グラス一杯にアルコールが一四グラム程度、炭水化物は一〇グラムをちょっと超えるくらいだろうか。これだと飲んだ人は炭水化物から四〇カロリー、エタノールから九八カロリーの合計一四〇カロリー弱を摂取するわけで、かなりの部分がエタノールに由来する。

平均的なビール一杯のカロリーは、炭酸飲料一缶か、三五〇ミリリットルのスポーツドリンクと同じくらい、牛乳一杯のおよそ五割増し、砂糖とミルクを入れたコーヒー五杯分くらいにあたる。種類によって平均よりカロリーの低いものも、高いものもある。いちばん低いもので五五カロリー（バドワイザー55）、最高は恐ろしいことに二〇二五カロリー（ブリューマイスター・スネークヴェノム）だという。

もう少し私たちの好みに近い、ありふれたビールの小瓶だと一五〇カロリーほどで、四〇分歩くのに十分なエネルギーになる。つまり、これくらいのビールを一本飲んでから速足で散歩をすれば差し引きゼロになるかもしれないが、家でテレビを観ていたのでは一五カロリーほどしか燃焼しない。もちろん、活動レベルや代謝率は個人差が非常に大きく全員に当てはまる数字は存在しないが、参考までにいえば一日あたり女性は二〇〇〇カロリー、男性は二五〇〇カロリーくらいの摂取でだいたい差し引きゼロになる。

ビールのカロリーは、一般にアルコール含有量に比例する。高アルコールビールは炭水化物も多い傾向があるからだ。ライトビールを作るにはアルコール度数を下げることでカロリーをおさえるが、そのためには仕込みのときの糖の量を調節しなければならない。つまり、バドワイザー55が低カロリーなのはスネークヴェノムよりアルコールが少ないからだなと考えるのは正しいが、細かくいうならビールのカロリーはアルコールのほかに炭水化物とタンパク質の量にも影響される。

分子の小さな糖は全部アルコールになるはずだから、ビールのカロリーにはほとんど影響しない。また、ホップの種類と量によってはさまざまな分子に加えタンパク質も入っているかもしれないが、これもカロリーとしては微々たるものだろう。

体内に入った炭水化物がその後どうなるかを理解するためには、わかっているけど口に出したくないあの話に触れないわけにはいかない——そう、肥満の話だ。米国疾病管理予防センター（ＣＤＣ）によれば、ボディマス指数（ＢＭＩ）が二五から二九・五までが太りぎみ、三〇を超えると太りすぎとされている。無単位量であるＢＭＩは、次の式をもちいて算出される比率である。

ＢＭＩ＝体重（キログラム）÷（身長（メートル）×身長（メートル））

疾病管理予防センターの主張によるとＢＭＩは体脂肪量をけっこううまく表せるというし、だれかが太りぎみ、あるいは太りすぎかどうか判定する基準となってもいる。しかし栄養学者の中には、ＢＭＩは肥満の尺度として最良ではないとして、代わりに腹囲を腰囲で割った値をもちいる人もいる。男性だと〇・九、女性なら〇・八くらいが適切で、ビール腹になるとこれが一・二から一・五にもなる。

これだけの余分な脂肪も、元をただせばカロリー量に由来する。たくさん飲んだエタノールを体が処理しているころ、炭水化物のカロリーにも別のことが起きている。ビールと同時に摂取した炭水化物のカロリーは日々の活動のためのエネルギー源として使われる。すぐには必要ないよぶんの炭水化物があると血中の糖が多すぎになるため、体は糖をとりこむためにインスリンという小さな分子を分泌する。このホルモンは炭水化物から脂質への変換にも影響を与える。その作用はリパーゼというタンパク質の

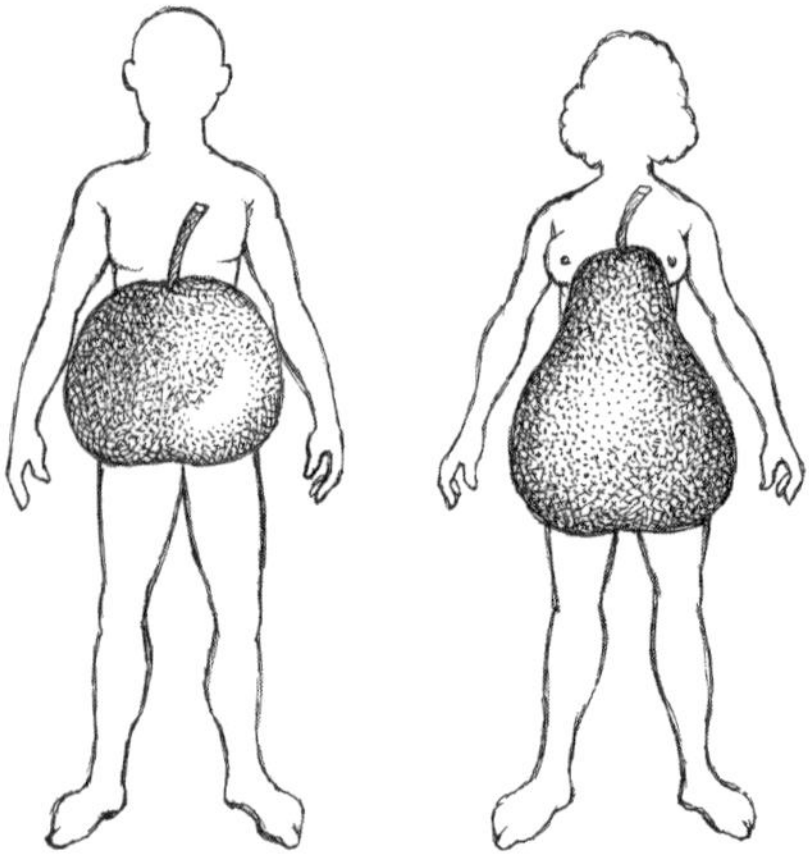

図 12.1　男性（りんご型）と女性（洋なし型）の脂肪のつき方。

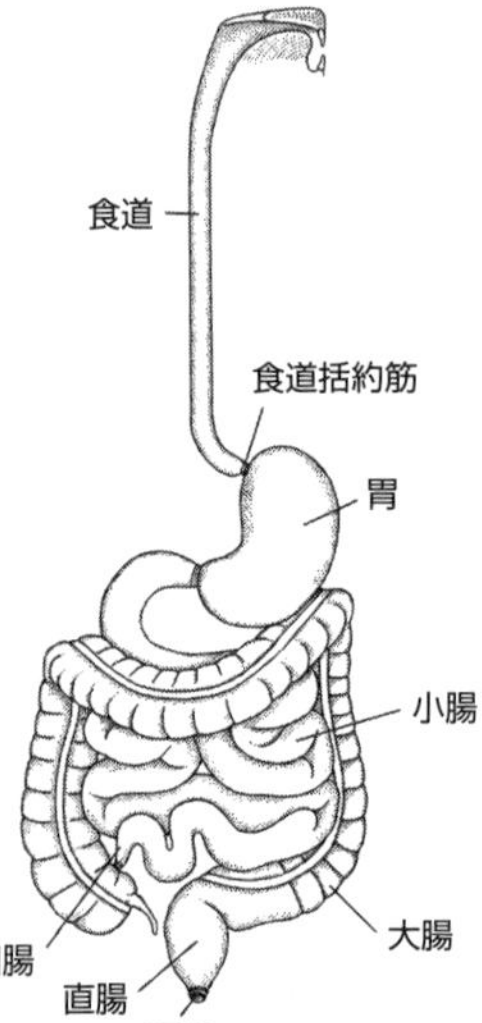

図 12.2　ヒトの消化管。

濃度を調節することだが、リパーゼは脂質の分子を脂肪酸にいったん分解し、この脂肪酸が体の特定部位の脂肪細胞に取りこまれることになる。

では、取りこまれる部位とはどこだろうか。脂肪細胞のありかは男性と女性でちがう。肥満すると男性は女性にくらべて丸く、女性は洋なし形になりがちなのはそのせいだ（図12・1）。脂肪細胞は逆境になると炭水化物を脂質に変換するが、脂質から炭水化物への変換にはエネルギーが十倍もかかるため、放出するより取りこむ方をはるかに好む。研究者の中には、インスリンのシステムがこのように進化したのは、断続的に飢餓が訪れる時代に自然淘汰がなされたためだと主張する人もいる。これをもとにしたのが、いわゆる倹約表現型という考え方だ。倹約型の人は脂質を効率よく蓄える生理的能力が高く、食べ物が豊富になると容易に肥満してしまう代わり、食料難のときには生き延びやすい。倹約型でない人は蓄えた脂質の消費が速く、痩せ型の人が多いが、飢餓状態にはなりやすいというのである。

ビールが口に入ると、その成分たちは回り道の多い体内の旅へ出発する（図12・2）。口を通過した飲み物は咽頭に入り、食道へと滑っていく。咽頭も食道も表面を覆う粘液は酵素を含んでいて、ビールの中のタンパク質や酵素を分解にかかるから、早くも消化はわずかとはいえ始まっていることになる。いっぽうエタノールは、消化器官では影響を受けずに素通りする分子の一つだ。ただし、口や咽頭の唾液腺に入りこむことはできるので、濃度が高ければ損傷を与えて唾液の分泌を妨げることがある。また、食道の粘液層に含まれる酵素のいくつかの害になる。

食道を踏破した末に到達するのが食道括約筋で、向こうには胃がある。正常に機能している括約筋は、胃の中身は閉じこめつつもビールは通す。ところがエタノールを大量に摂取することで括約筋のはたらきが鈍くなることがある。こうして胃から逆流した酸が食道に侵入するのがつらい胸焼けの原因だ。

めでたく胃に入ったビールは、何種類もの非常に強力な消化酵素と顔を合わせる。主役のペプシンのほか、塩酸などの小さな分子もそろっている。エタノールはこれらの分子に遭遇しても多くが無傷ですり抜けるが、ビールのその他の成分である炭水化物やタンパク質は分解される。エタノールの濃度がある程度以上高ければ、本来の胃の機能を妨害することもあるし、消化酵素の分泌を刺激しすぎて胃そのものまで傷つけかねない。このとき食べ物も同時に入っていればエタノール分子の一部がしみこむので、その分だけでも害をなすのを止められるし、血流に入るのも防ぐことができる。

このどろどろの混合物が次に向かうのは小腸で、内容物の成分が脂質の貯蔵に関係してくるのはここからだ。エタノールや炭水化物の小さな分子は小腸の壁を通過して血液に流れこむ。血中に炭水化物が存在することが引き金となって膵臓にインスリンを作らせ、もしかしたら脂質の貯蔵にいたるかもしれない作業の始まりとなる。ここで炭水化物をすぐに燃やしてしまわなかったら、体の脂肪細胞に脂質が蓄積していくことになる。

ウエストラインの出っ張り、いわゆるビール腹と縁の深い人は少なくない。その名前から、腹囲が大きくなるのはビールをはじめ、神様に捧げる液状のお供え物のせいだという思いこみに陥りやすい。実際、マドレン・シュッツェたちが、ビールを飲むと腹囲が大きくなる確率が一七パーセント高くなることを示している。しかし事情はそんな一対一対応で割り切れるものではなく、体重や腰囲だってからんでくるはずだ。結局はシュッツェらも、ビール腹は純粋に高カロリーの液体の消費のみによって引き起こされるものではないと結論した。運動も、カロリーの燃えやすさも関係しているし、人の身に起こることのほとんどがそうであるように、ビール腹にもこみ入った来歴があるものだ。

エタノールが小腸や大腸に及ぼす副作用に、筋力が低下して食物の通過が速まるというものがある。これでは下痢にもつながり、腸内の細菌叢《さいきんそう》も乱される。大腸が細菌でいっぱいであることは古くから知られていたが、最近になって腸内に住むさまざまな微生物の種類別の個体数を調べられるようになってみると、細菌叢はビール呑みかどうかで明らかにちがっていた。二〇一六年にグウェン・ファロニーたちは、千人を超える人々の便に残っていたＤＮＡから腸内微生物叢を調べた。ちょうど、テレビの刑事ドラマで犯人の身元を割り出すのと同じ要領だ。その結果、ビールを飲む頻度は腸内に住む微生物の種に大きく影響することがわかった。ただし、ビールによる変化が健康のためにプラスなのかマイナスなのかはまだわかっていない。

血流に入った分子は、消化器系のほかの内臓に運ばれ、さらに分解されて栄養源になったりエネルギー源になったりする。ビールに由来するエタノール、炭水化物、タンパク質の旅で最も活躍する内臓は二つ、肝臓と腎臓だ。腎臓の専門家であるマレー・エプスタインいわく、腎臓には安定した化学的環境が必要なのに、エタノールはそれを乱すという。腎臓は体の水分量のほか、ナトリウム、カリウム、カルシウム、リン酸など数種類の電解質を調節している。これらの電解質が乱れると、腎臓のシステムもひどく調子を崩しかねない。

さらに、過剰なエタノールは抗利尿ホルモンであるバソプレッシンにも害をなす。バソプレッシンの分泌が減ると、腎臓の尿細管に対して水を放出するよう命令が下り、腎臓の作る尿が薄くなる。尿が薄くなれば血中の電解質の濃度が上がるので、体は脱水を感知することになる。ビールの成分はほとんどが水なのに、同時に水を飲んだ方がいいのは、このようなわけなのだ。

いっぽう、肝臓は血液を濾し、有害物質をはじめ体にとって不要な分子をとり除く（図12・3）。このチェック作業を担うのが肝小葉《かんしょうよう》という単位で、ヒトの大人の肝臓はこれが五〇万個ほど集まっている。肝臓にはすみずみまで細管が張りめぐらされているため肝小葉は表面積が大きく、血液とたっぷり接触できる。この細管の壁をなす細胞には二種類ある。クッパー細胞が細菌など大型の有害物を処理するのに対し、肝臓の主戦力である肝細胞の仕事は多岐にわたり、たとえばコレステロールを合成し、ビタミンや炭水化物を蓄え、脂質を加工している。

ビールに関係のあるところだと、肝臓で最も重要な機能は血中のエタノールを代謝してとり除くことだろう。血中にエタノールが多ければ多いほど、肝臓の仕事は大変になる――そして、エタノールの一部がとり除けず、脳をはじめ他の臓器に届いてしまう確率も上がる。肝臓でのエタノール代謝はアルコール脱水素酵素（ADH）という酵素のはたらきに負っている（第1章を参照のこと）。エタノールがADHによって分解されると、アセトアルデヒドという分子と水素イオンになる。この水素はニコチンア

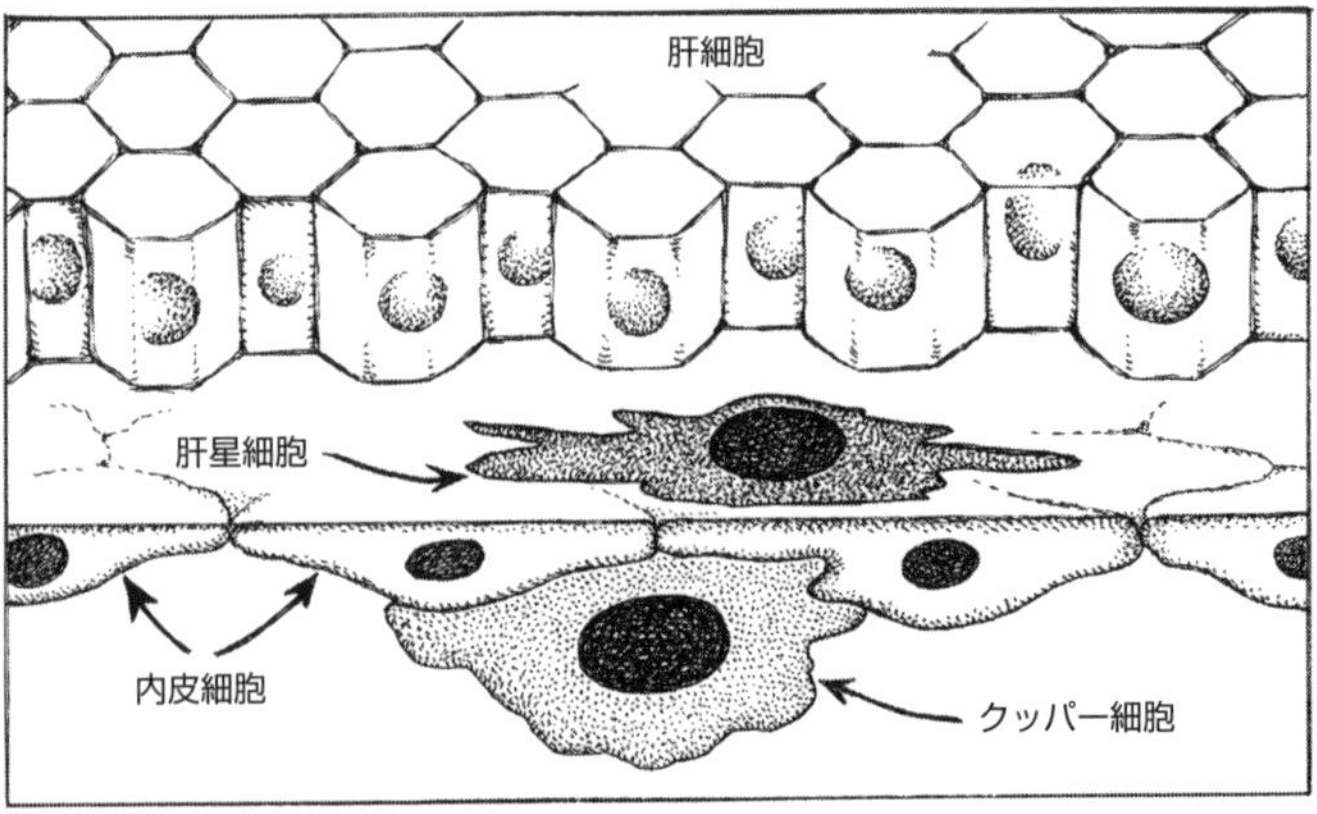

図12.3　肝臓の細胞の模式図。クッパー細胞は免疫細胞で、細菌などを除去する。肝臓を構成するのは肝細胞・肝星細胞・内皮細胞だが、そのうち肝細胞が肝臓の機能の大半を担っている。

ミドアデニンジヌクレオチド（NAD）という覚えにくい名前の分子が引き取って、NADHとなる。アセトアルデヒドは人体に有毒だから、急いで解体しなくてはならない。この反応にはアセトアルデヒド脱水素酵素（ALDH）という酵素が関与して、酢酸とNADHがもう一つできる（図12・4）。酢酸なら体に毒もないし、あちこちの臓器で炭素源として利用される。

第1章でも述べたように、ヒトの進化の歴史を考えれば、われらが祖先にとってはアルコールなどたいして摂取できなかった時期がほとんどだろう。となると、ADHやALDHもアルコール摂取に対応して進化したとは考えにくい。これら二種類の酵素はもともとビタミンA（別名レチノール）の代謝に重要だったのを、エタノール代謝に流用したのである。レチノールとエタノールは形が似ているために、この二つの酵素は両方に作用することができ、二重

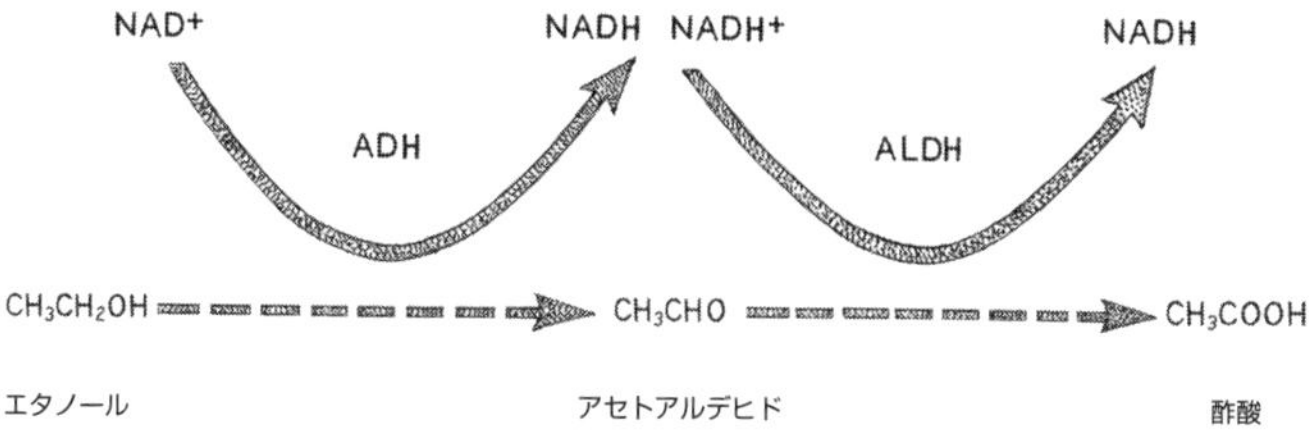

図12.4 ADHとALDHのはたらきにより肝臓でエタノールが分解される概略図。

の機能を新たに担うことになった。

肝細胞がエタノールを代謝する方法はもう一つある。シトクロムＰ４５０２Ｅ１（ＣＹＰ２Ｅ１）という酵素を使って酸化し、アセトアルデヒドにするのだ。この酵素は、正常な状態だと多くは作られない。ところが、長くエタノールに浸っていると肝臓は増産態勢に入る。困ったことに過剰なＣＹＰ２Ｅ１は肝硬変と関連する。これは正常に機能していた組織が瘢痕《はんこん》組織で置き換わっていく病気で、こうなると肝臓は萎縮し、肝細胞は死んでいく。マロリー体という小体でいっぱいになった肝臓は、全体が回復不可能な損傷を負うことになる――飲みすぎを戒めるのにこれ以上の根拠はない。

いっぽうアルコール依存症については、肝臓の二つの酵素が関与を疑われ徹底的な研究が行われてきた。その結果、複数のヒト個体群のあいだで、この二つを支配する遺伝子にはかなりの変異があることがわかった。ＡＬＤＨの変異型であるＡＬＤＨ２・２はアジア系の諸集団では高頻度でみられる（アジア人を先祖にもつ人々の四〇パーセントが持っている）。このＡＬＤＨ遺伝子が作るタンパク質は、アセトアルデヒドを分解して酢酸にする作業を効率よく行えない。前にも述べたとおりアセトアルデヒドは人体に毒性がある。だから、ＡＬＤＨ２・２変異型の持ち主がビールを飲むと、アセトアルデヒドが組織に蓄積していくことになる。その結果起きる生理的反応はたくさんあるが、外見でいちばんよくわかるのは顔が赤くなることだろう。当人も不快どころか苦痛さえ感じるため、アルコールを避けるようになる。

同様に、CYP2E1の遺伝子にもアルコール忌避につながる変異型がある。この遺伝子が作るタンパク質は脳の中で作用するが、この表現型の人はほんの少しのアルコールが体内に入るだけでほろ酔い加減になる。だから賢明な人は、ビールを最初の二杯で切り上げるのだ。

CYP2E1も変異型、ALDH2・2の遺伝子も持っている人々は、当然ながらあまりアルコール依存症にはならない。それ以外の人に関しては、依存症になりやすい要因のいずれをとっても、解明の手順は非常に複雑なものになりそうだ。この遺伝的基礎の謎を解こうと採用されたのが全ゲノム関連解析（GWAS）という方法で、これだとアルコール依存症になった人とならなかった人数百人分の全ゲノム配列を比較できる。GWASの背景にあるアイデアは、もしも調査対象に含まれた確認ずみの患者たちのゲノムになにか似通った変化があって、依存症ではない人たちの同じ部分とちがっていたなら、そのゲノム変化は病気と関連があるかもしれないというものだ。GWASについてはいささか論争が続いてもいるし、結果の解釈も慎重に行う必要がある。しかしわかったのは、アルコール依存症になりやすい傾向を支配する遺伝子はたくさんあるうえに、環境的要素も強いらしいということだった。つまり、この病気の遺伝的基礎をはっきり見分けることは、この先もずっとできない可能性がある。確実なのは、アルコール依存症の遺伝的原因は当分謎だということだ。となると実際問題としては、全員が心しておくほかはないだろう。

13
ビールと脳
Beer and the Brain

われわれは今、スペイン産ビール、エルボケロンの六本パックを前に、果敢な実験に挑もうとしている。二日酔いにならないビールを造れるという仮説を検証するためだ。ラベルには「cerveza con agua de mar（海水で造ったビール）」と鮮やかに刷られている。これは、水に塩が含まれていれば二日酔いの主原因である脱水が防げるだろうという発想に基づいている。肝腎のビールはアルコール度数が体積比四・八パーセントと軽めで、嗅いでも口に含んでもややホップを感じ、飲み口はさっぱり。六本パックはすぐになくなり、翌朝はなんの不調もなかったことを謹んで報告する。とはいえ、あと六本飲んでいたらどうだったかはわからない。

二日酔いを防ぐというふれこみのビールはほかにも、アムステルダムのデ・プラエル醸造所に行けば樽から注いでもらって飲める。こちらは（塩も含め）ビールには珍しい材料がいろいろ使われている。生姜、ビタミンB12、それに柳の樹皮。いずれも理論上は二日酔いの症状を防ぐ機能があるが、効果のほどは科学的な検証でプラシーボ効果を差し引かなくてはわからない。よし、次はこれをやってみるとしよう。

エルボケロンの二日酔い予防ビールのアルコール度数はおよそ五パーセントだから、純粋なアルコールはひと瓶あたりティースプーンに四杯入っていることになる。ビールとしてはいたってふつうの量だ。飲んだビールは、消化器系によって大半が利用可能な単位にまで細かく分解される。そのあいだにアルコールもいくつもの内臓を通過するが、それでもいくらかは手つかずのまま血管までたどり着いてしまう。生き残りのアルコール分子は血流に乗って、およそ血管の巡っているところならどこへでも運ばれ、脳にも届く。脳には静脈も動脈も複雑に入りこんでいるから、アルコールもかなりの部位に到達するだろう。

ティースプーン四杯のうち、どのくらいの比率が血液に入って、脳にも届く可能性が出てくるかは多くの要因で変わってくる。その人の行動も関係するし、遺伝子構成にもよる。飲んだのが食後なら、アルコールの一部が料理の細片に吸収されるので、循環系に到達する量は減る。遺伝的に分解酵素が弱いタイプだったら、届くアルコールは増える。いずれにせよ、効果はけっこうすぐ現れる。最初の一本が空いたくらいだと、血中アルコール濃度はたとえば〇・〇二パーセント前後かもしれない。やや気持ちよくなるレベルである。さて、この気持ちよさがどこから来るかを理解するには、脳について少し知っておく必要がある。

ヒトは平均的な哺乳類よりはアルコールへの耐性が高いものの、体も脳も、大量のアルコールにさらされるように設計されてはいない（第1章を思い出してほしい）。だからたいていの人にとって、体積比で度数四・八のビール六缶はかなり多い。アルコールに関するかぎり人間の生理機能の仕事はなんといっても分解と排出なのだから、私たちがビールで——いや、どんなアルコール飲料でも——酩酊するのは、煎じつめればアルコールが分解システムを出し抜いた結果だ。

ひとたびアルコールが脳へ届いてしまえば、分子は血管のあるところならほぼどこへでも行ける。そして、飲めば飲むほど体による処理は遅くなっていくから、血中アルコール濃度が上がるにつれて脳に到達する量も多くなる。

ヒトの脳は驚くべき器官で、もっと単純な形から何億年もかけて進化してきた。そして、進化とは決して工学的に完璧な解決策を目指して進むものではないと強調しておかなくてはならないが、それでも脳の機能を解説するうえでは工学の比喩が二つばかり役にたってくれる。

そもそも、脳が体をうまく管理するために解決すべき問題は二つある。一つは全身のさまざまな部位どうしの連絡、もう一つは体の組織を作っている細胞どうしの連絡である。自然は第一の問題を解決するのに、神経系をそなえつけた。私たちの住む家でいえば電気回路にも似た長い電線のような神経で、末梢の器官から脳までをつないだのである。神経は化学信号と電気信号の両方を使い、隣の神経細胞が刺激を受けたら反対の隣を刺激するという方法で、脳とそれ以外の器官とのあいだを取り持つことになった。

ヒトの脳は平均一三〇〇グラムほどあり、手のひらに乗せればゼリーのような感触で、指のあいだから少しはみ出しそうになるだろう。いっぽう、表面には折り目やしわも目につくはずだ。脳のいちばん外の層は、分厚い布を頭蓋骨に収めるためくしゃくしゃに丸めた状態に似ている。こうして、折れ曲がった布の外に面した部分に相当する脳回《のうかい》と、たたまれて隠れている脳溝《のうこう》ができる。丸めた布の細胞は相互に接続しているため、アルコールの分子にとっては狙いやすい相手になる。

三本目を空けるころには血中アルコール濃度は〇・〇五パーセントにもなり、分子が脳の奥深くに侵入してきて、みなさんは上機嫌になっているころだろう。アメリカのほとんどの州で法律上の酩酊状態と定められた〇・〇八パーセントの半分を超えている。

ヒトの脳を理解する最もおおざっぱなやり方は、皮質を大きくいくつかに分けて考えようというもの

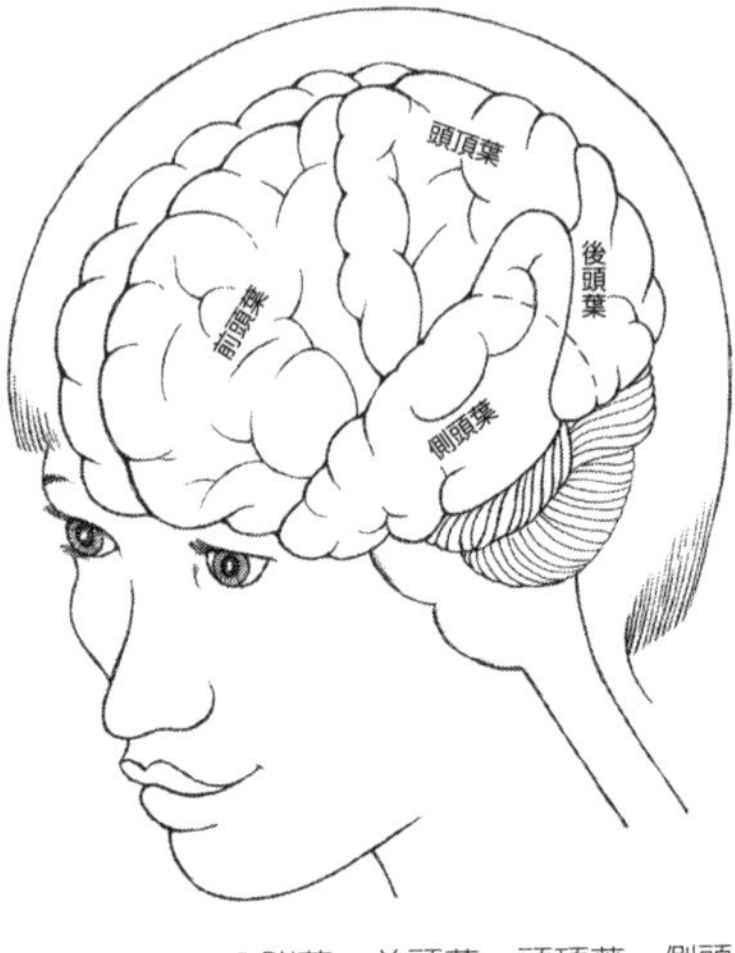

図 13.1　4つの脳葉。前頭葉、頭頂葉、側頭葉、後頭葉。

だ。皮質は脳の表面の部分で、頭のてっぺんから左右両サイドと、前後も両サイドと同じくらいの高さまで広がる。盛んに宣伝される脳の左半分と右半分の違いは、実はあまり裏づけがとれなかったが、なかには本当にちがう点もある。たとえば発話や言語理解の中心はほぼ常に脳の左半分にある。ただしビールが及ぼす影響を知るうえでは、この点はあまり関係がない。アルコールは右も左も考えず、両方に同じように侵入していくからである。

ここで左右などより大事なのは、脳の表層は右も左もさらに四つに分かれることである（図13・1）。四つずつだから合計八つの「葉《よう》」に分かれ、それぞれがアルコールの影響を受ける。頭の前面、ちょうど額の下に広がる部分が前頭葉、そのすぐ後ろが左右の頭頂葉、その下に側頭葉がある。最後に後頭葉が脳の真後ろに位置している。これら四種類の区画の果たす役割は多岐にわたるし、その中でもさらに細分化されている。そうはいってもおのおのの葉に主要な役割だけでも知っていれば、ビールの影響を理解するには役にたつだろう。

前頭葉は意識的な決断が行われる場所だ。頭頂葉には、外界を感じ、反応するのに欠かせない感覚と運動を司る部分がある。発見者であるパウル・ブローカとカール・ヴェルニッケの名前にちなんで名づけられた二つの重要な部位は、（たいていの人では）左の側頭葉にあり、ブローカ野は発話、ヴェルニッケ野は言語の理解を担当する。最後に、頭の後ろにある後頭葉は視覚処理と反応を担っている。そして、これらすべての細胞が、飲んだビールに由来するアルコールの分子にさらされる。

四種類の葉はどれも、何十億個もの神経細胞でできている。神経細胞は互いにつながって、情報が伝わる経路を作る。隣りあった神経細胞どうしは、シナプスという連結部を介してやりとりをする。シナプスを介して信号を伝えるのは活動電位といって、神経細胞から神経細胞へと順序よく進んでいく電荷の一種だ（図13・2）。このような電気信号は脳の内部をかけめぐるばかりでなく、外にも流れだして全身のさまざまな部位に指令を伝え、体からの情報も持ち帰ってくる（第11章で述べたとおりだ）。そして脳の内部では外界についての洞察をかたちづくり、意識があるという漠然とした感覚を生み出す――

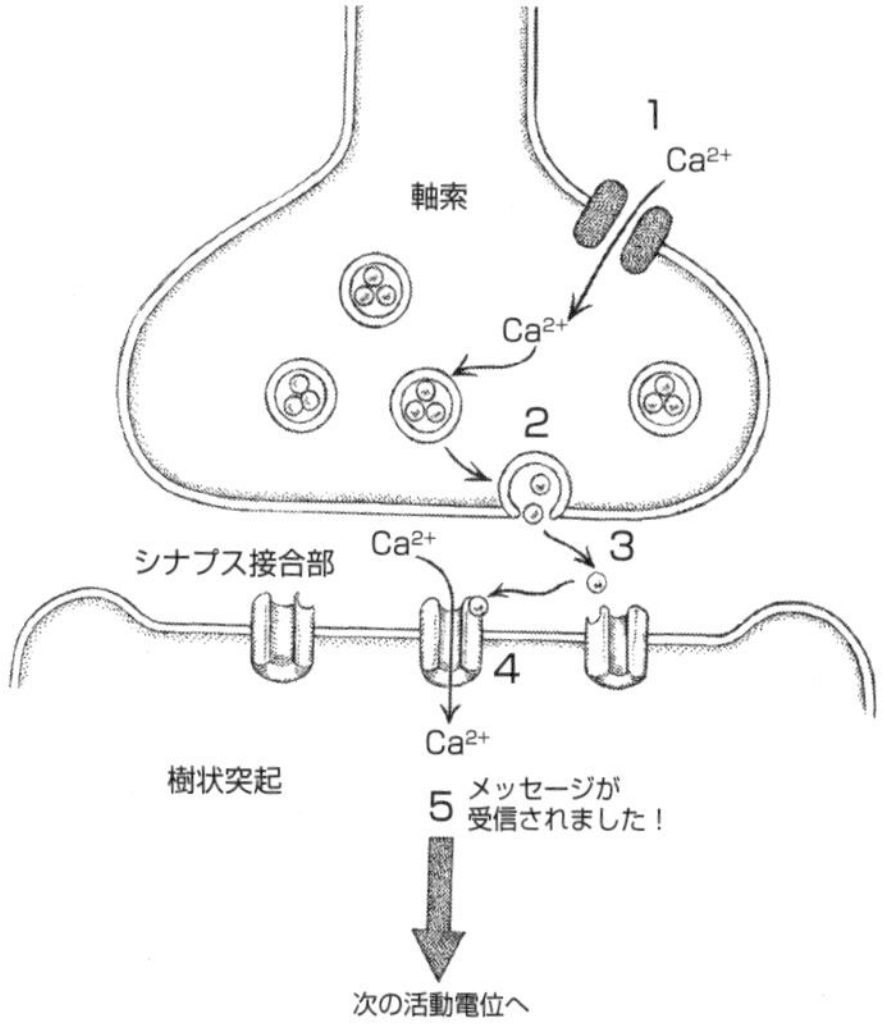

図13.2　シナプスのしくみ概観図。シナプス前細胞の軸索末端とシナプス後細胞の樹状突起がシナプス接合部をへだてて隣りあっている。(1) シナプス前終末の細胞膜には全体にイオンチャネルが分布しており、カルシウムなどのイオンが通過することで細胞内のイオン濃度が上がる。(2) それが合図となって今度は細胞から小さなペプチド（神経ペプチド）が放出される。(3) 放出された神経ペプチドがシナプス接合部を移動し、(4) 樹状突起の膜に埋めこまれた神経受容体と反応する。神経ペプチドが受容体と結合するとイオンチャネルが開き、カルシウムなどのイオンがより多く樹状突起に流入する。(5) イオンが増えることで電気信号が発生し、樹状突起を伝わって次の神経細胞へ向かう。

こんな離れ業がどうやってできるのか、だれにもわかってはいないのだが。

脳の構造を考えるもうひとつの発想は、組織の色への注目だ。有名な白（白質）と灰色の脳細胞（灰白質）である。白質は神経細胞の軸索とよばれる部分が何十億も集まってできている。軸索はちょうど電線の被覆のように絶縁されていて、その束が大脳の内側の層を走る。

表面の灰白質も何十億個ものの細胞でできているが、細胞体からは樹状突起がいくつもとび出し、細胞のまとまり方は白質よりもこみ入っている。樹状突起はシナプスを介して白質の軸索ともつながるいっぽう、細胞体どうしでも無限と思えるほどのつながり方だ。灰白質内部でのつながりは、感覚神経が伝えてきた外界に関するデータを脳で処理するのに必須だし、運動反応や記憶、情動反応をはじめとする高次の機能にも欠かせない。こうした活動はすべて神経が運ぶ信号の速さに依存しているが、アルコール分子はこのスピードに大きく障る可能性がある。

脳のとらえ方の三つめは、進化の視点だ。この場合、脳全体を中心から外へ向かって、三つの部分に分けて考える。それぞれ、古皮質（俗にいう爬虫類脳）、辺縁系、新皮質と呼ぶが、進化するに従ってこの順に獲得された。最深部に埋まっている爬虫類脳には、感覚と運動を処理するとともに基本的な動作を制御する小脳、生存に必要な身体機能を司る脳幹が含まれる。辺縁系は爬虫類脳を包むように重なり、海馬や視床、扁桃体など、情動にも高次の脳機能にも重要な小さい器官がいくつも集まって構成されている。ここには脳の中で報酬を司る中心もあり、アルコールから多大な影響を受ける。最後にいちばん外側が皮質で、高度な推論が行われる場所だ。

脳の細胞はすごい量の栄養を必要とする（一・五キログラムの脳が、体重一〇〇キロの人間の消費エネルギーの最大二五パーセントも消費することがある）。脳の新旧三層すべての神経細胞にこれだけの栄養を届けるのは入りくんだ網のような血管だが、この血管は実に効率よく酸素も運び、ついでにアルコールも運ぶ。四本目を飲んでいるうちに、血中アルコール濃度は〇・〇六五パーセント前後になることだろう。アメリカで法律上の酩酊とされる濃度にかなり近づいている。ではここで、アルコールという小さな分子が、雄弁で知られたローマのセネカ呼ぶところの「voluntaria insania（すすんで陥る狂気）」をどのように作りだすのかを見ていこう。

大量の神経細胞が互いに情報をやりとりしているところを想像してほしい。脳の深部から表層へ、ある葉から別の葉へ、表面の灰白質からその下の白質へ、左側から右側へ、脳のずっと離れたところから辺縁系へ、そしてさまざまな固有のタスクに特化した神経細胞群（神経核）どうしのあいだで通信が行われている。これらの細胞はおよそ一千億個あり、細胞一個は別の細胞とのあいだに多ければ一万五千か所以上の接合部を作る力がある。そのため、平均的な脳には接合部がだいたい百兆か所くらいあることになる。年齢（加齢とともにシナプスは減る）や性別（女性は男性より少ない）による差はあるにせよ、いずれにしても驚異的な数で、銀河系の恒星の数（たったの四千億個）をはるかにしのぐ。

脳においても末梢神経系においても、シナプスは一つの細胞から隣の細胞へ信号を手渡し、それにより信号の形に変換された情報が脳へ届くことも、脳から出ていくことも、脳の中でやりとりされることも可能になる。この信号の受け渡しの制御ができないと、人間は電気的大混乱に陥るだろう。信号をきちんと制御するためにはシナプスがきちんと機能していなくてはならないが、アルコールはこの部分に多大な影響を及ぼしかねない。

細胞どうしが通信する方法の主力は分子間相互作用によるもので、活動電位の伝達にはイオンが使われる。最もよく登場するのはナトリウムイオン（Na^+）とカルシウムイオン（Ca^{2+}）だ。これがもし、活動電位が二枚の細胞膜を通過して、細胞から細胞へ直接飛び移れたら、ことは簡単だっただろう。ところが残念、シナプスはそのように単純で簡単な方法を進化させてはこなかった。現実には、信号を伝えるシナプス前細胞の中に神経伝達物質という小さな分子が詰まったシナプス小胞があり、信号を受けとるシナプス後細胞の膜には小さなタンパク質が何百、何千と刺さっている（図13・2）。刺さっているタンパク質分子の一部は、電荷を帯びたイオンが通過できるイオンチャネルという小さな穴を作り、残りはさまざまな神経伝達物質の分子と結合するため特別な構造をしている。

イオンチャネルはふだんは閉じている。ところが、たとえば感覚器官（舌、目、鼻、その他）など外部からの信号が届くと、シナプス前細胞のイオン濃度が上がる。イオンが臨界濃度に達すると、シナプス小胞がシナプスに接近して破裂し、神経伝達物質を二つの細胞のすき間に放出する。外に出た神経伝達物質は受容体分子と結合し、結合した受容体がイオンチャネルの穴を開かせてイオンが通れるようになる。

こうして流入したイオンが蓄積することで、新たにシナプス後細胞に活動電位が発生する。いっぽう、イオンチャネルのタンパク質と結びついていた神経伝達物質が離れると、シナプス前細胞に戻って再取り込みされるので、同じプロセスを一からくり返すことができる。

さて、いまやアルコール濃度は〇・〇八一パーセントまで上がり、ビール五本分のアルコールはシナプス領域に入りこんで、手のこんだいたずらを始めている。そんなアルコール分子も、最初はほんのり気持ちよくさせるだけだった。それが飲みつづけるうちおかしな多幸感に変わり、ついには体の動きがうまくいかなくなってきた。いったい何が起きているのだろうか。

まず、活動電位の制御にはさまざまな神経伝達物質が欠かせない。神経伝達物質の種類は五十以上もあって、それぞれに専用の受容体がある。シナプスのすき間にどの神経伝達物質が放出されるかによって、それに応じた特定の反応が起きる。

数ある神経伝達物質のうちのいくつかは興奮性に分類され、脳や神経系のシナプスの活動を促進する。これらは活動電位の発火を強化するため、脳を刺激する作用がある。反対に抑制性といわれる神経伝達物質は活動電位を妨げるため、シナプスの発火は遅く、反応が鈍くなる。また、一度使われた神経伝達物質が再取り込みされる比率もいろいろで、それによってもシナプスの発火する割合は変わってくる。

ビールは複雑な飲み物だから、脳に微妙な影響を与える成分もないとはいえない。平均してビールの九五パーセントは水だ。アルコールもいろいろな濃度で含まれる。濾過していない品なら酵母が入っているし、細菌も多少はあるかもしれない。醸造の副産物であるフェノール類、α酸（フムロン）、β酸（ルプロン）、色素分子、ほかにも発酵により多くの物質が発生する。アルコール以外にも、こうした化合物がはるばる脳までたどり着き、なにかしら影響を与えないともかぎらない。

そうはいっても、やはり圧倒的なのはアルコールだ。だからまずは、この小さな分子が脳全体の中でどうふるまうのかから見ていこう。

アルコールの影響を受ける神経伝達物質の一つにグルタミン酸がある。この小さな分子は興奮性の神経伝達物質で、ふだんならシナプスの活動を促進し、脳のエネルギーレベルを上げている。シナプス部分でのアルコール量があるレベルを超えると、シナプス前細胞で放出されるグルタミン酸が減り、シナプスの発火は遅くなる。それにつれて脳の下位組織どうしの通信も遅くなるので、複数箇所で協調して行う作業がうまくいかなくなる。

抑制系の側に目を移すと、アルコールはγ－アミノ酪酸（GABA《ギャバ》）という非常に重要な神経伝達物質の活動を促進する。GABAは活動電位を抑制する物質で、シナプスのスピードを落とす。表面的な話だけ聞くとアルプラゾラム（商品名Xanax）やジアゼパム（商品名Valium）など一部の鎮静剤の作用と似ているようだが、アルコールでは効き方がちがうことがわかっている。この二つの鎮静剤はGABAの分泌を増やすが、アルコールはシナプスに対するGABAの効力を高める。

アルコールはトータルでいえば抑制剤だ。だから傾向としては、人は酔うと眠ってしまう。ところが意外にも、アルコールは興奮作用も併せもつ。これには辺縁系（図13・3）の中にある報酬の中枢が関係している。まず、アルコールはドーパミンという神経伝達物質の放出を増やす。ドーパミンは楽しい活動の最中に濃度が上がる物質で、同じ活動をもっとくり返したくなる作用がある。それが増えるのだから報酬の中枢はだまされて、もっと飲みたくなる――実際には、もっと飲むと気分が沈んでしまうのに。まさにジレンマだ。飲むとドーパミンが増えるからお代わりするのに、その一杯を飲めば神経系は今の落ちこんだ気持ちを強めてしまう。

この話を知ったからには、その六本めはそろそろテーブルに置いた方がいいかもしれない。血中アルコール濃度は多ければ〇・〇九三にもなるころで、法的に酩酊と認められるレベルをゆうに超える。ビールが人間の神経系に及ぼす影響のかずかずを採点するには、ちょうどいいころ合いだろう。

六缶パックを残らず飲むと、ほとんどの人が眠くなり、頭の回転が鈍くなったことを自覚する。言葉は雑になるし、不適切発言が出るかもしれない。抑制がきかなくなるのは、脳内のアルコール濃度が上がって、意思決定や行動の調整を担う前頭前皮質を侵しはじめたせいだ。シナプスではGABAの作用が強化され、グルタミン酸の受け取りは減るのだから前頭前皮質の神経細胞だって発火は遅れる。そうそう、例のドーパミン放出のせいで次なる六缶に誘惑される可能性も忘れてはいけない。それでも危うくグラスを倒しかけたおかげで思い直す人もいるだろう。小脳まで侵されて、協調運動に支障が出ていると悟ったのだ。小脳だけではない。内耳の平衡器官もアルコール分子をたっぷり浴びて機能不全を起こし、部屋が回っているぞと思うかもしれない。

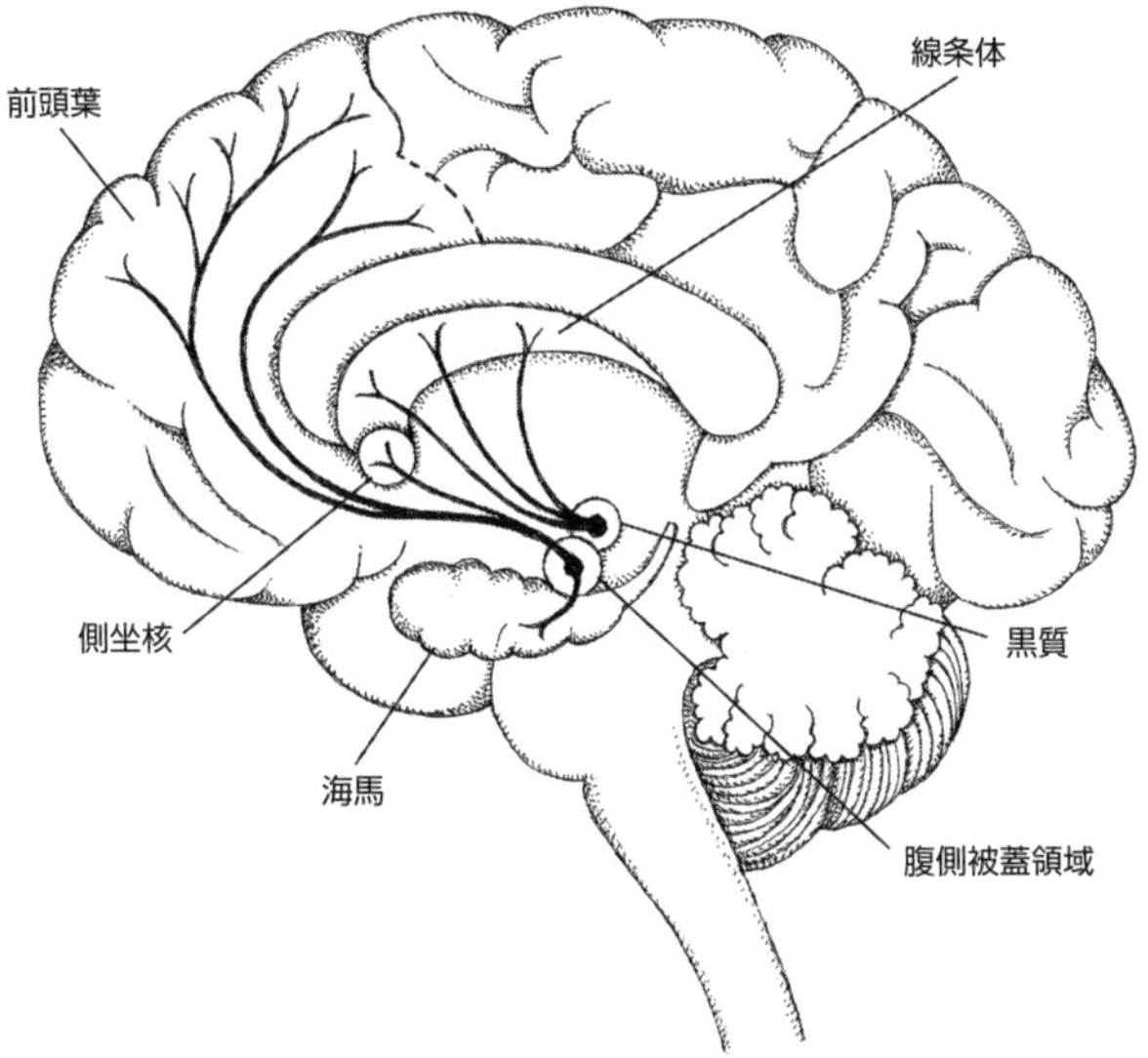

図 13.3　脳の報酬中枢。脳の報酬システムの中心は線条体で、図に示したように、前頭葉（意思決定を行うところ）、側坐核、海馬（記憶を調節するところ）など、ほかのいくつかの部位と相互に影響しあっている。

そうしてなんだか疲れたのを感じ、家に帰ろうと思う人も出てくる。この決定をもたらしたのはおもに、アルコールが基本的には抑制剤であること、そして脳の全体で、しかしとりわけ脳幹でグルタミン酸やGABAの受容が影響されたことだろう。脳幹はこれに反応して、呼吸も含め多くの身体機能のテンポを落とす。眠いぞという信号が発せられるのも、脳幹が影響を受けたせいだ。

ところが、先ほどのドーパミンがまだある程度以上残っていたら、かまわずあと六本いっちゃおうぜと思う人もいるだろう。こうなると、本章の冒頭で出てきた二日酔いの危険に身をさらすことになる。二日酔いとは惨めなもので、原因はエルボケロンの醸造職人を苦しめた脱水だけではなく、脳の血管の拡張によっても起こる。アルコールは体の代謝を鈍らせる傾向があるからである。

次の六本をがまんできたからといって、恐怖の二日酔いを避けられる保証はない。アルコールは脳の付け根に位置する脳下垂体にも打撃を与える。小さなこぶのように飛び出したこの器官の仕事は各種のホルモンを作ることで、作られたホルモンは体が正しく機能するよう、ありとあらゆる統制の役割を果たしている。アルコールが過剰になると、脳下垂体はバソプレッシンという抗利尿ホルモンを作るのをやめてしまう。バソプレッシンは腎臓に仕事を指示するホルモンなので、これが止まるのは腎臓にとって、出た水分はそのまま膀胱に流してよろしいという合図になり、体のほかの部分に水分が回らなくなる。こうして膀胱はすぐ満タンになり、何度もトイレへ走らなくてはならないが、そのくせ膀胱を除く全身では使える水が足りないため多くの弊害が起きる。いまや水は大変な貴重品だから、すべての臓器がよその都合などかまわず水をかき集める。脳は水の調達が得意ではないので、非情な奪いあいではいちばんの被害者になる。脱水で脳が縮むと、頭蓋骨の裏側とのあいだの結合組織や膜が引っぱられる。二日酔いの頭痛は、このしつこい引っぱりによるものだ。二日酔いにならないビールをという壮大な夢を追う人が後を絶たないのも納得がいこう。

PART IV FOUR

ビール造りのフロンティア今昔

Frontiers, Old and New

14
ビールの系統樹
Beer Phylogeny

われわれがビールの系統樹を描き終えるのを今か今かと待ち受けていたのはブレットピート・デイドリームだった。このイタリアの美酒には、驚くべきことに、ビール界を構成する三大分類群すべてが混ざり合わされている。なで肩の褐色ボトルの中身は、ピーティッドモルトを使ったベルギーのバーレーワイン風エール、スコッチウイスキー樽でじっくり寝かせたラオホのメルツェン、そして〝ブレット〟ビールと呼ばれる野生酵母で醸したサワーエールというありえない組み合わせのブレンドだ。大きめのキャップには「白昼夢」と銘打たれている。グラスに注ぐと泡がすぐに消えるのはブレットビールにはありがちなこと。そして、にごりが入った濃厚な黄色い白昼夢からは、フランスのカンタルチーズとピートそしてもちろんブレタノミセス属（*Brettanomyces*）野生酵母の馥郁《ふくいく》たる香りが混じり合いながら立ちのぼる。その味わいには得も言われぬブレット的な不協和音が響き、われわれを魅了する。これはどうみても万人向けのビールではない。しかし、一度呑めば忘れられないことも確かだ。

人間の心にはものごとを結びつけようとする生まれながらの性向がある。みなさん、ビールのみごとな系統樹をあしらったTシャツやポスターをどこかでご覧になっているだろう。私たちのお気に入りのひとつはポップチャートラボ・コム（popchartlab.com）ウェブサイトにあるポスターだ〔https://popchart.co/products/the-very-many-varieties-of-beer〕。このポスターはビールの祖先と子孫のつながりを示す真の系図だが、枝の交差がいくつかあるために、樹形のツリーというよりはむしろ網状のネットワークに見える。このチャートに載っている六五銘柄のエールと三〇以上の銘柄のラガーはビール界を二分する大きな「族（ファミリー）」である。しかし、エールとラガーを結びつける一本の枝は、このダイアグラムには明示されていない全ビールの「共通祖先」の存在を示している。また、チャートに描かれているビールの交雑関係（cousin-connection）はとても興味深い。たとえば、ケルシュ、クリームエール、アルトビアー、カリフォルニアコモン、そしてバルティックポーターはすべてエールとラガーの特徴を併せもっている。

ベアリングスガイド・コム（bearingsguide.com）に掲載されているもう一枚のチャートを見てみよう〔https://thehoppyending.wordpress.com/know-your-beer-styles/〕。この図には四五銘柄のエールと二五銘柄のラガーがある。先のポップチャートラボ・コムのポスターと同じく、このチャートにも交雑関係が図示されている。しかし、その数は少なくて、クリームエールとバルティックポーターの二銘柄のみがラガーとエールにはさまれて所属不明なだけだ。ほかのビール系統樹では、クレイトスタイル・コム（cratestyle.com）のように、ビール銘柄の「交雑（hybrid）」関係は示されていない〔https://cratestyle.com/products/beer-diagram-poster〕。また別のビール系統樹はもっと単純化されていて、ＩＰＡとかスタウトなど主要な分類群を図示するにとどまっている。そのような例としては、ウィキメディア・コモンズ（https://commons.wikimedia.org/wiki/File:Beer_types_diagram.svg）とマイクロブルワリーＵＳＡ（MicroBrews

USA, https://microbrewsusa.wordpress.com/2013/07/17/beer-family-tree/）が挙げられる。これらのビール系統樹では、ラガーとエールを結びつけることさえせず、ビールの類縁関係をおおざっぱに示しているにすぎない。私たちの同僚の進化生物学者ダン・グラウアーは、エールとラガーとの交雑を含まない樹形ダイアグラムがお気に入りだ（https://twitter.com/DanGraur/status/642028902982901760）。

ここに挙げたビール系統樹はいずれも装飾を凝らしたダイアグラムだが、それらに言及したのには理由がある。ビール類縁関係の視覚的表示であるポスターの製作は私たちの専門分野からみてとても関心を惹くのだ。かれこれ七十年にわたって古代人・キツネザル・ミバエ・細菌・植物などの生物の類縁関係について研究を進めてきた私たちにとって、これらのポスターからは、系統解析の美しさを感じると同時に、専門分野にも通じるやっかいな問題が浮かびあがる。

体系学者たちは、生物圏を形づくる生き物を分類し、それらのあいだの類縁関係を究明してきた。彼らにとって、系統樹（進化樹）はこの類縁関係を表現するための常用の手段だった。最初の系統樹と目されるものは、フランスの博物学者ジャン＝バティスト・ピエール・アントワーヌ・ド・モネ・シュヴァリエ・ド・ラマルクが一八〇九年に出版した（図14・1）。ラマルクは、生命は時間とともに変化すると考えた最初の科学者でもあったので、現代では避けるはずのことをしたとしても意外ではないだろう。つまり、彼は現生の生物を系統樹の分岐点（祖先）に配置し、現在いる生物が他の生物に変化していくと示唆した。同じことがビールのポスター全部に当てはまる。しかし、系図としては通用しても、進化樹としては問題がある。なぜなら、進化樹における祖先とはあくまでも仮想的であり、運がよければ化石として発掘されるにすぎない存在だからである。

一八三六年、チャールズ・ダーウィンは自分用につけていたノートの中で、有名な「『私はこう考える（I think）』系統樹」についての考察を進めた（図14・1）。彼の系統樹は、仮想的な分類群（生物）を一貫してもちいることで、進化過程をダイアグラム的に表現している。正確に言えば、系統樹の末端点には現生の生物が配置され、分岐点そのものには祖先が入る。ダーウィンは一八五九年に出版した『種の起源』では、系統樹の概念について祖先子孫関係を明示するダイアグラムであると規定した。「大いなる生命の樹（the Great Tree of Life）」という詩的な表現を造語したのはほかならぬ彼である。

生物進化の研究を振り返ると、系統樹はこれまでずっともちいられてきた。系統樹が進化生物学にとっておおいに役だってきた理由は、生物間の近縁関係を図示できるとか、進化史の中に祖先を位置づけられるなどいくつも挙げられる。そこで、少なくともビール愛好者にとって、ビールの多様性は生命そのものの多様性にも匹敵するすばらしい多様性を呈しているのだから、ビールの進化も体系学的手法をもちいて調べてみる価値はあると私たちは思いついた。もちろん、ビールは生物と同じように進化するわけではない。しかし、ビールのような文化構築物であっても、生物ときわめてよく似たパターンが進化によって生み出されるにちがいないだろう。実際、言語学では長年にわたって系統樹をもち

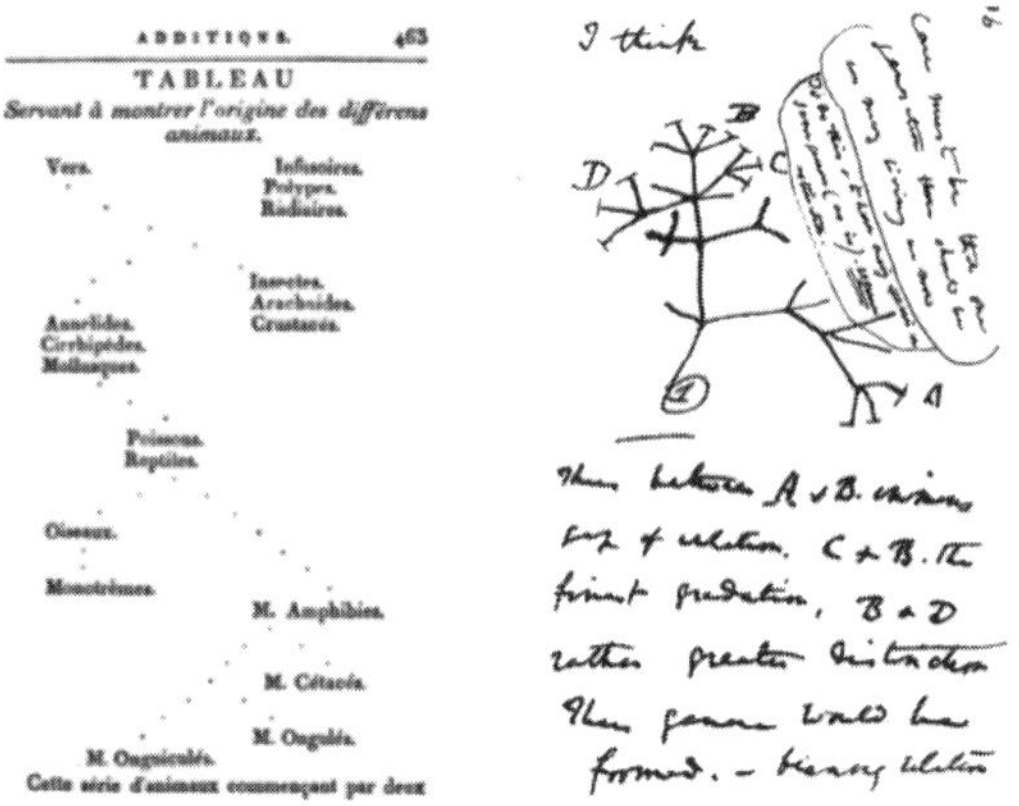

図 14.1 ［左］ラマルクが 1809 年に発表した「系統樹」。この系統樹の分岐点に位置する「両生類（M. Amphibies）」は「鯨類（M. Cétacés）」と「魚類・爬虫類（Poissons, Reptiles）」を結ぶ移行形態とみなされている。［右］ダーウィンが描いた「『私はこう考える』系統樹」では、系統樹の末端点の分類群は現生であるのに対し、分岐点には祖先が位置することを明白に示している。

いて言語間の類縁関係を表示してきたし、生物学者が開発した技法にごく近い系統解析法が使われることもよくある。

ポスターやTシャツで私たちが見るビール系統樹は、ビールという飲み物に関する膨大な知見に基づいて描かれている。この点で、ビール系統学は半世紀前の生物系統学が置かれていた状況ととてもよく似ている。当時の生物体系学の専門家は長年にわたる熟練をふまえて直感的に系統樹を構築するのが常だった。しかし、そういう状況は長続きしなかった。一九六〇年代に入ると新しい世代の体系学者たちが従来のやり方は科学的ではないと批判し、直感ではなく実際のデータに基づく系統推定法が必要だと主張したのだ。彼らはより客観的な系統推定法の構築を目指していった。

一九六〇年代は社会全体が大きく揺れ動いた時代だった。生物体系学界もまたその例外ではなく、内部抗争がくり返され怒号が飛び交う年月が続いた。その論争の中から大きく分けて三つの系統樹構築法が生まれ、それらは現在もなおもちいられている。

第一の方法は複数の属性に関して生物が互いにどれくらい類似しているかだけに注目し、それらの類似度を合計して系統樹を構築する。研究対象である生物種対の差異度（類似度の裏返し）を計算し、どの対の差異度が最も小さいかを探す。そうして最小の差異度をもつ対を系統樹上のひとつの群にまとめる。次に、最初の群に対して二番目に小さな差異度をもつ種を探し、最初の群に近縁な種としてさらに大きな群を構成する。以下、この手順を繰り返して系統樹全体を構築する。このようなやり方は距離法（distance methods）と呼ばれ、種に関する情報のすべてを単一の類似度（すなわち距離）に集約するという点で、次に説明する二つの手法とは異なっている。

残る二つの系統推定法はどちらも、分析対象である生物のもつ異なる情報（形質あるいは形質状態とよばれる）を利用し、それぞれの形質が支持する進化仮説がどれくらいすぐれているかを評価する。この二つの方法は系統樹の樹形（トポロジー）の探索を目指し、対象種群のあらゆる可能な樹形に対して形質がどれくらいうまく当てはまるかを調べる。一つめの最節約法（maximum parsimony method）では、もちいられたすべての形質に対して最もよく当てはまる系統樹が最も単純な樹形として選ばれ、データに対する最良の説明仮説とみなされる。二つめの最尤法《さいゆうほう》（maximum likelihood method）もまた形質ごとに分析を進め、すべての樹形を探索するが、最良の系統樹を選びだす基準は確率である。最尤法をもちいるにあたっては、事前に形質進化に関するモデルを設定したうえで、樹形とそのモデルを与えたときに手元のデータが生じる確率を計算する必要がある。分子系統学ならば核酸やタンパク質の配列進化モデルをつくることは比較的容易だが、解剖学的な形質の場合は形質進化モデルを構築することはかなり難しくなってしまう。したがって、ビールの分析にもちいる特徴は形態学的な形質であることを考えれば最尤法の出番はなくなり、もっぱら最節約法に基づく系統推定を論じることになる。

最節約法についてくわしく説明しよう。いまアメリカンラガー、ベルジアンIPA、そしてウィーナーラガーの三種類のビールに関する「体系化」を考える。ビールファンにとってはこの練習問題の答えはわかりきったことだろうが、分析方法について理解しておかないといけないので、しばらくがまんしていただきたい。最初に、この三つのビールのみをつなぐ系統樹は、その系統樹の根《ね》、すなわち祖先がどこにあるかを決めてはじめて意味があることに注意しよう。

これら三種類のビールがつくる系統樹は図14・2の左図のように描けるだろう。しかし、系統樹が根をもたないままでは、これ以上の情報を引きだすことは難しい。ここで、図14・2の右図に示したように、この系統樹の三本の枝のいずれかに根を配置してみよう。そうすれば、根がある枝をのぞく残り二本の枝は互いに最も近縁であることがわかる。言い換えれば、根の位置がどこであるかが、進化的な情報を得るうえで最も重要ということだ。しかし、根をどこに置くかは一意的には決まらない。こうやって任意の枝を選んで根を付けることは可能だが、そのやり方は客観的でもなければ再現可能でさえない。「私が考えるに根の位置は別だ」とだれかが言いだせば、再現可能性はもう成り立たないからだ。言い換えれば、いくら熟練した知識と経験があるからといって、それを論拠にしたのでは、ただ自分にとってつごうのよい根の位置を選んだにすぎない。したがって、この問題を解決するには、第四の銘柄のビールをもってきて、それに基づいて根を付けるしかない。この方法は外群有根化《ゆうこんか》（outgroup rooting）とよばれる。この方法を適用するには、考察対象である三銘柄の「内群（ingroup）」ビールの外側に、それらとは類縁の遠いビールが必要である。今の例だと、小麦からつくったウィートワインが外群ビールとしてちょうど適役だろう。

次に、私たちはこれら四銘柄のビールの形質行列（character matrix）をつくることにする。有用な情報のすべてを含む形質行列はビール系統解析の根幹である。ある生物群を対象に同様の系統解析をするときには、形質行列を見渡すことにより、これらの生物の行動形質の特徴をつかんだり、第7、8、9章でそれぞれ説明したような大麦や酵母やホップのＤＮＡ塩基配列を読み取ったりする。今の例での内群三銘柄と外群一銘柄のビールについてはＤＮＡの情報は使えないので、その代わりとなる情報をもちいなければならない。これはとても楽しい作業ではある。三銘柄のビールを調べるだけだったら、ゆっくり腰を落ち着けてビール瓶を傾けながら味わいの特徴を記録すればいいからだ。しかし、世の中には主要銘柄だけでも何百というビールがあるのだから、私たちは近道をたどるしかない。

幸いなことに、ビールジャッジ認定プログラム（Beer Judge Certification Program：ＢＪＣＰ）からは、約百銘柄のビアスタイルをまとめた文書が発行されている。このＢＪＣＰ文書にはビアスタイルに関するほとんどの情報が含まれているので、それをもちいて私たちはビールの系統解析のための形質行列をつくることができる。特に、ＢＪＣＰがタグと名づけている属性は最も重要だ。このタグは強さ、発酵方式、色、原産地、スタイル、類別、特徴的フレーバーを記載する。たとえば、「色」という形質には「ペール」「アンバー」「ダーク」という三つの形質状態がある。このＢＪＣＰ文書には、初期比重と最終比重、国際苦味単位（ＩＢＵ）での苦み、アルコール度数、国際参照法（Standard Reference Method：ＳＲＭ）による定量的な色度数も載っている。このＢＪＣＰガイドラインに準拠することで、およそ二十の形質に関する情報を集め、約百銘柄のビ

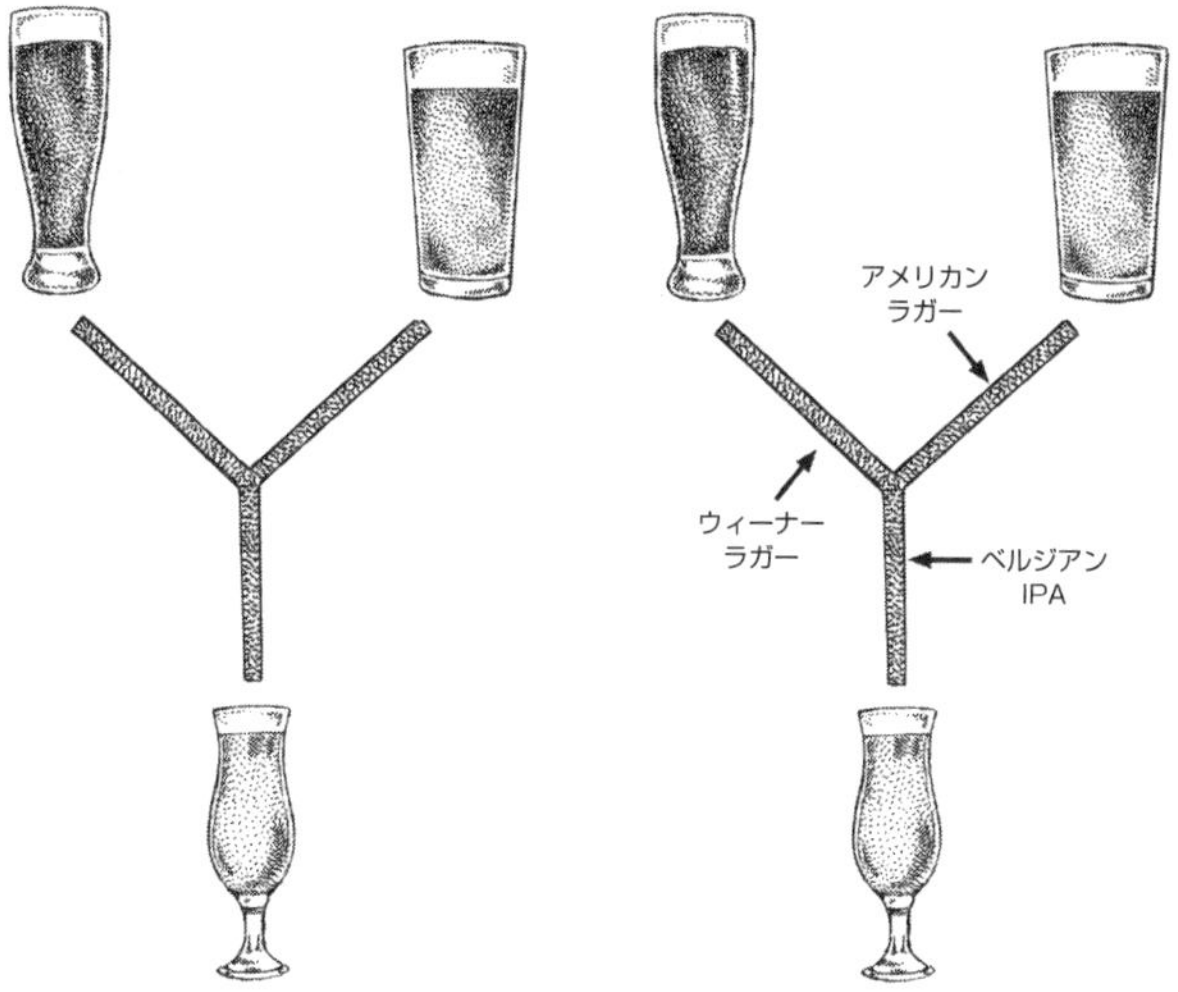

図 14.2 ［左］ウィーナーラガー（VL）、アメリカンラガー（AL）、ベルジアン IPA（BI）の 3 種類のビールがつくる無根系統樹（unrooted tree）。［右］すべての可能な 3 通りの有根化（rooting）の位置を矢印で示した。この無根系統樹がアメリカンラガーの枝で有根化されたならば、ウィーナーラガーとベルジアン IPA は互いに最も近縁な姉妹群となる。しかし、ベルジアン IPA の枝で有根化されたとしたら、ウィーナーラガーとアメリカンラガーが姉妹群となる。そして、第三の可能性として無根系統樹の根がウィーナーラガーの枝に置かれれば、アメリカンラガーとベルジアン IPA が姉妹群ということになる。

表14.1　内群3銘柄と外群1銘柄のビールの系統解析にもちいた形質と形質状態

	強さ	色	酵母	原産地	スタイル	特徴風味
ウィートワイン	高い	アンバー	上面	北米	クラフト	中庸
ベルジアンIPA	高い	ペール	上面	北米	クラフト	ホッピィ
アメリカンラガー	ふつう	ペール	下面	北米	伝統的	中庸
ウィーナーラガー	ふつう	アンバー	下面	中欧	伝統的	中庸

ールの系統推定を行うことができる。

それぞれのタイプのビールの醸造法からはもっと多くの形質を取ることができる。幸い、ビアスミス・コム（BeerSmith.com, http://beersmith.com/）というデータベースがすでにつくられていて、このウェブサイトにはビアスタイルごとに何千もの醸造法がアーカイブされている。このデータベースがあれば、テイスト評価、使用された酵母と大麦、発酵に関する詳細な情報を形質としてもちいることができる。

私たちの例に戻ろう。以下では、六つのタグ形質をもちいて最節約法の手順を解説し、そのうえで最終的なビール系統樹の構築に進むことにする。ここではBJCPタグ形質のうち、強さ（きわめて高い、高い、ふつう、セッション［低い］）、色（ペール、アンバー、ダーク）、酵母発酵（上面発酵、下面発酵）、原産地（北米、中欧、東欧、西欧、英国、太平洋）、スタイル（伝統的、クラフト、歴史的）、そして特徴風味（中庸、ホッピィ、酸味、苦み）をもちいる。内群ビール三銘柄と外群ビール一銘柄の形質状態を表14・1にまとめた。

次に、作業を多少とも容易にするため、形質状態を数値コード化しておこう。内群がたった三銘柄でしかも形質が六つしかないので、最良系統樹の探索はとても簡単だ。しかし、もっと多くのビールを解析しようとすると、可能な系統樹の総数は指数関数的に増大してしまう。その結果、百タイプものビールを解析しようとすると、10の百乗（1のあとに0が百個並ぶ数）を上回る膨大な数の系統樹を相手にしなければならなくなる。その計算にはきわめて高性能のコンピュータが

表14.2　内群3銘柄と外群1銘柄のビールの系統解析にもちいた形質状態の数値コード化

	強さ	色	酵母	原産地	スタイル	特徴風味
ウィートワイン	1	0	1	1	1	1
ベルジアンIPA	1	1	1	1	1	0
アメリカンラガー	0	1	0	1	0	1
ウィーナーラガー	0	0	0	0	0	1

なければならない。プログラミングでは、形質状態を「ペール」とか「下面発酵」という言葉ではなく、数値に置き換えた方がコンピュータにとってははるかにつごうがよい。そこで、強さの形質については次のように形質状態を数値コード化する。「ふつう＝0」「高い＝1」。また、色の形質は「アンバー＝0」および「ペール＝1」とする、他の形質も同様に数値コード化しておく。以上の再コード化をした結果、私たちのデータ行列は表14・2のようになる。

系統解析の山場となる次なる作業は、形質がそれぞれの系統樹に対してどれくらいよく当てはまっているかを調べることだ。すでに説明したように、ビール全体にわたる解析をしようとしたら、私たちは10の百乗もの数の系統樹を調べ尽くさなければならない。しかし幸いなことに、内群のビールが三銘柄だけであれば、調べなければならない系統樹の総数はたった三個（図14・3）ですむ。ここではウィートワインを外群と仮定している。

図14・3に示した三つの系統樹では、六個の形質はどのように当てはまっているだろうか。まず、「強さ」の形質から始めることにしよう（図14・4）。外群ビールの形質状態は「高い」なので、左図の系統樹（AL＋VL樹）に形質状態をマッピングすれば、外群に接続する根からAL＋VL単系統群に進む分岐点への枝の上で「高い」から「ふつう」への形質状態変化がただ一回だけ生じればよいことがわかる。

いっぽう、中図の系統樹（AL＋BI樹）では、必要な形質状態変化は二回となる。その一つはAL＋BI単系統群の中のAL枝で生じ、もう一つはVL枝で

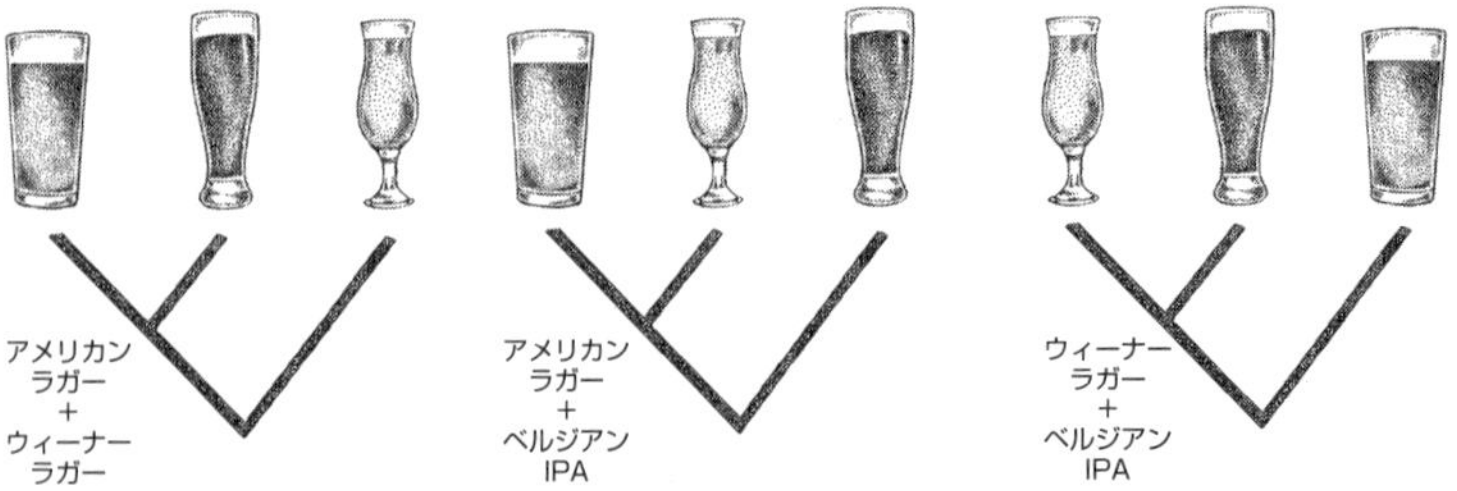

図 14.3 3-ビール問題に対する可能な系統樹は 3 つしかない。左図の系統樹（AL＋VL 樹）はアメリカンラガーがウィーナーラガーと最近縁であることを意味している。中図（AL＋BI 樹）ではアメリカンラガーはベルジアン IPA ともっとも近縁だ。そして、右図（VL＋BI 樹）はウィーナーラガーとベルジアン IPA がたがいに最近縁となる。この問題に対する最良の解は外群を与えればわかる。いずれの系統樹でも外群（ウィートワイン）は同一なので、図中には示していない。

生じる。同様に、右図の系統樹（VL＋BI樹）もまたVL＋BI単系統群内のVL枝とAL枝での二回の形質状態変化が必要となる。もし「強さ」形質だけをもちいて系統解析をするならば、AL＋BI樹とVL＋BI樹が二回の形質状態変化を仮定するのに対し、ただ一回の変化だけですむAL＋VL樹は最節約的であると結論できるだろう。

さらに、「酵母発酵」と「スタイル」の二形質についても同じ結論が得られるので、AL＋VL樹を支持する形質は都合三つあることになる。しかし、「色」形質は異なる形質状態分布パターンを示す。この形質については、AL＋BI樹だけがただ一回の変化ですみ、他の二系統樹は二回の変化を要求する。残る「原産地」と「特徴風味」の二形質は、どの系統樹上にマッピングしても変化回数が同じ（二回）なので、いずれかの系統樹を選びだすことができない。生物学者はこのような形質を系統学的には無情報（uninformative）であるとみなしている。

ここでこの三ビール問題について、二つの点を確認しておこう。第一に、AL＋VL樹は三形質と完全に整合的だが、AL＋BI樹と整合的な形質は一つしかない。そして、VL＋BI樹を支持する形質はひとつもない。第二に、A

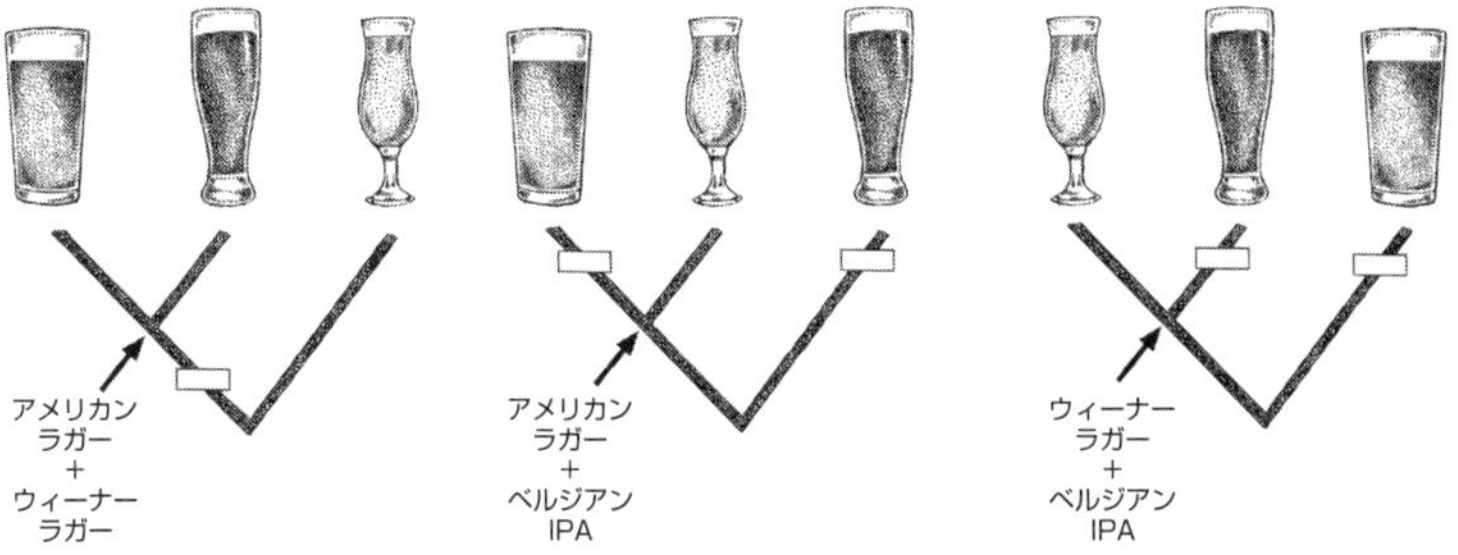

図 14.4　可能な 3 系統樹のそれぞれに対して「強さ」形質をマッピングする。系統樹の枝に置かれた白い横棒は「高い」から「ふつう」への形質状態の変化が生じたことを示す。左図の系統樹では、この変化は根からアメリカンラガー（AL）とウィーナーラガー（VL）に分かれる分岐点への枝の上でただ 1 回だけ生じると仮定すればよい。しかし、他の 2 つの系統樹ではこの形質状態変化は 2 回生じる必要がある。「酵母発酵」と「スタイル」の 2 形質についても同じことがいえる。

L＋VL樹は系統学的に無情報な形質を除外した残りの形質で合計すれば五回の形質状態変化で説明できるが、AL＋BI樹は七回の変化が必要であり、VL＋BI樹は八回の変化を要求する。いずれにしても、AL＋VL樹が勝負に勝ち、最節約的であると結論できる。

もちろん、こうして明らかになった類縁関係は、私たちがこれらのビールに関してすでに知っていることと照らし合わせれば納得できる。アメリカンラガーとウィーナーラガーは、下面発酵酵母をもちいた伝統的な醸造法を採用しているという点でどちらもラガーらしいラガーだ。この最節約系統樹によれば、色の形質は二回変化したことになる。つまり、色を頼りにしたのではこの系統学的な問題は解決できないということだ。生物学者はこのような現象を収斂（convergence）と呼んでいる。収斂現象は進化生物学的にはとてもおもしろい。同じ問題に対する応答の結果として、異なる系統で類似した属性（収斂）が独立に進化するという規則を証明する有名な稀少例がある。鳥とコウモリと翼竜と多くの昆虫には羽根がある。しかし、これらの生物群が近縁だから共通祖先に由来する羽根を獲得したわけではない。これらの生物はいずれも飛ぶためにそれぞれ別個に羽根を進化させたのだ。

今度は一〇三銘柄のビールに関するデータ行列全体を解析しよう。ＢＪＣＰデータベースに登録されているこれらの銘柄は主要なビールのファミリーとスタイルを網羅しており、ポップチャートラボ・コムのビール系統樹をほぼカバーする。データ行列が大きくなると当然のことながら解析はかなり難しくなる。

最初の難問は外群に何を選ぶかである。もし遠縁すぎる外群（たとえばミルク）を選んでしまうと、系統樹の根を決められないのでどうしようもない。かといって、ビールの中から外群を選べば（たとえばバーレーワイン）、その外群につながる枝で恣意的に有根化してしまうというリスクが生じる。妥協策として、以下ではグルートとワインという近縁な飲料を外群として系統樹に根を付けることにする。

第二の問題は、すでに言及したように、10の百乗個もの系統樹を比較することは計算量的に難度が高すぎるという点だ。これほど多くの系統樹から最節約的な解を計算することは数学者やコンピュータ科学者が言うところの「ＮＰ完全問題（NP-complete problem）」を引き起こす。このＮＰ完全問題のもとでは、ある問題に対する最適解があることがわかっていても、その解に到達するための計算手段がないので、別の方策を考えるしかない。その回避策として、どう考えても解にはなりそうにない系統樹を最初から除去することにより、調査対象の系統樹を大幅にしぼり込むという便法をもちいることにする。

系統樹を有根化する便法の一つは、ビールの大きな二つの群（たとえばラガーとエール）――ほかのすべてのビールはどちらかに帰属する――のあいだに根を付けるというやり方だ。しかし、このやり方では、発見しようとするものを前もって仮定してしまうという論理学的な誤りを犯すリスクがある。なので、このやり方で有根化しなくてもすむように、それぞれの群が一つのまとまりをつくることを確認できればよい。

解析に進む前に最後の落とし穴が待ち受けている。それは、ビールの系統樹を構築するのにごく少数の形質しか使わないので、系統樹の解析方法が変わると、すなわち形質あるいはビールをデータ行列から削除すると、系統解析の結果が変わる可能性があることだ。これは方法がよくないという意味ではないが、解析するうえでの仮定しだいで結果が大きく左右されるという点は注意する必要がある。

最終的に、私たちはBJCPタグ形質からのデータ行列構築を終え、次の二つの解析を行った。一つはグルートを外群とする系統樹構築であり、もう一つはワインを外群とする系統樹構築だ。ワインの形質スコアは困難な作業だった。というのも、ワインはビールとはまったく異なる飲み物だからだ。その結果、形質の半数は「あいまい」あるいは「欠失」としてコード化せざるをえなかった。生物の系統解析の場合でも特に不完全な化石をもちいる場合にはこういうことは生じうる。しかし、幸いなことに、あいまいなあるいは欠失した形質状態が含まれても系統樹を計算する手段は開発されている。これら二つの系統解析を実行した結果、ラガーとエールはまとまりのある群として大別できることが示された。

ワインで有根化した系統樹を図14・5に示した。この図を見れば、ラガービールはある一つの分岐点から派生し、エールは別の分岐点に由来することがわかる。したがって、ラガーとエールは分岐が深いという仮説は確証された。同時に、外群を指定しなくても、エールとラガーのあいだで系統樹の根を付けることも支持された。別々の分岐点からエールとラガーがそれぞれ発散進化したことは、生物学でいう「単系統性（monophyly）」の現象を想起させる。ここでいう単系統性とは、ある群の中のすべての種が単一の共通祖先に由来することを意味する。

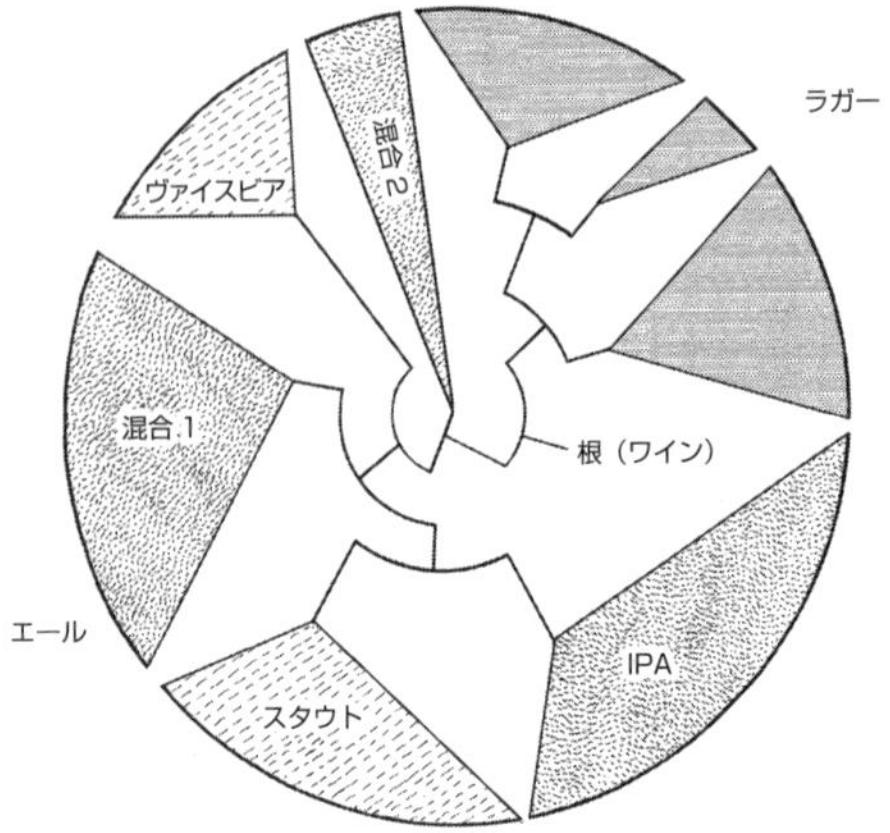

図 14.5　ワインを外群として有根化したビールの系統樹。エールのクレード（分岐群）の内部に認識できる3つの「単系統群（monophyletic group）」はスタウトとIPAとヴァイスビアである。ラガーが3つの群に分割されたことについては本文中で説明した。

エールとラガーの単系統性がわかったので、それぞれの群のビールが均質な理由をめぐる従来の主張を裏づけることができる。さらに、エールについては、二通りの有根化をした系統樹は十分な類似性がある。具体的に言えば、ＩＰＡ、スタウト、サワービール、ヒストリカルビール、ベルジアンエール、アメリカンエール、ヴァイスビアはいずれもまとまりのある単系統群をつくる。しかし、ホワイトエールはいずれの系統樹でも大きな単系統群をつくるが、ＩＰＡ以外のエールと、スタウト、そしてヴァイスビアに関しては、二つの系統樹のあいだで違いが見られる。ビアスタイルのカテゴリー化はいくつもやり方があるので、主要カテゴリーを超える分化があったかどうかはこの解析からは結論が出ない。このようにあいまいさは残るものの、それでもエールについて主要な一二群を数えることができる。多様に分化した群もあるが、多くの群はせいぜい三つのスタイルのどれかに帰属する。

私たちのビール系統樹は、Ｔシャツやポスターにプリントされた系統樹とはだいぶちがう。たとえばポップチャートラボ・コムの系統樹だと、ラガーはアメリカン、ジャーマン、ピルスナーの三つの群に大別されている。いっぽう、私たちの系統樹では、国際的／アメリカンラガー、チェコラガー、ボック

／ドゥンケルラガー、そしてピルスナーの四群に分割される。ラガーの考察で頭を悩ませるのはケルシュをこの群に含めるかどうかだ。ケルシュは上面発酵醸造であって、ラガー的な醸造とはかけ離れているので、なぜ悩むのか驚く向きもあるだろう。結局、ケルシュは解析にもちいたさまざまなビール形質に関してラガーに収斂したと推測される。そう考えれば、ポップチャートラボ・コムのダイアグラムでケルシュがラガーからエールへ移行する中間位置に置かれている理由が説明できるだろう。

残る二つの移行形態と目されるバルティックポーターとクリームエールもまた、私たちのビール系統樹では興味を惹く場所に置かれる。バルティックポーターは下面発酵の濃色ビールで、系統樹ではボック／ドゥンケルラガー群の中に安定した位置を占めており、移行的なビールとみなす理由は乏しい。これに対して、上面発酵の淡色ビールであるクリームエールは、ラガーから最初に分岐したビールであって、系統樹上でのクリームエールの位置はたしかに移行的であると考えるに足る理由がある。

系図すなわち系統樹を構築する以外にも、ビールの類縁関係を検出する方法はある。たとえば、ビールの一つの分類体系である「ビアスタイル周期律表」では、ビールの類縁性を周期律表に見立てて遠近を示している。前の章で、樹形図を使わない方法を支持する進化研究者がいると私たちは指摘した。STRUCTUREというソフトウェアは進化研究では広範にもちいられている。このツールでクラスタリングをした結果は、主成分分析によって解析することができる（第5章）。以下では、ビールの系統解析にもちいたデータベースに対して、このSTRUCTUREと主成分分析を適用してみよう。

一〇三のビール・スタイルに外群であるグルートを加えた計一〇四銘柄に対してSTRUCTURE解析を実行すると、五つの群（K＝5）が存在することが示唆される（図14・6）。この五群はＩＰＡ、スタウト、ラガー、そして均質的ではない残りのエール二群である。一方はベルジアン、グース、ランビックを含み、他方はスコティッシュ、アイリッシュ、ビタービールを含む。ある単一群に振り分けられな

図 14.6 104 ビアスタイルに対する STRUCTURE 解析の結果（K=5 とする）。出現した 5 群は、IPA、スタウト、ラガー、ならびに均質的ではない残りのエール 2 群である。その一方はベルジアン、グース、ランビックを含み、他方はスコティッシュ、アイリッシュ、ビタービールを含む。

い銘柄は関心を惹く。図の左端の群にはアメリカンアンバーとアメリカンブラウンビールが含まれている。ベルジアン‐グース‐ランビック群も不均質だが、アメリカンペールエール、ブロンドエール、ヴァイスビア、ヴァイツェンボックはこの群では異質な銘柄だ。カリフォルニアコモンとベルジアンデュベルはスコティッシュ‐アイリッシュ‐ビター群の中では異質だ。ラガー群での外れものはクリームエールと禁酒法前のラガーである。スタウト群のタイピング〔タイプの特徴づけ〕はとても容易だが、アメリカのいくつかの銘柄には飛び離れた特徴があって、単一群に置くには座りが悪いことこのうえない。たとえばＩＰＡのような特徴を外面に押し出しつつ、別の群の特徴をも兼ねそなえているのだ。おもしろいことに、クリームエールはラガー的ではないのに、おおまかに言えばラガー群に属している。

主成分分析は散布図のクラスターが多くの属性で重なり合うので、結果の解釈がもっと難しくなる（図14・7）。ラガー、スタイル、地域、そして強さに関する主成分分析から、クラスタリングの結果がどれくらい不明瞭かがわかる。ラガーとエールは、多少重なりはするが、予想どおり別々のクラスターを形成する。したがって、これまでの解析結果と矛盾しない。これらの知見から得られる結論はほかのビール分類法とだいたい合致しているが、「すべて」と全体として整合的であるわけではない。

ちなみに、ビールの分析に主成分分析をもちいたのは私たちが最初では

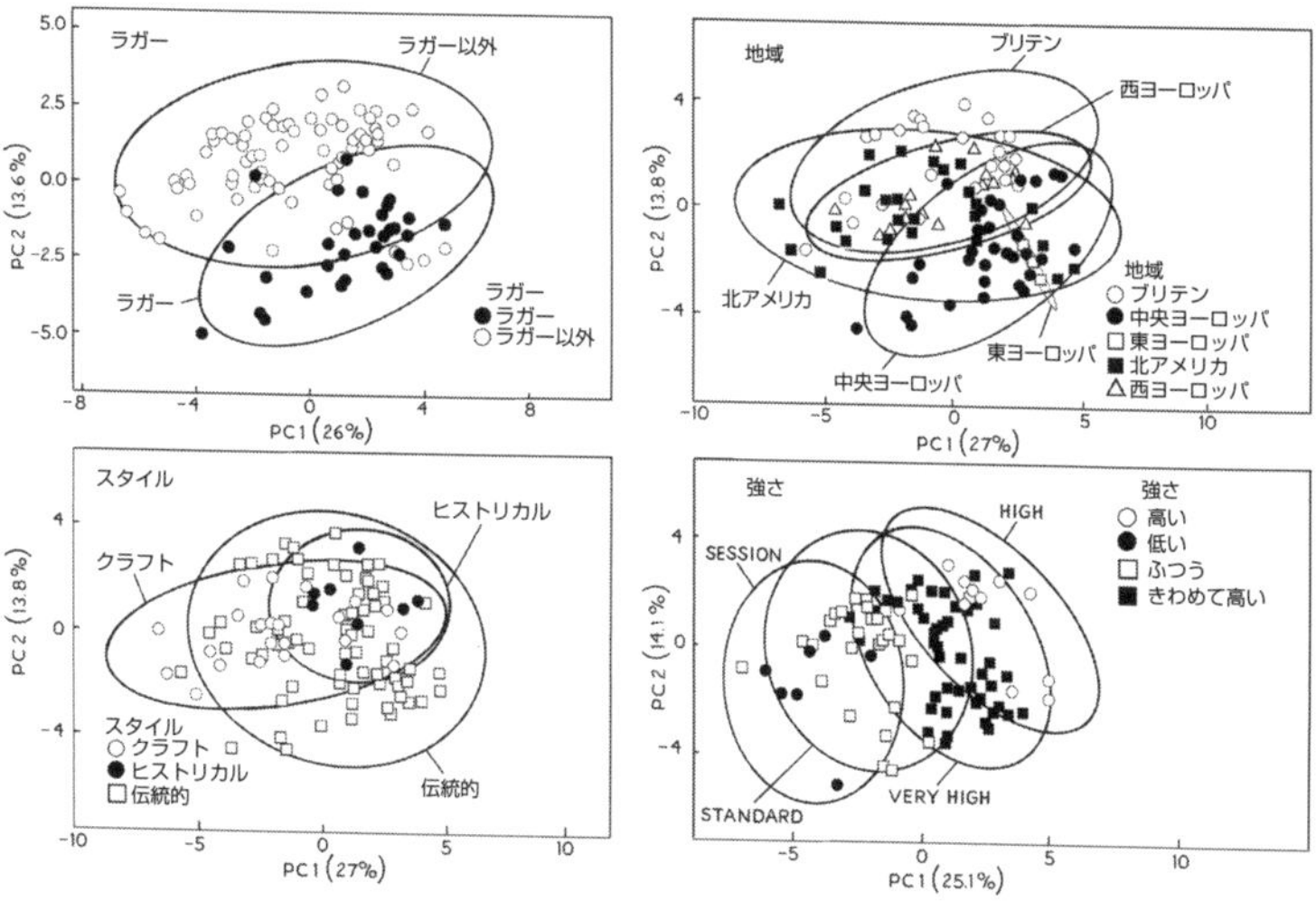

図 14.7　主成分分析の結果。［左上］ラガー、［左下］スタイル、［右上］地域、［右下］強さ。

ない。マーケティングや広告業界ではとっくに主成分分析を使って消費者カテゴリーごとの嗜好をとらえてきた。醸造者や販売店も市場知識を向上させようと、主成分分析をもっと広範に利用しているだろう。

　このように系統解析はどのようなデータに対しても実行できる。しかし、その解析が意味をもつにはある仮定が満たされなければならない。この点を解明すべく、私たちはチェコ共和国と南ドイツに飛び、ビールの風味に関するフィールド調査を実施した。まことに偶然なことに、私たちの調査期間はミュンヘンでのオクトーバーフェストの開幕とぴったり一致していた。調査の目的は、一週間の間にできるだけ多くの銘柄のビールを味わい、系統学的方法によってビールの類縁関係を調べることだった。すでに公表されているスタイルガイドラインに準拠して推定した系統樹ではなく、私たちなりにビールの特徴を異なる方法で集計し、第11章で説明したモルテン・マイルゴールのフレーバーホイール（図14・8）を応用した。私たちがもちいたフレーバーホイールは33ブックス・コム（33books.com）で公開されているものである。もし読者が賞味したビールの味を記録したいならば、このフレーバーホイールはお勧めだ。フレーバーホイールの記入法だが、ある銘柄のビールの特徴をこのホイールの正午の位置から時計回りに以下の順で記録していく。

フルーティ／芳香、アルコール／水っぽい、フルーティ／柑橘系、ホッピィ、フローラル、スパイシー、モルティ、タフィ、焦げ臭さ、硫黄臭、甘さ、酸味、苦み、シャープさ、ボディ、余韻。それぞれの属性は1～5の数値スコアを与えられ、意見の一致をみたスコアをデータ行列に入力しつづけた。フレーバーホイールによるスコアリングの例を図14・8に示そう。図14・8のまん中はお気に入り銘柄のホイールで、右は無謀な挑戦の結果やっとのことで飲み終えた銘柄のホイールだ。テイスティングしたビールはどれも盲検法によって調べた。

テイスターのビールに対する評価を可視化するうえで、フレーバーホイールはとてもよくできたツールだ。すぐに気づいたことは、このホイールに描かれたパターンに棘が多いほど私たち好みのビールであるという点だった。また、このフレーバーホイールのスコアは容易にデータ行列に変換でき、それをもちいればビールの系統推定ができることもわかった。この官能試験をしたある二銘柄のビールのスコアを正午からの時計回りでリストすると次のようになる。

コゼルドゥケル（Kozel Dunkel）　1112114231412123
ラーデガスト（Redegast）　1142121111212223

これらのスコアをデータ行列として入力し、系統解析を行った結果が図14・9だ。

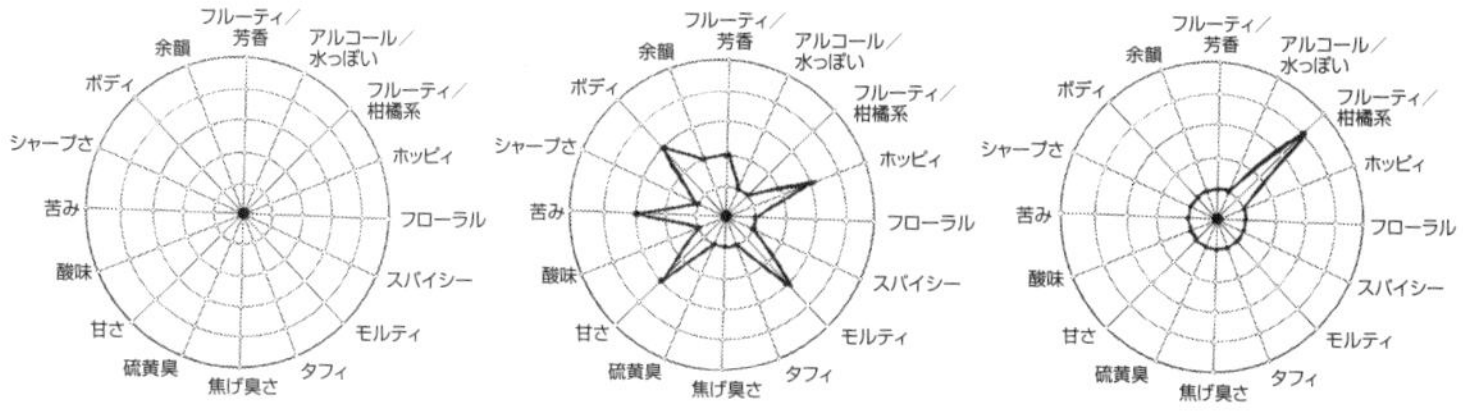

図 14.8　このフレーバーホイール（33books.com による）は、私たちが調査した南ドイツの 50 銘柄以上のビールに関する 16 の味覚カテゴリーを示した図である。［左］未記入のホイール。［中］ある銘柄のビールのホイール。［右］やっと飲み干したビールのホイール。

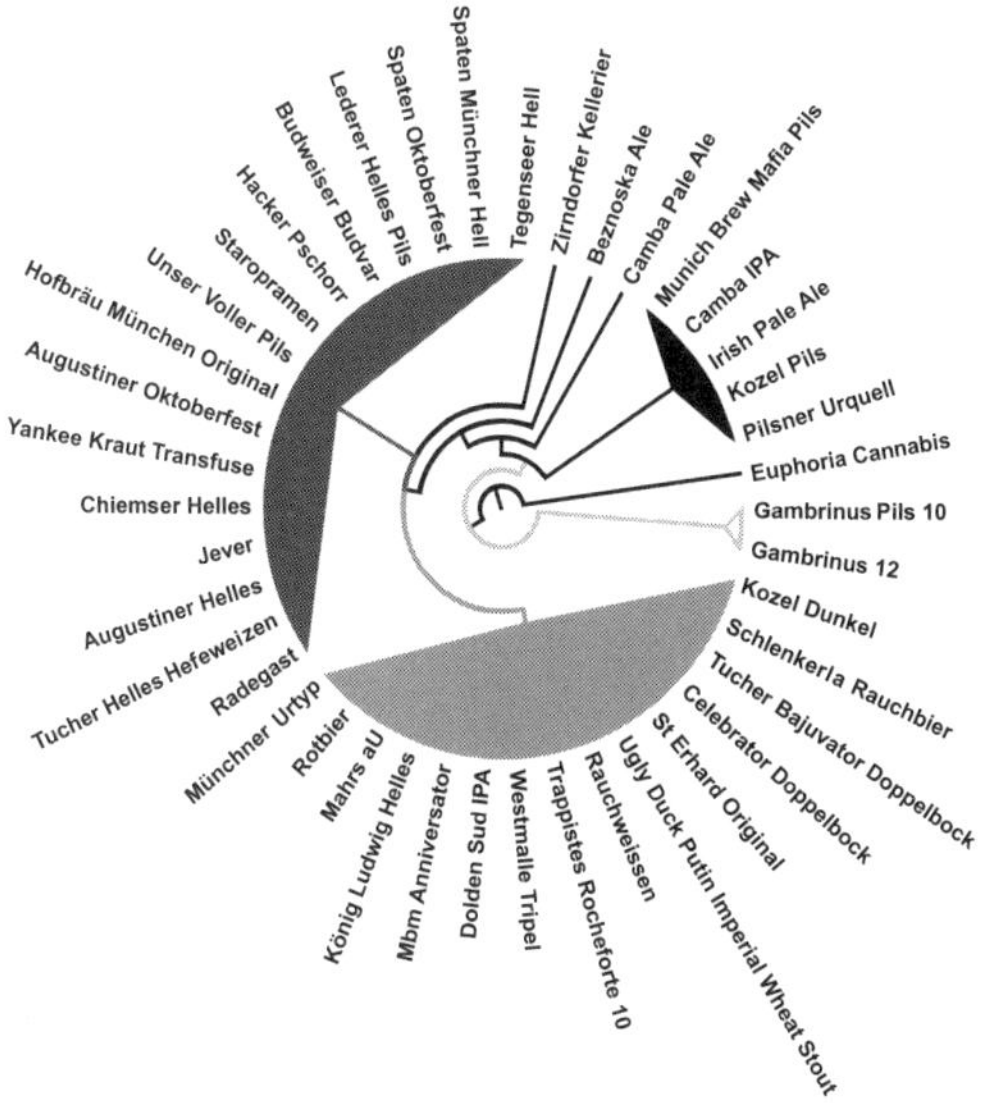

図 14.9　私たちが 2017 年に南ドイツで調査したビールの樹形図。約 50 銘柄のビールについてフレーバーホイールをもちいてスコアを集計し、そのデータを最節約法によって最適樹形図を求めた。得られた樹形図はカナビス・ビールをもちいて有根化した。その結果、大きく分けて 2 つのビール群があることがわかる。暗灰色のクレードすなわち単系統群はオクトーバーフェストビールの多くを含んでいる。明灰色のクレードには強いテイストの私たちが好きなビールが入っている。黒色の小さいクレードはいまひとつピンとこないビールだった。2 銘柄のビールから成る白色のクレードは美味で有名なピルスだ。

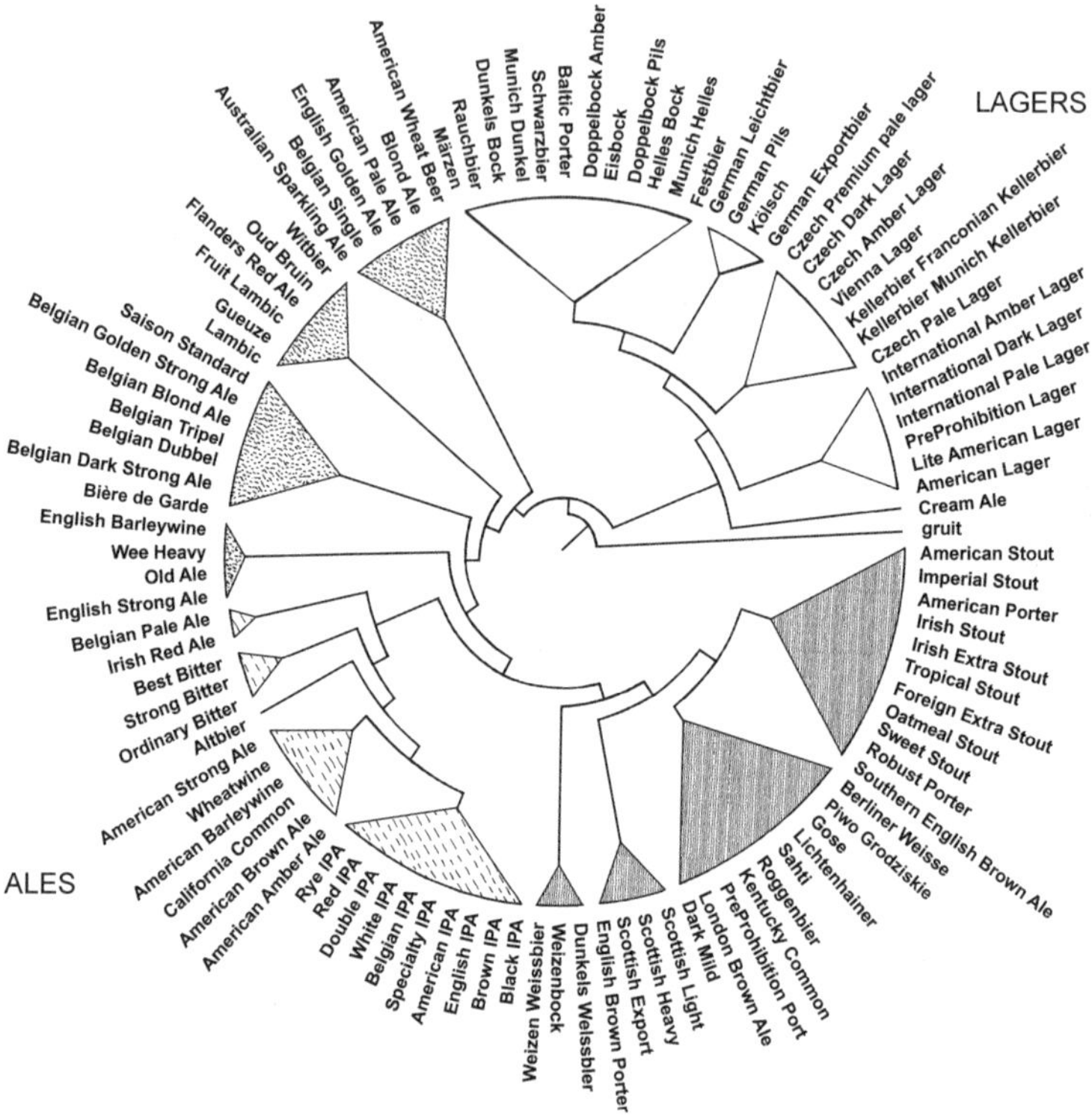

図 14.10　私たちが描いたTシャツのデザインは本章で得た系統解析の結果をほぼ踏襲している。

こうして私たちはめでたく個々のビールだけでなくスタイルについての主観的な好みをよく反映した樹形ダイアグラムを手にすることができた。この分析により、驚くべきことに、ビールの全体はお気に入りの群（明灰色群）とまあまあ許容範囲の群（暗灰色群）に大きく二分割された。さらに興味深いことに、私たちがテイストしたピルス、ヘレス、オクトーバーフェストビールの大半は「まあまあ許容範囲」のカテゴリーに入ったのだ。どれもよいビールなのだが、私たちが好きなビールはもっと濃厚でホップが効いてスモーキーな銘柄だった。これらとは別のちょっと変わった群は一銘柄のＩＰＡと三銘柄のピルスと一銘柄のペールエールを含んでいるが、こちらは私たちには苦みがかなり立ちすぎた。樹形図の根元近くにある二銘柄のビールはどちらもピルゼンのガンブリヌス醸造所のビールだが、これは度肝を抜くうまさだった。ほかの三銘柄のビール――二つはピルスで、残り一つはケラービール――もまた類をみない風味だった。これらの飛び抜けてすばらしい風味を考えれば、樹形図の中でほかの銘柄のビールとは異なる位置を占めるのはもっともなことだ。

本章の冒頭、ビールの系図をあしらったポスターやＴシャツに言及した。この章を締めくくるにあたり、私たちなりのＴシャツのデザインを披露させていただきたい（図14・10）。さまざまなスタイルのビールを細かく分けるのではなく、この図ではビールが五群のエール（スタウト、ベルジアン、ヴァイスビア、スコティッシュ、ＩＰＡ）と三群のラガー（ダーク、アンバー、ペール）に大きく分類されることを示したかった。図14・5の系統樹に従えば、ＢＪＣＰによるビールのカテゴリーはこれらの群に割り振られることになる。また、二つの「交雑」があったこともわかる。いっぽうはケルシュであり、もういっぽうはクリームエールだ。もちろん、テイストについては個人の見解によって大きく左右されることはいうまでもない。

15
ビール復活請負人たち
The Resurrection Men

瓶を開けてトパーズ色の液体をグラスに注ぐと、かすかに泡がはじけた。匂いを嗅げば未知の香りがして、香りだけならビールとは思わなかったかもしれない。しかし口に含むと、この妙なる飲み物はまさに花と桃と蜂蜜で、後味はいつまでも残りつづける。

レシピは紀元前八世紀末のプリュギアの墓から発掘された金属器の内側にへばりついた残留物の分析結果から、想像をひろげて再現したものだ。もしかしたらこの墓には、伝説のミダース王が眠っているかもしれないと言われている。もし本当にそうなら、ミダース王は幸せな暮らしを送ったにちがいない。

アメリカのクラフトビール運動の出発点は、工業的なビール造りの拒絶だった。そして、永遠の原点回帰までは望まずとも、いにしえの手仕事を探究したいという思いは工業化への反発と相通じるところがある。だれかが太古のビールの再現を試みるのは時間の問題であった。

だが、この目標は見た目ほど単純ではなかった。黎明期のビールに関して残っている物証といえば、中身の液体が蒸発したあとで陶器の壺に残った化学物質しかない。ビールが乾いて久しい今、こうした残留物を調べても当時の材料や化学的な複雑さなどはかすかな痕跡しか残っていない（第2章をふり返ってほしい）。

とはいえ古代のビールづくりについては、文献による証拠もある。だからアメリカで最初の古代ビール復元の試みが、ニンカシにちなんだものだったことも意外ではない。第2章で紹介した紀元前四〇〇〇年ごろのシュメールの讃歌に出てくる、ビールの女神である。

裕福な実業家フリッツ・メイタッグといえば、若くして買収したサンフランシスコの老舗アンカー・ブルーイング・カンパニーを立て直したことで知られるが、そんなメイタッグは一九八九年、フィラデルフィアの人類学者ソル・カッツが一九八七年に発表した論文に出会う。この論文でカッツは、ビール造りのために穀類の粒を集める作業が農耕革命の大きな原動力になったと主張していた。そして自説を補強するため引用したのが、シカゴ大学のアッシリア研究者ミゲル・シヴィルが二十年ほど前に翻訳した「ニンカシ讃歌」だった。メイタッグはカッツとシヴィルの両方と親しく連絡をとり合って勉強した末、実際につくることもでき、讃歌で描写されていたニンカシの行動とも矛盾しないレシピを考案した。一バッチだけ醸造され、瓶詰めされたニンカシのビールは度数も体積比で三・五パーセントとまずまずで、米国マイクロブルワリー協会の年次大会で披露された。

幸運にも出席した人々は、この古代ビールを「ウルのプアビ女王の墓から発見された金やラピスラズリの管を模した」というストローで大きな壺からすすることができた。それから七か月後、残りの瓶は、フィラデルフィアのペンシルベニア大学考古学人類学博物館に集まった人々のために開栓された。冷蔵してあったにもかかわらず傷んでいた瓶が多かったが、無事だった分は「強いアップルサイダーに似ている」「苦味のない辛口」と言われた。同館のパトリック・マクガヴァン博士は「なめらかさと泡だちはシャンパンのようで、ほのかになつめ椰子の芳香がある」と説明している。

この称賛ぶりを見るとよいビールだったようだが、現代の醸造技術がいくら無意識とはいえ混ざっていなかったとは考えにくい。冷笑好きな人々はバビロニアの飲み物にアルコールが含まれていたかどうかさえ証明されていないとまで罵倒するが、それでもニンカシの信者たちがけっこうちゃんとしたものを飲んでいた可能性はある。そう考えないと、当時の詩人のあふれるほどの熱意は理解しがたい。「たっぷりあるビールの周りを回るとき／すてきな気分で、すてきな気分／うっとり機嫌でビールを飲む」とまでいうのだから。

それ以降、合衆国とヨーロッパの両方で、ほかにも多くの醸造家が古代ビールづくりを試みた。たとえば、エジプトの遺跡は乾燥のおかげで醸造所跡の保存状態が並はずれて良好で、壊れやすい原材料までが残っていた。一九九〇年代にはケンブリッジ大学のバリー・ケンプ率いる考古学チームが、アマルナにあるエジプト中王国時代の遺跡でいくつかの醸造所跡を発掘している。そこでは植物考古学者のデルウェン・サミュエルが、発芽させたのちに加熱し、ふるいにかけて殻を除いた大麦（あるいはもしかしたらエンマー小麦）のモルト（麦芽）を確認しているが、蜂蜜やなつめ椰子の汁の痕跡はみられなかった。そのためサミュエルは、古代エジプトのビールのレシピで通常「なつめ椰子」と訳されている象形文字は、実は単に「甘い」という意味にすぎず、甘味はモルトによるものかもしれないと考えるにいたった。こうして考えたビールはシュメールのものとはまったくちがっていた。ケンプはエジンバラのスコティッシュ・アンド・ニューカッスル・ブルワリーの職人たちを頼って、これを再現できないかときいてみた。

ジム・メリントン率いるスコティッシュ・アンド・ニューカッスルのチームは慎重に検討した末、エンマー小麦のモルトから体積比で度数六パーセントのビールを造った。香りづけにはコリアンダーと柏槇《びゃくしん》をもちいたものの、甘味のもとは使っていない。このツタンカーメンエールは千本がつくられ、ロンドンの有名百貨店ハロッズでけっこうな値段で販売された。伝えられるところだと中身は濁った金色で、味は「フルーティ、穀物臭、カラメル／タフィ香、甘い／スパイシーな／収斂性、後味は辛口」だったという。スコティッシュ・アンド・ニューカッスルは増産を行わず、悲しいかな二〇〇九年には会社そのものがなくなった。

それでも新たに手がける者はまた現れる。二〇一〇年、地元に巡回してきたツタンカーメン展の初日を祝うため、デンヴァーのウィンクープ・ブルワリーが造った「タッツ・ロイヤルゴールド」は、エジプトで広く入手可能な材料を使ったものだ。発酵のベースは淡色の大麦モルト、小麦、茎の短いテフという北アフリカの穀物、それに蜂蜜で、香りづけにはタマリンド、コリアンダー、ギニア生姜、オレンジの皮、薔薇の花びらが使われた。考古学的には、このとおりの材料が使われていたことを示すものはまったくないものの、ともかくもこの組み合わせは企画の趣旨にぴったりだったようだ。ところで、この程度ではまだ生ぬるいとお考えの向きには、同じ醸造所のロッキーマウンテン・オイスターというビールもある。こちらはアルコール度数七・二パーセントで、雄牛のあの部分を贅沢にも一バレルあたり三玉も使っている。

スコットランドに目を向けると、アローアのウィリアムブラザーズ・ブルワリーが歴史あるウィリアム・ヤンガーの醸造所だった建物に入居したばかりでなく、遠い昔の原型にインスパイアされたさまざまなエールを造っている。なかでも最も名高いのはフレアック・ヘザービールといって、二五〇〇年ほど前のスカラ・ブレイで初めて記録されたビールの流れをくむというふれこみのグルートエールだ。これはモルトを煮立てているときにヤチヤナギとヒースの花を入れ、そのまま桶の中で新鮮なヒースの花とともに一時間さましてから発酵に入る。最後は今ふうの贅沢さで、シェリーやモルトウイスキーの熟成に使われていた古樽で熟成させる。できあがりは濃い琥珀色のエールで、ウイスキーとハーブ系の芳香があり、甘いバーレーワインのような後口が残る。心地よい一杯ではあるが、この手のビールは初期のグルートビールの正確な再現というより、伝説を味わうものだろう。

これまでに古代ビールづくりを試みた人はおおぜいいるし、インターネットにはこれからやってみたくなるかもしれない個人に向けたアドバイスもあふれている。しかし古代ビールの再現に、生体分子考古学者のパトリック・マクガヴァンとその協力者、デラウェアのドッグフィッシュヘッド・ブルワリーの創業者にして主任醸造職人サム・カラジョンほどの粘りづよさ、気力、専門知識、そして本物を守りたいという（現代の飲み手たちの嗜好を知ったことで鍛えられた）慎重さをもってとり組んだ人はいない。マクガヴァンは太古の発酵飲料の組成については世界有数の専門家だし、カラジョンが合衆国のクラフトビール醸造家の中でもとりわけ創造力にすぐれ、注目に値する人物であることはだれもが認めている。二人は一九九〇年代の末、新世界、旧世界を問わず、遺跡で痕跡が見つかったいにしえのビールを蘇らせようという野心的な企てをはじめた。この冒険はマクガヴァンの著書『古代のビール（*Ancient Brews*）』で愉快に綴られ、ビールのレシピも（そして美食家のみなさんのためには料理のレシピも）載っている。

そもそもの発端はマクガヴァンが、ペンシルベニア大学考古学人類学博物館の遠征隊がトルコ中部のゴルディオンで発見した金属製の壺に残っていた化学物質の分析を頼まれたことだった。古代のゴルディオンはプリュギア王国の首都で、紀元前八世紀末ごろの統治者は、触った物が金に変わったという伝説の主人公と目されるミダース王である。丘のような古墳の中央にはまだ開けられたことのない埋葬室があり、六五歳前後で亡くなった男性の遺体と、飲み物を飲むための道具類の大規模なコレクションが収められていた。道具類の様式から、埋葬時期は紀元前八世紀と推測された。身分の高い被葬者（ミダースあるいはその父ゴルディアース）の葬儀の宴で使われたさまざまな釜や壺、椀のほか、出された料理と飲み物の残りが元の容器に入ったまま亡骸のかたわらに残されて、来世への旅路が幸先よいものになるよう、ともに埋められたらしい。

墓の中で見つかった青銅の器の四つに一つには、古代の飲み物が蒸発した黄色の残留物があった。マクガヴァンとその同僚たちはさまざまな装置をもちいて分析し、まずは残留物に酒石酸が含まれることを示した。トルコで酒石酸を含むといえば最も一般的なのは葡萄なので、当初はなんらかの種類のワインがあったことがうかがわれた。蜜蝋に含まれる化合物も見つかり、かつて蜂蜜が存在したことも明らかになった。そしてとうとう、大麦の存在を示すビール石も確認された。この結果はどの器を調べても一致していたため、すべての器に同じものが入っていたようだった。ワインとミードとビールの要素をあわせ持つ混合発酵飲料というわけで、実にエクストリームな飲み物である。

考古学的にはここまでわかれば上々でも、再現となると未解決の疑問がたくさんあったと、マクガヴァンは著書『古代のビール』に記している。主要な材料の配合比は。残留物の鮮やかな黄色の元は。材料は別々に調製されてから混合されたのか、いっしょに醸造されたのか。酵母は何に由来するのか。穀物の種類は。蜂蜜の種類は。葡萄の種類は、生で使ったのか、干してから使ったのか。最終産物には炭酸が入っていただろうか。これらの答えはなく、ほかにもわからないことがあるからには、どんな再現物ができようともはたして本当に当時の品と同じなのか、いや、似ているのかすらだれにも確かめることはかなわない。

それでも、およそ醸造業と名のつくものの成功を支えるのは今も昔も醸造職人の勘と技能で、その大切さは物言わぬ原材料に勝るとも劣らない。

王の葬儀ビールの最初の再現品が誕生したきっかけは、マクガヴァンが二〇〇〇年春、ペンシルベニア大学博物館でビールとスコッチの批評家であるマイケル・ジャクソンを招いて毎年開かれているテイスティング大会の席上で、集まったクラフトビールの醸造家たちに課題を出して競わせたことだった。最終的に勝利を収めたのはカラジョンで、その作品は、とほうもなく高価だが鮮烈な黄色のサフランを苦味づけにとり入れたものだった。サフランのほかに使ったのはギリシャ産タイムの蜂蜜、マスカット、ミード酵母、それに二条種の大麦であった。わかっていた三つの基本材料——ミードとビールとワインを別個のものと考えがちな現代人にはちぐはぐに思えるかもしれない組み合わせだ——を使いながらカラジョンがつくってのけた淡い黄金色の飲み物は、アルコール度数もしっかり酔える九パーセントで、香りも高く、調和もとれていた。立ち上がりはほんのり甘く、フレーバーはビスケットと蜂蜜で、後口はすっきりした辛口だった。この酒はたちまち世間の注目を集め、その子孫にあたる品は二十年近くたつ今も、ドッグフィッシュヘッド社のミダス・タッチという名で市販されている。

勢いづいたマクガヴァンとカラジョンがつづいて再現に乗りだしたのは、わかっている範囲で世界最古のビール、中国中央部にある九千年前の賈湖《ジアフー》遺跡で痕跡が見つかった飲み物であった。ここでも、液体の入っていた土器の壺に残留物が付着していることがわかったが、それにはミダースの壺の中身と似ている点もあればちがう点もあった。ゴルディオンと同様、蜜蝋が証拠となってかつて蜂蜜が存在したとわかったし、酒石酸からさんざしの実か葡萄、もしかしたら両方というのもわかった（中国では、さんざしの実には酒石酸が葡萄の三倍含まれている）。ところが、第三の主原料はなるほど穀類にはちがいないが、大麦ではなく米だった。その複雑な構成ゆえに、マクガヴァンはこの飲み物をビールではなく、新石器グロッグと呼ぶことにした（ミダースの飲み物もプリュギアのグロッグと称している）。また、このように糖の供給源がいくつもあることから、大昔のつくり手たちはちがう風味を加えたかったばかりでなく、アルコール度数も上げたかったのではないかと示唆するとともに、中国では古い文献でも現在の慣行でも、糖化や発酵を促進するためさまざまな香草類や微生物を使っていることを指摘している。

名前はグロッグと呼びつつも、この飲み物の復元にあたってマクガヴァンが声をかけたのは、またしてもサム・カラジョンのチームだった。米のでんぷんを糖にするのに、紹興酒に使うようなカビの塊（麹）をもちいるなどさまざまな実験をくり返した末にたどり着いたのは、さんざしの実（法的な理由から乾燥粉末になった）、マスカット、オレンジの花の蜂蜜、糊化した米（もみ殻もぬかもついたまま）という四つの主要原料を使い、四つの原料をすべて同時に醸造するやり方だった。最初は清酒酵母を使っていたが、発酵が途中で止まってしまうことが何度かあってからは米国産エール酵母に切り替えた。ハーブ類は使っていない。賈湖の人々がそれらを使用したというのは憶測にすぎないからである。発酵一二日でアルコール度数は一〇・一二パーセントまで上がった。できた混合液はタンクの中で室温四日間、低温四六日間にわたり熟成された。

当てずっぽうで補った点は多々あったものの、こうしてできた「シャトー・ジアフー」は当時の人々が飲んでいたものをそこそこ模倣できているとマクガヴァンは自信を持っている。瓶の栓を抜いて（これは当時の人々にはできなかった）グラスに注ぐと、まず目につくのは濃い黄色と、表面にできるシャンパンのようなほのかな泡だ。続くフレーバーの輪郭は甘酸っぱく、マクガヴァンも言うとおり中華料理のお供に最適。シャトー・ジアフーはその後、受賞もしたし、マクガヴァン自身も数ある再現品の中でいちばん好きなのがこれだと言っている。ただやはり、当時の醸造工程の不明な部分は現代の技術で代用しているし、これが九千年前の土器の壺から蒸発したものとどれくらい似ているかは絶対に知りえない。

マクガヴァンとカラジョンはその後も世界各地の古代ビールを再現しつづけた。マクガヴァンの自己申告だが、二人が限界に挑戦したのはドッグフィッシュ・タ・ヘンケット（パンのビール）のときだったという。これは古代エジプトで長きにわたって続いた醸造方法の精神を捉えようという試みで、場所も時代もちがう三つの遺跡の残留物を元に、大麦のモルト、ドーム椰子の実、エンマー小麦のパン、ザータル（スパイスミックス）、カモミールを使うレシピを考案した。材料は全部一つに混ぜ、なつめ椰子の茂るオアシスで捕まえたショウジョウバエから回収した酵母で発酵させた。長期間続き、ばらつきも大きかった醸造慣行の全体をカバーしたうえでの再現としてはかなり正確だったと思われるのだが、残念ながら、果物の刺激が強くハーブも強烈なフレーバーのタ・ヘンケットは、芳醇なシャトー・ジアフーほどには一般受けしなかった。

さらにエクストリームな飲み物で市販に至らなかったものに、インカ帝国のエネルギー源となった飲み物を元にしたチッチャというとうもろこしのビールもある。現代でもケチュア語を話すペルーの人々は非常にバラエティ豊かなチッチャを作っており、それには大麦のモルトと同様の方法でとうもろこしを発芽させている。しかし大昔は同じものを作るのに唾液の酵素で、つまり「噛んで吐き出す」方法でとうもろこしから糖をひき出していた（第2章を参照のこと）。二〇〇九年、マクガヴァンと同僚たちは果敢にも、当時は神聖視されていたこの方法でチッチャ作りを試み、ペルー産の赤いとうもろこしを八時間噛み続けてどろどろになったものを、潰したペッパーベリー、野生いちごと混ぜた。「一般市民を中毒させたと叱られないよう、混合物はきちんと沸騰させた」とマクガヴァンは記している。標準的なアメリカのエール酵母で発酵させるとアルコール度数五・五パーセントの深紅色のビールとなり、二〇〇九年一〇月八日に開かれたマクガヴァンの新刊『酒の起源――最古のワイン、ビール、アルコール飲料を探す旅』出版記念の催しに間に合った。同年のグレート・アメリカン・ビアフェスティバルでは、参加者たちが列をなしてその残りを味見した。その後に作られたバージョンでは、糖の供給源がなんと刺蕃茘枝《とげばんれいし》の実になっている。

マクガヴァンとカラジョンは長年かけてほかにもいくつかの古代ビール（とエクストリームビール）を再現してきた。たとえばマヤのチョコレートビールを元にした人気のテオブロマのほか、ヴァイキング・クヴァシルは小麦と大麦のモルト、クランベリー、こけもも、蜂蜜、白樺の樹液、ヤチヤナギ、のこぎり草を使っている。化学的な分析により、原材料は（少なくとも部分的には）検出でき、荒削りなリストも作れるが、製法は出てこない。文書もほとんどないか、まったくない。だからこうしたビールはどれも、正確なコピーとしてではなく、想像を駆使して造るしかなかった。おかげでわくわくする品がいくつも生まれ、もしこれらがなかったら世界は少しつまらない場所になっていたのはまちがいない。当時の品がどんなものだったかを本当に知るにははっきりと書かれたレシピが必要だが、そんなものは本当に古いビールに関するかぎり手の届かない贅沢だ。まだしも詳しい「ニンカシ讃歌」でさえ肝腎の部分がひどく抜けているくらいなのだから。

情報が足りないといえば、歴史的に重要なビアスタイルの中にも、今なおなんらかの形で名前が続いていながら、中断した時期があったり変更が加わったりしたために当初の製法や味がはっきりとはわからなくなっているものがある。これは現代のクラフトビールで売れ行き一番のビアスタイル、インディアペールエール（ＩＰＡ）にも当てはまる。第3章でも触れたようにＩＰＡは、度数が高く、モルティでホッピィなイングランドのエールが、帆船でアフリカの南を回ってインドまで運ばれる苛酷な旅により奇跡的に磨かれたビールとして有名になった。植民地内外のビール好きたちが夢中になったＩＰＡだったが、一九世紀も深まるにつれてついには下火になっていった。流行の移り変わりと乱暴な課税方針が重なって、度数も低く個性の薄いビールに取って代わられることになったのである。二〇世紀に入るころには、飲んだ記憶があるのは古参のビール好きだけになっていた。

ここで登場するのがイングランドのビールライター、ピート・ブラウンだ。二一世紀への転換期になって本来のＩＰＡはどんなものだったのか、苦難の旅によってフレーバーの輪郭にどんな変化があったのかを知りたくて、昔のＩＰＡのスタイルで作らせたビールを船に積み、インドまで運んだ男だ。この仕事はブラウンの著書、『ホップと栄光（*Hops and Glory*）』で楽しく描かれている。

こんな冒険ができたのも、中部イングランドはバートン＝アポン＝トレントの名門、バス・ブルワリー社のうち売却を免れた部門の従業員たちが惜しみなく協力したからであった。ＩＰＡが考案されたのはロンドンだったが、のちに醸造の中心はバートンへ移り、ついにはバス社が最大手となった。バス社のアーカイブには、一八五〇年代にベルギーへ輸出されていた後期スタイルのＩＰＡ、バス・コンチネンタルの詳細なレシピが今も残っていた。レプリカＩＰＡはこのレシピを元に、手に入るかぎりでなるべく古い道具をもちいて作られた。ホップは芳香系のノースダウン、モルトは淡色モルトとクリスタルモルト、酵母は昔ながらのバートンの菌株を二種類、そしておそらく最も重要なのが石膏の豊富なバートンの井戸水だった。タンクで数週間コンディショニングしたのち、できたエールのうち五ガロンがインドへ旅立つため小さなカスクに移された。

ブラウンによれば、タンクから出したばかりのビールは濃い琥珀色で、「圧倒的なトロピカルフルーツサラダの香り」がしたが、口に含むと「苦い樹脂系の尖り」があり、後口はただ「消えてしまった」。再現されたバス・コンチネンタルは、この段階ではとても理想的バランスのエールとはいえなかったが、大切なのはインドに着いたときの味だ。

インドに着くまでの物語は、危機と不運の物語であった。最大の事件は、キャナリー諸島を通過中に当初の樽が暑い部屋で破裂して、小さな金属性のケグで代用しなくてはならなくなったことだろう。急遽、仲間たちが同じバッチのエールを詰め直し、ブラジルでブラウンの船に追いついた。この段階では、南大西洋を横切り、アフリカの先端を回る旅はまだまだ先が長かった。ケグと守護者たちはボンベイまでの長い海路でも、そこからIPA誕生当時に東インド会社が置かれていたコルカタまでの陸路でも、さんざんに揺さぶられたという。こうして、最初に発酵桶に入ってから四か月、何千マイルも旅したこのビールは、ようやくケグが開封される瞬間まで、ほとんど腰を落ちつけることがなかった。封を切ると、圧力で泡が遠くまで飛び散った。あまりよい前兆とはいえないのかもしれないが、ブラウンは自慢げだ。


注ぐと濃い赤銅色で、大量のホップのせいでかすかに濁りがあった。香りはまさに歓喜そのもの、最初に感じるのは鋭い柑橘系の刺激、後からより深いパパイヤとマンゴーの南国風サラダが続く。（それから）豊かな熟れた果物に胡椒の隠し味でぼくの舌は爆発した。以前の苦くてホッピィな尖りは引っこんでいる。ホップの突出をモルトが自己主張して迎えうったのだ。（中略）カラメルの繊細な網目模様もあった（中略）。後味はなめらかな辛口で、すっきりしていてチリチリ感が残る。

そしてなんということだろう、アルコールが七パーセントもあるというのにおそろしいほど飲みやすい。

ブラウン自身、あれだけの艱難辛苦のあとだから評価が甘くなりやすい状態にあっただろうと認めてはいる。とはいえ開封の儀式に同席した人々も、彼に劣らず手放しのほめようだった。それだけではない。エールの描写を旅の前後で比較すると、確固たる結論が二つ導きだされる。一つは、旅はたしかにビールを変えたということ。もう一つは、この復活劇の成果はおいしかったということ。ほかのすべてと同様に、ビールにおいても進歩と改善は常に同義とはかぎらないことはまちがいない。

16
ビール造りの未来
The Future of Brewing

巨大メーカーの落とす影がますます広がるいっぽうで創意豊かな地ビール造りも花盛りというこの時代、ビール造りとビール消費のこれからを予測するのはどう考えても難しい。そこで、目の前に静かに置かれた「スリー・フィロソファーズ」の名前のとおり、ラベルに描かれた三人の哲学者たちの頭脳にお任せすることにした。ベルギーのさくらんぼビールを少量加えて発酵させたニューヨーク州北部産のクアドルペルは、注ぐと濃い栗色で、泡はクリーミー、問題のさくらんぼ香は気配程度にとどまり、メインの香りを邪魔しない。次々と移り変わるモルトの風味は完璧にバランスがとれていて、後口は油のようになめらかという以外に言いようがない。まさに逸品。このハイブリッドビールが教えてくれた明るい教訓は、こういうことらしい。たとえビール産業の将来は不確実でも、造り手たちの創造性はこれからも尽きることはないだろう。

未来を予想しようと思ったら、まずは過去を見つめ直すのが定石だろう。そして、ことビールに関するかぎり、ここしばらくは波瀾つづきだった。大西洋の両側で独立に、それぞれ相反する二つの流れ、片方がもう片方への反動として生まれた二つの流れが交差する時代だった。

合衆国で禁酒法が廃止されると、ビール醸造は一時的に盛んになった。しかしにわか景気はすぐにしぼみ、小規模な業者は多くが破綻するか、さもなければ新興の大手メーカーに買収された（第3章を参照のこと）。ビールは大量生産商品となり、一九七〇年代に入るころにはひとにぎりの大手メーカーしか残っていなかった。

そして、悪名高いビール戦争が勃発する。セントルイスのアンハイザー・ブッシュ社が、たいていのライバルには太刀うちできない広告予算と、残忍なまでの決断力を武器に大暴れをつづけた。国内のメーカーのうち、あれこれ工夫をこらして猛攻を耐えぬけたのはミルウォーキーのミラー社だけ、それも、当初は裕福なたばこ会社のフィリップモリスの所有下にあったおかげで、のちには「ライトビール」ブームで賢く儲けた成果だった。ブームのきっかけは一九七五年のミラーライト、ドイツ式ラガーの中でもとりわけ無個性なビールにヒントを得た新商品の投入である。尖ったところのないおとなしいラガーも、広告の天才の手にかかると市場で一番人気になった。これ以降、ミラー社と好戦的なセントルイスのライバルとのあいだでは、たまに訴訟で中断されるにらみ合いがつづく。その間にも、シュリッツやパブスト、ラインゴールドといった人気の老舗が追いやられていった。一九八〇年代に入るころには、大手メーカーではあと一社、クアーズがどうにか生き延びているだけだった。ほどなくこの三社でアメリカのビール市場の八〇パーセントを支配するようになる。

同じころ、大西洋の反対側でもよく似た事態が進んでいた。イングランドでは第二次世界大戦の直前、濾過と熱処理を行い、二酸化炭素で加圧したケグ入りのエールが登場した。当時は輸出のための工夫だったが、戦後になって国内で急速に普及する。造る人、運ぶ人、売る人、誰にとっても好都合だったからだ。ケグビールの先祖、カスクコンディショニングエールの方がおもしろみではまさるものの非常に手間がかかったし、それは今も変わらない。造り手ばかりでなく居酒屋のあるじも、セラーに寝かせたカスクに絶えず目を配る必要があるし、ビアエンジンでビールを汲み上げるパイプも洗浄しなくてはならない。居酒屋を引き継いだ戦後世代の店主たちも、そんな彼らに納めるのがおもな仕事となった醸造業者も、単調でとかく大味な新顔のケグエールなら提供も運搬もはるかに楽だと知ってしまった。

さらに、ケグエールは全国区のブランドとして広く売ることができる。それが地方メーカーの合併を後押しし、ついには全国規模の大企業六社がビッグ・シックスと呼ばれるようになる。一九七〇年代も半ばになると、パブでの売り上げの半分以上をケグエールが占めていたいっぽう、扱われるブランド数は一九六〇年代中期から一九七〇年代中期のあいだで半減した。

昔のままを望む人々にとってケグに劣らずおもしろくなかったのは、輸送も販売も手軽な瓶入りビールが、スーパーマーケットにとどまらずパブにも侵入してきたことだった。

それだけではない。英国の醸造業者たちはずっと、自分たちの商売はビールの製造だと考えてきた。だが長年のあいだに、所有するおびただしい数のパブも、一等地に建つ工場も、すっかり不動産価値が上がっていた。こんなうまみのある獲物を、抜け目のない連中がいつまでも放っておくはずがない。一九六〇年代初頭、カナダの大手ラガー業者カーリング社が買いあさりを始めたのが引き金となって、最終的にはビッグ・シックス誕生へとつづいていく。それは、醸造家が世の商売人たちの争いごとをよそに、楽しみ半分で仕事をしていられた時代が終わる予兆だった。ビール会社はしだいに、ビールといえども数ある大衆向け日用品の一つとしか思わない多国籍企業に狙われ、取りこまれていった。

英国の場合、ビール会社所有権がグローバル化すると、まずは市場に瓶・生の双方で大量生産ラガーの侵入を許した。その後の大々的な広告で、次世代の消費者の間ではラガー人気が急上昇する。製造地こそ国内でも、新しいラガーは宣伝も販売も主として国際ブランド名のもとに行われた。英国のビール市場を本当にめちゃくちゃにしたのはこの動きだった。長年エール防衛の砦だった英国が、どんどんラガー消費国になっていった。二〇一四年の調査では、英国のビール好きのなんと五四パーセントがラガーを選んでいる。もっともこの数字はそれ以降、多少下がってはいるのだが。

その間も、ビール業界における合併の流れは衰えることなくつづいた。二〇〇八年、アメリカの巨人アンハイザー・ブッシュまでが、ベルギーとブラジルのインベブ社に吸収された。この新会社はそれでも足りないかのように二〇一六年一〇月、SABミラー（それまでにクアーズなどと合併を重ねて世界二位になっていた）も吸収する。このとき、勢いの落ちたミラークアーズが規制のがれのため放出されたものの、それがアメリカのビール産業に多様性をもたらすことはほとんどなかった。

各地でこれだけグローバル化が進めば、いつかは反動がくる。英国では、落胆したエール愛好家たちが、カスクコンディショニングビールの復権を訴える圧力団体を次々と結成しはじめた。

なかでも最大の「本物のエールを求めるキャンペーン」（Campaign for Real Ale：CAMRA）は、一九七一年にややちがう名前で発足している。創立したのは数人のジャーナリストで、多感な青春期を核運動に始まり、ほとんどなんにでも抗議してすごした若者たちである。結成当初の彼らは威勢よく大手メーカーに抗議した。不買運動を呼びかけ、消えていった小規模メーカーの葬式ごっこも演じた。地方ごとの、そして全国規模のビール祭りも開催した。年一度刊行の『グッド・ビア・ガイド』も影響力を広げた。

広告業界人でビールライターでもあるピート・ブラウンも言っていたが、マーケティング的には「本物のエール（リアルエール）」という言い回しを考えだしたのが天才的だった。大手メーカーははじめ面食らうばかりだったが、いざケグエールの売り上げが落ち、地方の醸造所が息を吹き返したとなると対応しないわけにもいかなくなった。ＣＡＭＲＡの煽動のおかげで、英国のリアルエールという貴重な文化的遺産は今も繁栄をつづけている。彼らの試算によると、英国では現在、千五百軒ほどの醸造所がリアルエールを造っているという。

金融街の投資家たちを除けば、リアルエールの復調がすばらしい進歩であることに異を唱える人はいないだろう。しかし人の世には「意図せざる結果の法則」という不動の鉄則がある。伝統や過去をふり返る英国のリアルエール運動が及ぼしたブレーキ効果は、ドイツでビール純粋令が与えた影響と似ていないともいえない。たしかにビール純粋令はあらゆる醸造基準の緩和を非難し、伝統の純粋さを力説することで、何百年にもわたってドイツのビールの品質維持に大きな役割を果たしてきた。その反面、規則で決められた伝統ゆえに、自然な技術革新の欲求までも抑えこむことになりがちだった。昔も今も、一般に流通しているドイツのビールはいずれも仕上がりこそみごとだが、どこか似たり寄ったりでもある。昔から、ドイツのビール産業の主流派が目指してきた理想の姿は一種類しかなかったからである。

とはいうものの、非主流の流れもとぎれたことはない。さまざまな小麦ビールが昔から愛されているし、バンベルクのスモークビールなど各地に伝わる変わり種ビールも、純粋令に則った製品とならんで今も栄えている。こうした安全弁のおかげもあるのか、ドイツのビール飲みたちは驚くほど満ち足りている。ドイツ版のＣＡＭＲＡは登場しなかったし、二百年前のルートヴィヒ王も民衆の怒りを買ってもミュンヘンの宮廷を追われはしなかった。

そんなドイツ人にも、実現にいたらなかっただけで、より独創的なビールへの需要はあったらしい。一九九三年、ＥＵの規定でもっと規制のゆるい法律の受け入れを強制されてからは、活発かつ非常におもしろいクラフトビールシーンが育ってきたからだ。

英国でリアルエールを復興させようというＣＡＭＲＡの努力は、もうひとつの意図せざる結果を生んだ。失ったものをふり返りはじめたビール飲みはたくさんいたものの、巨大多国籍企業が絶えず売りこんできたラガーを放逐できるほどの人数にはならなかった。少数派の趣味となったカスクコンディショニングエールは、ほどなく、ちょっと風変わりで古いもの好きな愛好家たちのサブカルチャーと見られるようになっていく。伝統を維持することはできるが、新たに市場を活性化できる数には届かない。こうして英国のパブでは、ラガーとエールが互いに距離を保ってにらみ合うような状態になっている。

それでも、転機は近づいているのかもしれない。相変わらず元気なビールおたくたちとは別に、一般市場でもリアルエールが大量生産ラガーに奪われた地位の回復にむかう兆しが見えてきたのだ。

大西洋の反対側では、一九七〇年代の状況はまったくちがったものだった。合衆国には復活させるべき伝統が最初からないのだし、禁酒法とその後遺症が破壊したのは地元の醸造所にとどまらなかった。かつてはビアホールや居酒屋で行われていた、社交の一環としてビールを飲む習慣までが消えてしまったのだ。取って代わったのは自宅の冷蔵庫から出してすぐに飲む、極端に冷やした大量生産ビールだった。

しかし、もともと創造性と起業家精神のあふれる国で、そんな状態が長くつづくはずがない。合衆国は合衆国で、クラフトビール革命の準備は整っていた。

この革命の発端を問われれば、大半の歴史家が一九六五年、フリッツ・メイタッグが破綻寸前だったサンフランシスコのアンカー・ブルーイング・カンパニーを買収したことと、それからの年月で伝統の醸造法を復活させた努力を挙げるだろう。そう、あのメイタッグだ。ニンカシのビールを復元したのも、一九七五年に最初のアメリカンＩＰＡをつくったのも同一人物である。

一九七八年、ジミー・カーター大統領が自家醸造を合法化する法律に署名する。いくらもたたないうちに、新しく自家醸造を始めた人々が続々とプロに転向し、クラフトビール革命は本格的に進行しつつあった――ただし、何をもってクラフトビールというのかは今なお明確ではない。最も厳格な定義は、小規模生産であること、伝統的な醸造法を守っていること、副材料（たとえば大麦モルト以外に由来する糖類など）も人工的な材料（違反だと指摘されて初めてそれとわかるものも多い）も使っていないことというものだ。これに加え、大手メーカーと無関係であることを重視する定義もあるが、のちに説明するとおりこの区別は崩れはじめている。

ビアスタイルの観点からいえば、ほぼ何でもかまわない。クラフトビールメーカーはポーターも造ればスタウトも、ペールエールもサワービールも、また、先に紹介したようなエクストリームビールまでも――あるいは、それればかりを――造っている。なかでも特にエクストリームなものは、およそ発酵しそうなものならなんでも入れるので、仮にこれをクラフトビールの範疇に含めるなら、副材料禁止という項目は意味を失う。

それればかりではない。なかには、自社では製品を造らず、自分たちにはまだ買えないような設備を持っている会社に製造を外注しているところさえある。つまりクラフトビール造りとは、道楽にせよ産業にせよ、目下そのアイデンティティを模索中の存在だし、それがクラフトビールかどうかは、現物を見ればわかるはずだということになっている。

初期のクラフトビール業界に大きな影響を与えた実力者にジャック・マコーリフがいる。一九七六年、醸造所といえば長らく閉鎖されるいっぽうだったアメリカで久しぶりに開業したのが、マコーリフがソノマに設立したニュー・アルビオン・ブルワリーだった。大手のラガーと真っ向からぶつかっても勝ち目はない。それなら風味の豊かなエールとポーターでニッチ市場を作りだそう。そう考えたマコーリフは、料理と合わせて行儀よく楽しめるビールを売りこんだ。

地元の目利きには影響力絶大だったニュー・アルビオンだが、悲しいかな商業的には成功しなかった。先進的な企てにはよくある話で、利益を出せる規模に届かなかったのだ。同社が生産できる量は年に四〇〇バレル程度だったのに対し、一九七六年当時のアンハイザー・ブッシュは全米の数か所に工場を構えており、それぞれが四〇〇〇万バレル以上を製造している。

それでも、よりビジネス志向の強いジム・コッチが一九八四年にボストン・ビール社を設立し、ついに巨大メーカーの市場に食いこむことができたのも、ニュー・アルビオンと同じ志ゆえだった。

皮肉な話だが、コッチがシェアを確立できたのは、「サム・アダムズ」の製造は外注して、精力も資金もマーケティングに集中させたからだった。だがひとたび事業が軌道に乗り、サム・アダムズもほぼまちがいなくアメリカ一の「クラフト」ブランドになると（ボストン・ビールの二〇一三年の生産量は二三〇万バレルになる）、コッチはマコーリフと手を組み、伝説となっていた一九七六年のニュー・アルビオンエールの再現にのり出した。

ほかにも、『ラガービール論（*A Treatise on Lager Beers*）』の著者であるオレゴンのフレッド・エッカルトやシエラネヴァダ・ブルーイング・カンパニー（カリフォルニア）のケン・グロスマンといった主導者たちを先頭に、クラフトビールは全米各地で急速に増えていく。一九八二年にチャーリー・パパジアンがコロラド州ボールダーで初めて開催したグレート・アメリカン・ビアフェスティバルも、この流れを後押しした。さらに、ビールライターの草分けマイケル・ジャクソンの『世界のビール案内』の一九八八年版が、特に合衆国のクラフトビール運動には触れていなかったにもかかわらず、メイタッグのアンカースチームを称賛したことが世界の好奇心を刺激した。合衆国ではどんどん多彩なビールが買えるようになっているらしいと人々が気づいたのである。

とうとうアメリカの消費者も知ることになった。ビールといっても大企業の製品ばかりではない。世の中にはおもしろい非主流の品がいくつもある。

人々の目ざめは市場に反映された。一九八五年までに商業生産を始めていたクラフトビールメーカーは三七社だったが、この数はその後の十年で急増する。つづいて業界は停滞期に入る。急な生産拡大で品質管理に問題が生じたのがおもな理由で、一九九八年の一六二五社が二〇〇〇年には一四二六社まで減少した。しかし、つづく十年の回復期を経て事業者数はふたたび増えはじめ、二〇一〇年の一七五〇社が二〇一三年半ばで二四一八社になった。二〇一八年現在、メーカーは五千社を超え、商品数は二万種以上、ビアスタイルは自己申告で一五〇種にのぼる。

はじめは小さかったクラフトビール業界だが、二〇一〇年代に入るころには、ただでさえ停滞していた大手の売り上げを本格的に侵食しはじめていた。大衆の嗜好は、軽いラガーから色も濃く風味も豊かなスタイルへと、目に見えて変化していく。一九九五年には二パーセントだったクラフトビールのシェアも二〇一二年には六・四パーセントに達した。現在では一〇パーセント前後のようだが、まだ上がっている。

こうなっては巨人たちも無視してはいられない。彼らの対応は二通りだった。一つは自分たちも「クラフト」ブランドを立ち上げること。たとえばミラークアーズ（今はこうなっている）はブルームーンというブランド名で独自の「ベルジアンホワイト」を売っているが、自分たちの関与はうたわない。ブルームーンは意外によくできていて、売れ行きもいい（年に百万バレル以上が売れている）。対照的に、アンハイザー・ブッシュのエルク・マウンテンやSABミラーのプランク・ロードを知るファンはほとんどいない。

もう一つの道は、繁盛している会社の買収である。アンハイザー・ブッシュの場合、一九九四年という早い段階でシアトルのレッドフック・ブルワリーの株を買い、三年後にはオレゴンのウィドマーブラザーズ・ブルワリーも買収した。両社とも以前と変わらず独自の操業を続けていたにもかかわらず、クラフトビールの業界団体、ブルワーズ・アソシエーションからはただちに除名された。そのウィドマーは前々からシカゴのグース・アイランド・ブルワリーに一部出資していたが、二〇一一年にアンハイザー・ブッシュ・インベブが残りを買い取った。それと同時にグース・アイランドが正式なクラフトビールの肩書きを失ったのは言うまでもない。最近になってABインベブに売却された有力な三社も同様だった。

流れは止まらない。二〇一五年にはカリフォルニアの象徴ともいうべきラグニタスの半分が、世界三位のハイネケンのものとなった（のちに残りも買い取られた）し、サンディエゴのバラストポイント・ブルーイングは、ワインと蒸留酒を扱う複合企業、コンステレーション・ブランズ社に売却された。そのほか、最近では各地のメーカー数社が未公開株投資家に買われたかと思えば、逆に投資家と手を組んで、自分たちより小規模で経営の苦しいライバル醸造所を買収しにかかっているところさえある。

このニッチ産業の活気を支えているのは身軽さと創意工夫に加え、合衆国のファンにとって忘れられない時代を作ってくれた先駆者たちの献身なのだが、いまやいっぽうでは巨大メーカーが、もういっぽうでは英国ビール界をビッグ・シックス形成に向かわせたのと同じ外部の経済勢力が地盤を拡大しつつある。

合衆国だけでもブルワリーが五千社を超え（禁酒法前の一八七三年の四一三一社を上回っている）、ビールを飲む国のほぼ全部に独自のクラフトビールシーンがあって多様化が盛んな今、大量生産ビールには淘汰の時期が迫っているのはたしかだが、業界の未来はどうなるのだろうか。メーカーの大半は最大でも生産量が年に数千バレルという規模で、かなりの合併や統合なしに競争の激しい今の市場で長くもつとは思えない。問題はその統合がどのように行われるかだろう。

仮に巨大メーカーが資金力と流通網にものをいわせていちばんいいところだけをさらっていくなら、いくら内容は変えませんと言われても無個性への逆戻りを警戒するのもわからなくはない。大手の強みはなんといっても、常に品質の安定した製品を大量に生産して届ける力にあるのだから、どうしても高品質と均一性をほぼ同一視してしまう傾向はあるだろう。大手メーカーの品がこれほど信頼できる品質を達成したのは化学工業の奇跡にはちがいないが、歴史的経過をみれば、それはなにも多彩さを尊ぶ客のためを思ってなされたことではなかった。懐古主義者たちはバスがグローバル・ビアの手に渡るとペールエールの運命を嘆いたし、純粋主義者たちは伝説のピルスナーウルケルでさえ、（SABミラーとABインベブを経て）日本の大手アサヒビールのものになった今はどうも昔とちがうとささやきあう。だが大手メーカーだって眼の前のマーケティング機会を理解できないはずがない。それなりの多様性を維持するのが自分たちの利益になることくらいわかっているはずだ。

十把ひとからげにのみこまれてしまうのが最悪のシナリオであることは言うまでもない。大手の存在の大きさは不変だろうが、クラフトビールのニッチも揺るがないことは証明ずみだ。きたるべきふるい落としが、主としてクラフトビール業者どうしの合併——優秀な人材を交換しつつ、採算のとれる設備と流通網の規模を確保するための合併——によって行われるのであれば、ビールを愛し、多彩さを尊ぶ人々の未来は明るい。少なくとも、大手の大量生産品と共存して繁栄をつづける望みは持てる。

一部の試算によれば、クラフトビールのシェアはまもなく、合衆国を含めた全世界で二〇パーセントを越す見込みだという。そのうちかなりの部分がなんらかの形で超大手の管理下に入るだろうが、大手が全面的に引き継ぐとは考えにくい。

ある調査では、アメリカのミレニアル世代の四四パーセントが一度もバドワイザーを飲んだことがないとわかった。ただし楽観はできない。この世代の嗜好は、いっぽうでは蒸留酒、いっぽうではノンアルコール飲料へと逃げているかもしれないのだから。

ほとんどの地域のビール愛好者にとって、スタイルとコンセプトの双方でかつてなく選択肢の多い現代ではあるが、この豊かさも明らかに醸造業をとりまく環境が許す範囲内のものであり、その環境は移行期にある。幸いなのは、最後に答えを出せるのは飲み手だろうということだ。この先、以前のように退屈で画一的な世界に戻るのか、工夫をこらして味覚の幅を広げ、品数を追求する今の道をこのまま歩みつづけるのか、決めるのはだれよりも消費者なのだから。知識があり、違いのわかる飲み手たちこそ、多彩で胸おどる未来を支える最強の味方なのである。

解説　枝葉を広げるクラフトビール――ドレスデンの街角から

現在、クラフトビールブームはますますの盛り上がりを見せ、書店にはかつて想像もつかなかったほどたくさんのビールに関する書籍が並んでいる。本書はビールを題材とした本ではあるものの、これらの類書とは大きく変わった特徴を持つ。それには本書の執筆者のふたりが、系統進化生物学を専門とする世界トップレベルの科学者であることが大きく関連している。特にビール本にすでに親しんでいる愛好家の方にとっては、科学啓蒙書のスタイルで執筆され、科学の言葉でビールに関するあらゆることが語り尽くされた本書は、かなり特異なものに映るだろう。

一方で、文化の進化や、進化的手法の文化への応用に興味を持つ読者であれば、それらのビール本としての特異性はそれほど気にならないだろう。しかし、もし特にビール自体には興味がなく、とりあえず一杯目に飲む「シュワシュワした黄色い液体」という認識であれば、本書で語られるビールの多様性に驚くことであろうし、本書がクラフトビールの世界へ入るきっかけになるかもしれない。

解説者は、本書の著者ふたりと同様、昆虫の分類や系統進化を専門とする研究者で、かつクラフトビール歴二十年ほどのビール愛好家という立場から、異なるタイプの読者を橋渡しする役割として、この解説をお引き受けした。

さて先にも述べた通り、本書ではビールの起源からその材料と製造法、さらにはビールの栓を抜くときの音の物理的特性から、それが脳に伝わるまでの解剖学的・生理学的特性に至るまで、ありとあらゆることが、最新の研究成果も引用しながら、科学の言葉で微に入り細に入り語られている。趣味の世界に対して、科学という道具を使って全力で取り組む様は、科学者という人種のヒューマンウォッチングとしても興味深い。そしてビール本としての本書の特異性を際立たせる最大のポイントであり、そしてやや理解しにくいのが第14章であろう。他の章とは異なり、14章では著者らが独自にビールの特徴をデータに変換し、生物進化の解析に用いられる方法で系統解析を行い、さらにはチェコやドイツへのフィールドワークまで敢行して書き上げた、完全にオリジナルな一科学論文とも言える章だからである。

　さてそのようなオリジナルな解析を行っているにもかかわらず、そこからもたらされた結論は、よく知られたビールの分類とほぼ一致している。とりわけビールを良く知る読者であれば、「手間がかかってる割には大した結果になってないね」と思われるかもしれないが、その認識は大きな間違いである。この間違いを理解するために、まずは「分類」と「系統」という、二つの異なる体系の理解が必要となる。

　生物の例を使って説明したい。爬虫類という分類群は私たちにとって馴染み深いもので、そこにはヘビやトカゲ、カメやワニが含まれることを多くの方がご存知と思う。この爬虫類を認める分類体系では、生物の中に（ヘビ・トカゲ、カメ、ワニ）から構成される、一つの集合を認めていることになる。

　一方、系統という視点からこれらの生物を見ると、異なる体系が見えてくる。爬虫類および鳥類の系統関係は図のようになっていることが知られており、これを集合として表すと、（ヘビ・トカゲ（カメ（ワニ、鳥類）））となる。つまり、まずワニと鳥類からなる集合があり、その上位の集合としてカメ、ワニ、鳥類が、さらに上位にヘビ・

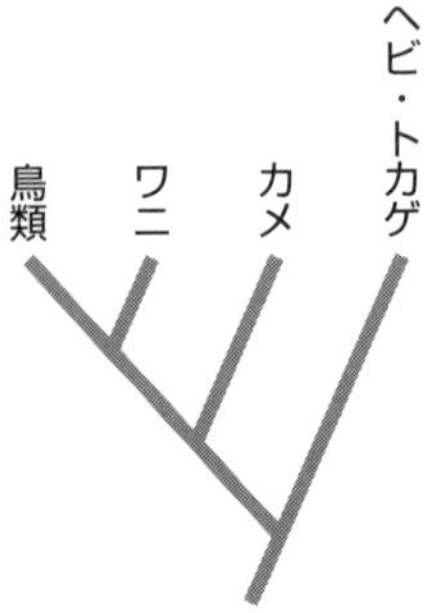

トカゲ、カメ、ワニ、鳥類の集合が、という具合に、どの集合にも必ず鳥類が入ってくる。系統樹上にはいわゆる爬虫類（ヘビ・トカゲ、カメ、ワニ）の集合は存在せず、実際、現在では爬虫類のような分類群を、生物学的に意味のあるまとまりとしては「認めない」とする意見がほとんどである。

このように、分類と系統はまったく異なる観点に基づく物事の体系化であり、時には両者に矛盾が見られるということを理解していただいた上で、話を進めていこう。14章では系統という観点からビールの体系化が行われているにもかかわらず、その結果は他の書籍でも見られるようなビールの分類、例えば、

下面発酵＝ラガー類
　ピルスナー
　シュバルツ
上面発酵＝エール類
　ペールエール
　スタウト

といったものとよく一致している。生物の場合でも爬虫類のように分類と系統が齟齬をきたす例ばかりではなく、異なる体系化の結果が一致することも多い。

しかし、たとえそれらが一致したとしても、系統と分類が異なる視点に基づいた体系化であることは注意すべきである。系統推定は実際に起きた歴史を客観的に推定する行いである一方、分類は主観に基づく類型化であることが多く、あるものをどこに分類するかは、どの特徴に注目するかによって異なり

うる。例えば、ビール、発泡酒、リキュール（第三のビール）といった分類は完全に日本独自のものである。二〇一八年の酒税法改正で大幅に改善されたが、かつては副原料にスパイスや果物を使った途端、それ以外はビールにほかならない液体が、ビールとは異なる発泡酒というカテゴリーに入れられてしまっていた。また、アルコール度数三〇％超のビールが日本に輸入された際、そのアルコール度数からビールではなくスピリッツとして輸入されたこともあった（アルコール度数二〇％未満が日本の酒税法上のビールの定義）。日本の酒税法に基づいて先のような分類がなされたとしても、三〇度超のビールや副原料を加えたビールが「ビール」にほかならないことは、「系統」という観点から見れば明らかなのである。

生物学者は、現在手に入る生物の情報を用いて、過去に起きた進化の歴史をひもとこうと奮闘している。タイムマシンを持たないわれわれは、「真」の生物進化の歴史を実際に見ることはできず、系統解析の結果は「推定」の域を出ることはできない。

一方でビールの進化に関しては、さまざまな記録からその「真」の進化史をある程度はうかがい知ることができる。さらにビールの進化は、現在むしろ加速しながら進行中で、私たちはその進化を実際に体感すらしている。したがって、本書で示されているビールの系統関係を、それらの証拠に基づいて検証するという、生物や文化の系統推定では通常困難な作業を行うことが可能になる。そのような観点から見てみると、いくつか面白い点が見えてくる。

一つは、ビアスタイルガイドラインに準拠して得られたデータから、私たちが知っているビールの進化史とよく一致した系統樹が得られているという点である。生物の系統解析では、新しく進化した形質に基づいて系統関係を推定する。たとえば、鳥の観察から、前足が進化した「翼」という新しい形質がデータに加わり、それに基づき鳥綱が系統的なまとまりであることが推定される。

ビアスタイルガイドラインは系統推定を目的に作られたものではもちろんないが、おそらく、新しいスタイルのビールが登場すると、それを表現する新たな形質が加わる、という過程を何度も繰り返してビアスタイルガイドライン自体も進化してきたのだろう。これはまさに、新しく進化した形質を新たな形質データとして付加する過程にほかならず、このような新たな形質レイヤーの積み重ねを繰り返す過程を通して、ビアスタイルガイドラインがビールの系統推定のための優れたデータに進化したと考えられる。

ガイドラインが系統推定上いかに優れたデータであるかという点は、著者らがチェコ・南ドイツでのフィールドワークの際に記録した、フレーバーホイールデータを用いた「系統解析」の結果と比較するとよりはっきりする。フレーバーホイールで評価される形質自身や、それぞれがどのような評価を得たかという点はビールの進化を表したものではなく、そのデータに基づいて推定された「樹形ダイアグラム」(著者らもこの樹形が系統樹ではないことを理解したうえで、本文やキャプションで「系統樹」の用語を避けている)は、ビールの進化ではなく、著者らの好みを反映したものとなっている。

また本書では、ビールの進化を表す図として二分岐的な系統樹(すなわち、ある祖先が二つの子孫に分かれることを繰り返すことで生じる進化)が示されている。しかし、実際のビールの進化がこの通りでは「ない」ことも、私たちは真実として知っている。IPL(インディアペールラガー)やブラックIPA(Black IPA)、ベルジアンIPAなど、エールとラガー、ペールエールとスタウト、アメリカンとベルジアンなど、異なる系統に属するビール同士のハイブリッドと言えるビールも数多く登場している。このように実際のビールの進化は、生物学で言うところの網状進化の過程を経ている。本書では最節約法による系統解析に加え、STRUCTURE というソフトウェアを用いた集団構造解析により、異なるビアスタイル間の交絡の存在を検討している。

STRUCTURE 解析の結果では、まずビアスタイルが大きく五つのグループに分けられている。ビール愛好家であれば、たった五つと感じる方が多いとは思うが、この五つという数は恣意的に決められたものではなく、「これ以上細かく分けても、分ける煩雑さほどには情報量が増えない」という上限が統計的に決められている。つまり統計的に言えば、とりあえずこれら五つのグループの違いが認識できれば、おおよそビールをグルーピングする入り口としては上出来と言えるわけである。そしてこれら五グループを見ると、互いに別のグループの要素が含まれるビアスタイルが存在すること、つまり異なるビール同士のハイブリッド進化が実際に生じていることが明瞭に示されている。

さてビールを対象とした厳密な系統解析は本書のオリジナルとはいえ、14章でも紹介されているように、ビールの系統史を表したポスターは以前から複数存在する。このようにビールの多様性を視覚的に認識しやすくする試みが繰り返し行われているのは、それだけビールの多様性が高いからにほかならない。近縁なグループであるワイン（14章でも外群として用いられている）と比較しても、そのスタイルや味わいの幅は圧倒的で、一般には苦いと認識されているビールだが、甘さや辛さ、しょっぱさや酸っぱさが際立つビールも数多く存在する。本書でその登場が予言されている「うまみ」を生かしたビールも、国内の複数の醸造所によってすでに造られている。

他の醸造酒や蒸留酒の場合、その香味は原材料とその発酵や熟成過程でもたらされるものがほとんどであろう。一方でビールの場合、ホップという、醸造という観点から言えば副原料ともみなされるものが必ず使用されているし、第9章で紹介されているようにそのホップ自体、新しいアロマをまとった新品種が次々と誕生している。そのほかにも、麦芽（モルト）のローストの深さを変えたり薫香を付加したりと、主原料の加工方法も多様である。さらにはビールに用いられる副原料は極めて多様で、フルーツ、スパイス、コーヒー、紅茶、チョコレートなど、挙げていけばきりがない。

このように、ビール造りというのは単なる醸造ではなく、原材料の加工から副原料の利用に至るまで、料理を作るような自由度があり、これがビールの多様化を許容してきた重要な要素になっていると考えられる。

日本ではドイツこそがビールの本場と認識されているように思うが、ドイツビールの多様性はむしろ低い。ビールの原料を厳格に定めた純粋令の存在が、多様化を阻害する進化的制約になっているように思われる。そして現在、ビール進化のホットスポットとなっているのはアメリカである。ありとあらゆるスタイルを独自の解釈を加えながら取り入れているうえ、自家醸造も盛んであり、それだけ多くの系統に分岐していける素地が整っている。そのような自家醸造者の中から大人気の醸造所に発展した例も多い。

そうしてアメリカで生み出された新たなビアスタイルの影響は極めて大きく、本場のドイツ、ベルギー、イギリスにも波及している。昨夜見つけた、ドレスデン旧市街の中心地のクラフトビアバーでは、一四本の自家醸造ビールのうち、実に一〇本がアメリカの影響を受けたスタイルで、ドイツ本来のビールと言えるのは、メルツェン、シュバルツ、ラオホの三本だけであった（あと一本はベルギースタイルのセゾンだったが、これはアメリカでも流行っており、そちら経由での影響を受けている可能性も高い）。ピルスナーももちろんあったが、一本は大手のものだったし、もう一本の自家醸造のものは明らかにアメリカの影響を受けたIPLスタイルのものであった。ちなみに、オクトーバーフェストを迎えたビアバー前の広場には数多くの屋台が並び、ドイツ伝統のピルスナー、ヴァイツェン、シュバルツ、そしてフェストが湯水のように消費されていたことも事実ではある。

我が国に目を向けると、一九九五年ごろに一度「地ビール」ブームが巻き起こり、早々に衰退した。しかし二〇〇〇年初期ごろから第二のブームが立ち上がり始め、現在では「クラフトビール」は完全に定着し、さらにその人気は加速度的に広がっている。造られるビールも欧米の模倣から、それをさらに磨き上げつつオリジナリティを追求する段階に移っており、独自の系統進化が進んでいる。地元で採れた材料だけを使った真の意味での「地ビール」や、茶、山椒、わさび、ハスカップ、菖蒲、トウキ、ゆず、昆布、鰹節等々、日本独自の副原料を使った、多種多様なビールが誕生している。大手の造るビールでは、米はむしろ口当たりを軽くする目的で加えられるものだが、米の味を積極的に生かしたビールもある。そのようなビールを口にすれば、大手がプレミアム系ビールの売り文句に使う「モルト一〇〇%」ばかりが良いビールの基準ではないんだぞ、ということがはっきり理解できる。

ビールの多様性を歴史的観点から語っている本書では、ビアスタイルやスタイルごとの香味の説明などはほとんどなされていない。日本や世界のクラフトビールをスタイルごとに紹介した書籍はたくさんあるので、本書でビールに興味を持たれた方は、それらを合わせてひもとくのも良いだろう。

しかしビールの多様性を知るうえで一番良いのは、実際にビアバーに足を運び、多様なビールを自身で味わうことである。ワイワイ飲むビールも楽しいが、カウンターで一人静かにビールに向き合うのも良いし、店主や隣の客とビールの知識を交換し合うのも楽しいものだ。ビールの多様性に対して新しい観点をもたらす本書は、そんな話題づくりの格好の虎の巻となるだろう。

吉澤和徳

二〇一九年九月二二日

McGovern, P. E. 2017. *Ancient Brews, Rediscovered and Re-Created*. New York: W. W. Norton.
Samuel, D. 1996a. "Investigation of Ancient Egyptian Baking and Brewing Methods by Correlative Microscopy." *Science* 273: 488-490.
——1996b. "Archaeology of Ancient Egyptian Beer." *Journal of the American Society of Brewing Chemists* 54, no. 1: 3-12.

第16章　ビール造りの未来

アメリカにおけるビールの歴史についてはBostwick（2014）を読めばおもしろく学べる。英国について同様の知識を得たいならBrown（2012）を読めばよい。Brown（2006, 2012）はまた、グローバル化がビール造りに及ぼした影響に関して興味深い見解を提示している。CAMRA については、同会のウェブサイト http://www.camra.org.uk（2018年6月7日確認〔2019年8月15日確認〕）にさまざまな情報が公開されている。合衆国におけるクラフトビール運動の勃興を語るすぐれた証言は Accitelli（2013）と Hindy（2014）を参照すればいいだろう。クラフトビール運動に対する全般評価については、Elzinga, Tremblay, and Tremblay（2015）を見るとよい。動きの速い分野だけに、最新の情報は（用心しながら）インターネットを渉猟するのがいちばんだ。

Acitelli, T. 2013. *The Audacity of Hops: The History of America's Craft Beer Revolution*. Chicago: Chicago Review Press.
Bostwick, W. 2014. *A History of the World According to Beer*. New York: W. W. Norton.
Brown, P. 2006. *Three Sheets to the Wind: One Man's Quest for the Meaning of Beer*. London: Pan.
——2012. *Shakespeare's Pub: A Barstool History of London as Seen through the Windows of Its Oldest Pub.——The George Inn*. New York: St. Martin's Griffin.
Elzinga, K. G., C. H. Tremblay, and V. J. Tremblay. 2015. "Craft Beer in the United States: History, Numbers, and Geography." *Journal of Wine Economics* 10, no. 3: 242-274.
Hindy, S. 2014. *The Craft Beer Revolution: How a Band of Microbrewers Is Transforming the World's Favorite Drink*. New York: Palgrave Macmillan. ［スティーブ・ヒンディ『クラフトビール革命：地域を変えたアメリカの小さな地ビール起業』（和田有子訳、DU Books、2013年)］

れぞれのウェブサイトにある。
https://www.popchartlab.com
http://www.allposters.com
https://cratestyle.com.
http://phylonetworks.blogspot.com/2015/11/are-taxonomies-networks.html.
https://commons.wikimedia.org/wiki/File:Beer types diagram.svg.
http://randomrow.com/phylogeny-of-beer.
https://twitter.com/DanGraur/status/642028902982901760.
http://clydesparks.com/everything-you-need-to-know-about-beer-in-one-chart-infographic.
Beer Judge Certification Program (BJCP): https://www.bjcp.org/docs/2015_Guidelines_Beer.pdf.
Beer Periodic Table: https://www.posterazzi.com/beeriodic-table-poster-print-item-varxps1574.
DeSalle, R., and J. Rosenfeld. 2013. *Phylogenomics: A Primer*. New York: Garland Science.
33beers scoring booklets: http://33books.com.

第 15 章　ビール復活請負人たち

太古のビールの当時の製法、現代における再現、いずれにおいても基本となる重要な文献は McGovern（2017）である。シュメールのビールの最初の再現については Katz and Maytag（1991）に詳しい。その中で言及されているニンカシ讃歌は Civil（1991）で翻訳のうえ引用されている。Samuel（1996a, b）は、アマルナで見つかった醸造所跡の証拠品の分析を説明している。Calagione（2011）には古代ビールの再現にドッグフィッシュ・ヘッド・ブルワリーが果たした役割のあらましが記され、Brown（2012）では本来の IPA を再現するまでの著者の冒険が語られている。

Brown, P. 2012. *Hops and Glory: One Man's Search for the Beer That Built the British Empire*. London: Pan.
Calagione, S. 2011. *Brewing up a Business*. Revised and updated edition. Hoboken, NJ: Wiley.
Civil, M. 1991. "Modern Breweries Recreate Ancient Beer." *Oriental Institute News and Notes* 132: 1–2, 4.
Katz, S., and F. Maytag. 1991. "Brewing an Ancient Beer." *Archaeology* 44, no. 4: 24–33.

Epstein, M. 1997. "Alcohol's Impact on Kidney Function." *Alcohol Health and Research World* 21, no. 1: 84–92.

Falony, G., M. Joossens, S. Vieira-Silva, J. Wang, Y. Darzi, K. Faust, A. Kurilshikov, *et al.* 2016. "Population-Level Analysis of Gut Microbiome Variation." *Science* 352 (6285): 560–564.

Lu, Y., and A. I. Cederbaum. 2008. "CYP2E1 and Oxidative Liver Injury by Alcohol." *Free Radicals Biology and Medicine* 44, no. 5: 723–738.

Mulligan, C., R. W. Robin, M. V. Osier, N. Sambuughin, *et al.* 2003. "Allelic Variation at Alcohol Metabolism Genes (ADH1B, ADH1C, ALDH2) and Alcohol Dependence in an American Indian Population." *Human Genetics* 113, no. 4: 325.336.

Schütze, M., M. Schulz, A. Steffen, *et al.* 2009. "Beer Consumption and the 'Beer Belly': Scientific Basis or Common Belief ?" *European Journal of Clinical Nutrition* 63, no. 9: 1143–1149.

Shelton, N. J., and C. S. Knott. 2014. "Association between Alcohol Calorie Intake and Overweight and Obesity in English Adults." *American Journal of Public Health* 104, no. 4: 629–631.

第 13 章　ビールと脳

「進んで陥る狂気」という言い回しの初出、ならびに人間の酩酊をめぐるかなり詳細な考察は私たちの共著（"*Wine*"（Tattersall and DeSalle 2015））、ヒトの脳の起源、構造、機能に関しては "*The Brain*"（DeSalle and Tattersall 2012）にもっと幅広い解説がある。

DeSalle, R., and I. Tattersall. 2012. *The Brain: Big Bangs, Behaviors, and Beliefs*. New Haven, CT: Yale University Press.

Tattersall, I., and R. DeSalle. 2015. *A Natural History of Wine*. New Haven, CT: Yale University Press.

第 14 章　ビールの系統樹

ここに挙げる 8 つのウェブサイト（2018 年 6 月確認〔2019 年 8 月 14 日確認〕）では、系統樹をはじめ、ビールの分類のさまざまな表現を見ることができる。系統学的手法の入門には DeSalle and Rosenfeld（2013）をご覧いただきたい。ビアジャッジ認定プログラム（The Beer Judge Certification Program）のガイドラインは BJCP のウェブサイトで見ることができる。ビール周期表と味のホイールが掲載された 33 ビールスコアブックレット（33beers scoring booklets）もそ

Christiaens, J. F., L. M. Franco, T. L. Cools, L. De Meester, J. Michiels, T. Wenseleers, B. A. Hassan, E. Yaksi, and K. J. Verstrepen. 2014. "The Fungal Aroma Gene ATF1 Promotes Dispersal of Yeast Cells through Insect Vectors." *Cell Reports* 9, no. 2: 425–432.

Crick, F. 1990. *The Astonishing Hypothesis: The Scientific Search for the Soul.* New York: Scribners.

DeSalle, R., and I. Tattersall. 2012. *The Brain: Big Bangs, Behaviors, and Beliefs.* New Haven, CT: Yale University Press.

Meilgaard, M. C., B. T. Carr, and G. V. Civille. 2006. *Sensory Evaluation Techniques.* Boca Raton, FL: CRC Press.

Schott, Geoffrey D. 1993. "Penfield's Homunculus: A Note on Cerebral Cartography." *Journal of Neurology, Neurosurgery & Psychiatry* 56, no. 4: 329–333.

Spence, C. 2015. "On the Psychological Impact of Food Colour." *Flavour 4*, no. 1: 21.

——2016. "Sound — The Forgotten Flavour Sense." *Multisensory Flavor Perception: From Fundamental Neuroscience Through to the Marketplace*: 81.

Spence, C., and G. Van Doorn. 2017. "Does the Shape of the Drinking Receptacle Influence Taste/Flavour Perception? A Review." *Beverages* 3, no. 3: 33.

Spence, C., and Q. J. Wang. 2015. "Sensory Expectations Elicited by the Sounds of Opening the Packaging and Pouring a Beverage." *Flavour* 4, no. 1: 35.

第12章　ビール腹

ビール腹に関しては Schütze *et al.*（2009）、Shelton and Knott（2014）、それに Bobak, Skodova, and Marmot（2003）にもっと詳しい説明がある。ビールと腸内細菌叢の話は Falony *et al.*（2016）をふまえている。ビールが腎臓に与える影響については、Epstein（1997）にすぐれたレビューがある。Lu and Cederbaum（2008）には CYP2E1 遺伝子とアルコールの相互作用の解説があり、ADH 変異型の生物学は Mulligan *et al.*（2003）で、GWAS とアルコール依存症については Bierut *et al.*（2010）で論じられている。

Bierut, L. J., A. Agrawal, K. K. Bucholz, K. F. Doheny, *et al.* 2010. "A Genome-Wide Association Study of Alcohol Dependence." *Proceedings of the National Academy of Sciences of the United States of America* 107, no. 11: 5082–5087.

Bobak, M., Z. Skodova, and M. Marmot. 2003. "Beer and Obesity: A Cross-Sectional Study." *European Journal of Clinical Nutrition* 57, no. 10: 1250–1253.

Dresel, M., C. Vogt, A. Dunkel, and T. Hofmann. 2016. "The Bitter Chemodiversity of Hops (*Humulus lupulus* L.)." *Journal of Agricultural and Food Chemistry* 64, no. 41: 7789–7799.

HopBase. http://hopbase.cgrb.oregonstate.edu (accessed June 7, 2018). 〔2019年8月12日確認〕

von Rycken Wilson, E. 1921. "Post-Reformation Features of English Drinking." *American Catholic Quarterly* 46: 134–155.

Yang, M.-Q., R. van Velzen, F. T. Bakker, A. Sattarian, D.-Z. Li, and T.-S. Yi. 2013. "Molecular Phylogenetics and Character Evolution of Cannabaceae." *Taxon* 62, no. 3: 473–485.

第10章　発酵

発酵とその応用については、次の4点から入るといい。

Buchholz, K., and J. Collins. 2013. "The Roots — A Short History of Industrial Microbiology and Biotechnology." *Applied Microbiology and Biotechnology* 97, no. 9: 3747–3762.

Jelinek, B. 1946. "Top and Bottom Fermentation Systems and Their Respective Beer Characteristics." *Journal of the Institute of Brewing* 52, no. 4: 174–181.

Parakhia, M., R. S. Tomar, and B. A. Golakiya. 2015. *Overview of Basics and Types of Fermentation*. Munich: GRIN Publishing.

Thomas, K. 2013. "Beer: How It's Made — The Basics of Brewing." *Liquid Bread: Beer and Brewing in Cross-Cultural Perspective* 7: 35.

第11章　ビールと五感

感覚について全体をざっと見渡すには、2012年に出た私たちの著書（*The Brain*）をご覧いただきたい。クリックの発言は Crick（1990）から引用した。ほかの感覚が味覚に、そして消費者の反応に及ぼす影響については、研究の最先端をゆくチャールズ・スペンスの資料4点も参照のこと。ペンフィールドのホムンクルスは Schott（1993）で考察されている。Christiaens *et al.*（2014）は菌類がもつ香りを生む遺伝子の起源を説明している。ヒトに1兆種類のにおいがわかるという主張は Bushdid *et al.*（2014）による。Meilgaard, Carr, and Civille（2006）では、ビールと味覚に関する筆頭著者の業績が要約されている。

Bushdid, C., M. O. Magnasco, L. B. Vosshall, and A. Keller. 2014. "Humans Can Discriminate More Than 1 Trillion Olfactory Stimuli." *Science* 343, no. 6177: 1370–1372.

Borneman, A. R., A. H. Forgan, R. Kolouchova, J. A. Fraser, and S. A. Schmidt. 2016. “Whole Genome Comparison Reveals High Levels of Inbreeding and Strain Redundancy across the Spectrum of Commercial Wine Strains of *Saccharomyces cerevisiae.*” *G3: Genes, Genomes, Genetics* 6, no. 4: 957–971.

Cliften, P., P. Sudarsanam, A. Desikan, L. Fulton, B. Fulton, J. Majors, R. Waterston, B. A. Cohen, and M. Johnston. 2003. “Finding Functional Features in *Saccharomyces* Genomes by Phylogenetic Footprinting.” *Science* 301, no. 5629: 71–76.

DeSalle, R., and S. L. Perkins. 2015. *Welcome to the Microbiome: Getting to Know the Trillions of Bacteria in, on, and around You.* New Haven, CT: Yale University Press.［ロブ・デサール，スーザン・L・パーキンズ『マイクロバイオームの世界：あなたの中と表面と周りにいる何兆もの微生物たち』(斉藤隆央訳、紀伊國屋書店、2016年)］

Dunn, Rob. 2011. *The Wild Life of Our Bodies.* New York: Harper Collins.［ロブ・ダン『わたしたちの体は寄生虫を欲している』(野中香方子訳、飛鳥新社、2013年)］

Gallone, B., J. Steensels, T. Prahl, L. Soriaga, V. Saels, B. Herrera-Malaver, A. Merlevede, *et al.* 2016. “Domestication and Divergence of *Saccharomyces cerevisiae* Beer Yeasts.” *Cell* 166, no. 6: 1397–1410.

James, T. Y., F. Kauff, C. L. Schoch, P. B. Matheny, V. Hofstetter, C. J. Cox, G. Celio, *et al.* 2006. “Reconstructing the Early Evolution of Fungi Using a Six-Gene Phylogeny.” *Nature* 443 (7113): 818–822.

Liti, G., D. M. Carter, A. M. Moses, J. Warringer, L. Parts, S. A. James, R. P. Davey, *et al.* 2009. “Population Genomics of Domestic and Wild Yeasts.” *Nature* 458, no. 7236: 337–341.

Tsai, I. J., D. Bensasson, A. Burt, and V. Koufopanou. 2008. “Population Genomics of the Wild Yeast *Saccharomyces paradoxus*: Quantifying the Life Cycle.” *Proceedings of the National Academy of Sciences of the United States of America* 105, no. 12: 4957–4962.

第9章　ホップ

アサ科の系統発生史はYang *et al.* (2013) に発表されている。16世紀イングランドにおける宗教とビールについての引用はvon Rycken Wilson (1921) による。Dresel *et al.* (2016) ではホップ90系統の化学的な特徴を記述している。ホップ・ベース (HopBase) は下に挙げたウェブサイトからアクセスできる。

netics and Domestication in a Global Perspective." *Annals of Botany* 100, no. 5: 999–1008.

Russell, J., M. Mascher, I. K. Dawson, S. Kyriakidis, C. Calixto, F. Freund, M. Bayer, et al. 2016. "Exome Sequencing of Geographically Diverse Barley Landraces and Wild Relatives Gives Insights into Environmental Adaptation." *Nature Genetics* 48, no. 9: 1024–1030.

Schmidt, M., S. Kollers, A. Maasberg-Prelle, J. Groser, B. Schinkel, A. Tomerius, A. Graner, and V. Korzun. 2016. "Prediction of Malting Quality Traits in Barley Based on Genome-wide Marker Data to Assess the Potential of Genomic Selection." *Theoretical and Applied Genetics* 129, no. 2: 203–213.

von Bothmer, R., T. van Hintum, H. Knüpffer, and K. Sato. 2003. *Diversity in Barley* (*Hordeum vulgare*), vol. 7. New York: Elsevier Science.

Weiss, E., M. E. Kislev, O. Simchoni, and D. Nadel. 2005. "Small-Grained Wild Grasses as Staple Food at the 23,000-Year-Old Site of Ohalo II, Israel." *Economic Botany* 58: 125–134.

Weiss, E., W. Wetterstrom, D. Nadel, and O. Bar-Yosef. 2004. "The Broad Spectrum Revisited: Evidence from Plant Remains." *Proceedings of the National Academy of Sciences of the United States of America* 101, no. 26: 9551–9555.

第8章　酵母

ヒトの体内と体表の微生物世界については、DeSalle and Perkins (2015) と Dunn (2011) を見てほしい。本章で言及したリタス・ヴィルガリスの業績は James *et al.* (2006) に要約がある。サッカロミセス (*Saccharomyces*) の系統学は Cliften *et al.* (2003) の研究成果を元にしている。サッカロミセス (*Saccharomyces*) の生活環は Tsai *et al.* (2008) によった。セレヴィシエ (*cerevisiae*) の祖先に関する Liti *et al.* (2009) の研究、ケヴィン・フェルストレーペン研究室［Verstrepen group］(Gallone *et al.* 2016) による酵母の菌株間の類縁関係の研究も下に挙げてある。酵母の菌株の主成分分析、系統解析、STRUCTURE 解析は Gallone *et al.* (2016) から引用した。ラガー酵母の違いは Berlowska, Kregiel, and Rajkowska (2015) で解説されている。ワイン酵母菌株のばらつきは Borneman *et al.* (2016) で論じられている。Alshakim Nelson のバイオリアクターを用いるアプローチは、下に紹介するようにエコノミスト誌に掲載されている。

Berlowska, J., D. Kregiel, and K. Rajkowska. 2015. "Biodiversity of Brewery Yeast Strains and Their Fermentative Activities." *Yeast* 32, no. 1: 289–300.

"A Better Way to Make Drinks and Drugs." *Economist*, July 6, 2017.

化症候群」を論じている。Mascher *et al.*（2016）と Russell *et al.*（2016）にはオオムギのエクソーム解読と集団ゲノミクスの説明があり、Mascher *et al.* の論文には古代のオオムギ穀粒の分析結果も扱われている。Pourkheirandish and Komatsuda（2007）は穂軸の壊れやすさの特性を論じている。ヨーロッパとアジアの地図上に重ねたオオムギの主成分分析も、オオムギ属の在来品種の主成分分析も Poets *et al.*（2015）によった。そのほか、ロビン・アラビーによる総説論文 Allaby（2015）も引用した。Jonas and de Koning（2013）ではゲノム選抜とゲノム予測のしくみをかいつまんで説明している。Schmidt *et al.*（2016）と Nielsen *et al.*（2016）では、オオムギの特性の改善にゲノム手法を用いた例を紹介している。

Allaby, R. G. 2015. “Barley Domestication: The End of a Central Dogma?” *Genome Biology* 16, no. 1: 176.

Brassac, J., and F. R. Blattner. 2015. “Species-Level Phylogeny and Polyploid Relationships in *Hordeum* (Poaceae) Inferred by Next-Generation Sequencing and *In Silico* Cloning of Multiple Nuclear Loci.” *Systematic Biology* 64, no. 5: 792–808.

Global Strategy for the Ex-Situ Conservation and Use of Barley Germplasm. 2014. https://cdn.croptrust.org/wp/wp-content/uploads/2017/02/Barley_Strategy_FINAL_27Oct08.pdf (accessed June 7, 2018).

Jonas, Elisabeth, and Dirk-Jan de Koning. 2013. “Does Genomic Selection Have a Future in Plant Breeding?” *Trends in Biotechnology* 31, no. 9: 497–504.

Mascher, M., V. J. Schuenemann, U. Davidovich, N. Marom, A. Himmelbach, S. Hübner, A. Korol, et al. 2016. “Genomic Analysis of 6,000-Year-Old Cultivated Grain Illuminates the Domestication History of Barley.” *Nature Genetics* 48, no. 9: 1089–1093.

Nielsen, N. H., A. Jahoor, J. D. Jensen, J. Orabi, F. Cericola, V. Edriss, and J. Jensen. 2016. “Genomic Prediction of Seed Quality Traits Using Advanced Barley Breeding Lines.” *PLoS ONE* 11, no. 10: e0164494.

Pankin, A., and M. von Korff. 2017. “Co-evolution of Methods and Thoughts in Cereal Domestication Studies: A Tale of Barley (*Hordeum vulgare*).” *Current Opinion in Plant Biology* 36: 15–21.

Poets, A. M., Z. Fang, M. T. Clegg, and P. L. Morrell. 2015. “Barley Landraces Are Characterized by Geographically Heterogeneous Genomic Origins.” *Genome Biology* 16, no. 1: 173.

Pourkheirandish, M., and T. Komatsuda. 2007. “The Importance of Barley Ge-

512–519.
Natsume, S., H. Takagi, A. Shiraishi, J. Murata, H. Toyonaga, J. Patzak, M. Takagi, *et al.* 2014. "The Draft Genome of Hop (*Humulus lupulus*), an Essence for Brewing." *Plant and Cell Physiology* 56(3): 428–441.
Pritchard, J. K., W. Wen, and D. Falush. 2003. *Documentation for Structure Software: Version 2.* https://web.stanford.edu/group/pritchardlab/software/readme_structure2.pdf (accessed June 7, 2018).
Tattersall, I., and R. DeSalle. 2015. *A Natural History of Wine*. New Haven, CT: Yale University Press.

第6章　水

「乾いた地球仮説」ならびにヴェスタの調査がこの仮説に与えた衝撃は Fazekas (2014) に報告があり、アルキメデスの「エウレカ！」の真相は Biello (2006) で解説されている。フランスと合衆国の水の硬度の資料はインターネットで見ることができる。

Biello, D. 2006. "Fact or Fiction? : Archimedes Coined the Term 'Eureka!' in the Bath." *Scientific American*, December 8, 2006.
Fazekas, A. 2014. "Mystery of Earth's Water Origin Solved." *National Geographic*, October 30, 2014.
French water hardness data from Wikimedia Commons: https://commons.wikimedia.org/wiki/File:Duret%C3%A9_de_l%27eau_en_France.svg (accessed June 7, 2018).
U. S. Water Hardness Map. *Fresh Cup Magazine*, July 19, 2016. http://www.freshcup.com/us-water-hardness-map (accessed June 7, 2018).
Water Hardness and Beers: https://www.pinterest.com/pin/443112050818231146 (accessed June 7, 2018).

第7章　大麦

オオムギ研究にも関係するオハロII遺跡の考古学的遺物については Weiss *et al.* (2004, 2005) に記述がある。「オオムギ遺伝資源の生息域外保全と利用に向けての世界戦略」(The Global Strategy for the Ex-Situ Conservation and Use of Barley Germplasm) は本章で紹介するウェブサイトに置かれている。オオムギ品種系統の多様性について現在わかっていることは、von Bothmer *et al.* (2003) の研究に多くを負っている。本文中で述べたオオムギ属の系統学は Brassac and Blattner (2015) による。Pankin and von Korff (2017) ではオオムギ属と「栽培

Finch-Hatton, H. 1886. *Advance Australia! An Account of Eight Years' Work, Wandering, and Amusement, in Queensland, New South Wales, and Victoria.* London: W. H. Allen.

Schivelbusch, W. 1992. *Tastes of Paradise: A Social History of Spices, Stimulants, and Intoxicants.* New York: Pantheon. ［ヴォルフガング・シヴェルブシュ『楽園・味覚・理性：嗜好品の歴史』（福本義憲訳、法政大学出版局、1988年）］

Wolff, M. 2013. *Meet Me in Munich: A Beer Lover's Guide to Oktoberfest.* New York: Skyhorse.

第5章　ビールも分子でできている

アルコール飲料に関係する分子生物学的ならびに化学的な背景については、本書よりもTattersall and DeSalle（2015）の方がくわしく扱っている。オオムギのゲノムの記述はthe International Barley Genome Sequencing Consortium（2012）による。セイヨウカラハナソウ（*Humulus lupulus*）のドラフトゲノムはNatsume *et al.*（2014）にまとめられている。酵母のゲノムについてはMewes *et al.*（1997）に報告があり、Monerawela and Bond（2017）では多数のビール酵母の塩基配列が報告されている。STRUCTUREプログラムのしくみについてはPritchard *et al.*（2003）とEarl（2012）を参照されたい。この章で示したブドウのPCAとSTRUCTUREの図はEmanuelli *et al.*（2013）による。

Earl, D. A. 2012. "STRUCTURE HARVESTER: A Website and Program for Visualizing STRUCTURE Output and Implementing the Evanno Method." *Conservation Genetics Resources* 4, no. 2: 359–361.

Emanuelli, F., S. Lorenzi, L. Grzeskowiak, V. Catalano, M. Stefanini, M. Troggio, S. Myles, *et al.* 2013. "Genetic Diversity and Population Structure Assessed by SSR and SNP Markers in a Large Germplasm Collection of Grape." *BMC Plant Biology* 13, no. 1: 39.

International Barley Genome Sequencing Consortium. 2012. "A Physical, Genetic and Functional Sequence Assembly of the Barley Genome." *Nature* 491 (7426): 711–716.

Mewes, H. W., K. Albermann, M. Bähr, D. Frishman, A. Gleissner, J. Hani, K. Heumann, *et al.* 1997. "Overview of the Yeast Genome." *Nature* 387 (6632): 7–65.

Monerawela, C., and U. Bond. 2017. "Brewing up a Storm: The Genomes of Lager Yeasts and How They Evolved." *Biotechnology Advances* 35, no. 4:

第3章　醸造の歴史

William Bostwick（2014）では、ヨーロッパと合衆国におけるビール造りの歴史が楽しく解説されている。ピート・ブラウンによる一連の著作（Brown 2003, 2006, 2010, 2012）も非常におもしろく、こちらは全世界を対象にしている。Alworth（2015）や Bernstein（2013）といった概説書からも、歴史に関する豆知識を（それ以外の情報とあわせて）掘りだすことができる。そして、お決まりの用心深さは必要だが、インターネットでもたくさんの情報にふれることができる。

Alworth, J. 2015. *The Beer Bible*. New York: Workman.

Bernstein, J. M. 2013. *The Complete Beer Course*. New York: Sterling Epicure.

Bostwick, W. 2014. *A History of the World According to Beer*. New York: W. W. Norton.

Brown, P. 2003. *Man Walks into a Pub: A Sociable History of Beer*. London: Pan.

——2006. *Three Sheets to the Wind: One Man's Quest for the Meaning of Beer*. London: Pan.

——2010. *Hops and Glory: One Man's Search for the Beer that Built the British Empire*. London: Pan.

——2012. *Shakespeare's Pub: A Barstool History of London as Seen through the Windows of Its Oldest Pub — The George Inn*. New York: St. Martin's Griffin.

第4章　ビール呑みの文化

全世界のビールを飲む文化についての概説としては、Brown（2006）がとりわけおもしろい。Schivelbusch（1992）には酒場における仲間意識が描かれている。フィンチ＝ハットンが観察したオーストラリア人の飲酒習慣は、自伝の Finch-Hatton（1886）に記されている。先住民のアルコール所持を規制するクイーンズランド州の法律についてのオーストラリア最高裁の判決を報じたガーディアン紙の記事は https://www.theguardian.com/world/2013/jun/19/australia-indigenous-alcohol-law にある〔2019年8月11日確認〕。ミュンヘンのオクトーバーフェストの案内は Wolff（2013）を始めとして数えきれないほど出ている。英国の宿屋業の歴史を知るには Brown（2012）が良い。

Brown, P. 2006. *Three Sheets to the Wind: One Man's Quest for the Meaning of Beer*. London: Pan.

——2012. *Shakespeare's Pub: A Barstool History of London as Seen Through the Windows of Its Oldest Pub——The George Inn*. New York: St. Martin's Griffin.

古代ビール再現の詳しい報告はMcGovern（2017）を見てほしい。昔の、とりわけヨーロッパの人々の酩酊ぶりはGuerra-Doce（2015）に記されている。

Bostwick, W. 2014. *A History of the World According to Beer*. New York: W.W. Norton.

Civil, M. 1991. “Modern Brewers Recreate Ancient Beer.” *Oriental Institute News and Notes* 132: 1-2, 4.

Damerow, P. 2012. “Sumerian Beer: The Origins of Brewing Technology in Ancient Mesopotamia.” *Cuneiform Digital Library Journal* 2012: 2. https://cdli.ucla.edu/files/publications/cdlj2012_002.pdf.

Dineley, Merryn, and Graham Dineley. 2000. “From Grain to Ale: Skara Brae, a Case Study.” Pp. 196-200 in A. Ritchie, ed., *Neolithic Orkney in Its European Context*. Cambridge: McDonald Institute.

Guerra-Doce, E. 2014. “The Origins of Inebriation: Archaeological Evidence of the Consumption of Fermented Beverages and Drugs in Prehistoric Eurasia.” *Journal of Archaeological Method and Theory* 22, no. 3: 751-782.

Katz, S., and F. Maytag. 1991. “Brewing an Ancient Beer.” *Archaeology* 44, no. 4: 24-33.

McGovern, P. E. 2009. *Uncorking the Past: The Quest for Wine, Beer and Other Alcoholic Beverages*. Berkeley: University of California Press. ［パトリック・E・マクガヴァン『酒の起源：最古のワイン、ビール、アルコール飲料を探す旅』（藤原多伽夫訳、白揚社、2018年）］

—— 2017. *Ancient Brews, Rediscovered and Re-Created*. New York: W.W. Norton.

Moore, A. M. T. 2003. “The Abu Hureyra Project: Investigating the Beginning of Farming in Western Asia.” Pp. 59-74 in A. J. Ammerman and P. Biagi, eds., *The Widening Harvest. The Neolithic Transition in Europe: Looking Back, Looking Forward*. Boston: Archaeological Institute of America.

Standage, T. 2005. *A History of the World in Six Glasses*. New York: Walker & Co. ［トム・スタンデージ『歴史を変えた6つの飲物：ビール、ワイン、蒸留酒、コーヒー、茶、コーラが語るもうひとつの世界史』（新井崇嗣訳、楽工社、2017年）］

Stika, H. P. 2011. “Early Iron Age and Late Mediaeval Malt Finds from Germany — Attempts at Reconstruction of Early Celtic Brewing and the Taste of Celtic Beer”. *Archaeological and Anthropological Sciences* 3: 41-48.

holism." *Integrative and Comparative Biology* 44, no. 4: 284-289.
Milan, N. F., B. Z. Kacsoh, and T. A. Schlenke. 2012. "Alcohol Consumption as Self-Medication against Blood-Borne Parasites in the Fruit Fly." *Current Biology* 22, no. 6: 488-493.
Milton, K. 2004. "Ferment in the Family Tree: Does a Frugivorous Dietary Heritage Influence Contemporary Patterns of Human Ethanol Use?" *Integrative and Comparative Biology* 44, no. 4: 304-314.
Schoon, H. A., M. Fehr, and A. Schoon. 1992. "Case Report: Acute Alcohol Intoxication in a Hedgehog (*Erinaceus europaeus*)." *Kleintierpraxis* 37: 329-332.
Shohat-Ophir, G., K. R. Kaun, R. Azanchi, H. Mohammed, and U. Heberlein. 2012. "Sexual Deprivation Increases Ethanol Intake in *Drosophila*." *Science* 335, no. 6074: 1351-1355.
Starmer, W. T., W. B. Heed, and E. S. Rockwood-Sluss. 1977. "Extension of Longevity in *Drosophila mojavensis* by Environmental Ethanol: Differences between Subraces." *Proceedings of the National Academy of Sciences of the United States of America* 74, no. 1: 387-391.
Tyson, N. deG. 1995. "The Milky Way Bar." *Natural History* 103: 16-18.
Wiens, F., A. Zitzmann, M.-A. Lachance, M. Yegles, *et al.* 2008. "Chronic Intake of Fermented Floral Nectar by Wild Treeshrews." *Proceedings of the National Academy of Sciences of the United States of America* 105, no. 30: 10426-10431.

第２章　太古のビール

ビールの歴史を扱った文献は大量にある。総説としてすぐれたものに、McGovern（2009, 2017）、Standage（2005）、そして Bostwick（2014）などがある。古代の世界ではビールの役割がもっと広かったことと、そのことがわかった経緯を理解したければ、McGovern の２作は必読である。アブ・フレイラで行われた調査は、Moore（2003）にまとめられている。ニンカシのビールはインターネットで広く言及されており、「讃歌」は Civil（1991）で翻訳されている。讃歌に記された情報を用いて行われたニンカシビールの初の再現については、Katz and Maytag（1991）で記されている。シュメールのビールに対する反対意見は Damerow（2012）で読むことができる。スカラ・ブレイでつくられていた新石器時代のビールについては Dineley and Dineley（2000）を参照されたい。鉄器時代のゲルマン人がビールをつくっていた証拠は Stika（2011）に記述がある。

文献解題

ビールについての一般書は非常にたくさんあり、その多くは自家醸造に関するものである。ここでは、本書の執筆にあたり参考にした刊行済みの資料を専門書、一般書を問わず、1章ごとに紹介し、引用元を示していく。

第1章　ビール、自然、そして人間

Tyson（1995）では、宇宙に漂うエタノールの雲を指して「銀河バー」という表現が初めて使われている。ハネオツパイの飲酒習慣については Wiens *et al.*（2008）で、酩酊ハリネズミの末路は Schoon, Fehr, and Schoon（1992）で報告されている。自然界におけるエタノール消費の概略については Levey（2004）、酔っぱらいサル仮説ならびに哺乳類のアルコール忌避は Dudley（2000, 2004）、酔っぱらいサル仮説に代わる対立仮説については Milton（2004）を参照のこと。アルコールとショウジョウバエについては Starmer, Heed, and Rockwood-Sluss（1977）、Shohat-Ophir *et al.*（2012）、並びに Milan, Kacsoh, and Schlenke（2012）をご覧いただきたい。霊長類のアルコール脱水素酵素を検討しているのは Carrigan *et al.*（2014）で、チンパンジーの飲酒は Hockings *et al.*（2015）に報告がある。

Carrigan, M. A., O. Uryasev, C. B. Frye, B. L. Eckman, *et al.* 2014. "Hominids Adapted to Metabolize Ethanol Long before Human-Directed Fermentation." *Proceedings of the National Academy of Sciences of the United States of America* 112, no. 2: 458–463.

Dudley, R. 2000. "Evolutionary Origins of Human Alcoholism in Primate Frugivory." *Quarterly Review of Biology* 75, no. 1: 3–15.

——2004. "Ethanol, Fruit Ripening, and the Historical Origins of Human Alcoholism in Primate Frugivory." *Integrative and Comparative Biology* 44, no. 4: 315–323.

Hockings, K. J., N. Bryson-Morrison, S. Carvalho, M. Fujisawa, *et al.* 2015. "Tools to Tipple: Ethanol Ingestion by Wild Chimpanzees Using Leaf-Sponges." *Royal Society Open Science* 2: 50150. http://dx.doi.org/10.1098/rsos.150150 (accessed June 7, 2018).

Levey, D. J. 2004. "The Evolutionary Ecology of Ethanol Production and Alco-

マ　行

ヤ　行

ラ　行

人名索引

ナ 行

ハ 行

タ 行

サ　行

カ 行

事項索引

著者

ロブ・デサール（Rob DeSalle） 分子系統学者。アメリカ自然史博物館サックラー比較生物研究所の学芸員で、微生物学研究のプログラムを担当している。邦訳書に『マイクロバイオームの世界：あなたの中と表面と周りにいる何兆もの微生物たち』（紀ノ國屋書店）。

イアン・タッターソル（Ian Tattersall） 古生物学者。アメリカ自然史博物館人類学部門の名誉学芸員。邦訳書に『ヒトの起源を探して：言語能力と認知能力が現生人類を誕生させた』（原書房）、『サルと人の進化論：なぜサルは人にならないか』（原書房）、『最後のネアンデルタール 別冊日経サイエンス 127』（日経サイエンス）。これまでの二人の共著には「ワインの博物誌」「脳：ビッグバン、行動、信念」がある。デサールとともにニューヨーク市在住。

訳者

ニキリンコ（にき・りんこ） 翻訳家。訳書に『アノスミア　わたしが嗅覚を失ってからとり戻すまでの物語』（勁草書房）、『ヒトは賢いからこそだまされる』（生活書院）、『片づけられない女たち』（WAVE 出版）、『モッキンバード』（明石書房）等。

三中信宏（みなか・のぶひろ） 国立研究開発法人農業・食品産業技術総合研究機構農業環境変動研究センター専門員および東京農業大学農学部客員教授。東京大学大学院農学系研究科博士課程修了。博士（農学、東京大学）。専門は進化生物学・生物統計学。主な著書に『系統体系学の世界』『文化進化の考古学』『文化系統学への招待』（以上、勁草書房）、『思考の体系学』（春秋社）、『統計思考の世界』（技術評論社）など。

解説

吉澤和徳（よしざわ・かずのり）北海道大学院農学研究院准教授。九州大学大学院比較社会文化研究科博士課程修了。博士（理学、九州大学）。専門は昆虫分類学、系統学、形態学。2017 年、とある昆虫の雌がペニスを持つことを発見し、イグ・ノーベル生物学賞を受賞。

ビールの自然誌

2020年１月25日　第１版第１刷発行

著　者　ロブ・デサール
　　　　イアン・タッターソル

訳　者　ニキリンコ
　　　　三《み》中《なか》信《のぶ》宏《ひろ》

発行者　井村寿人

発行所　株式会社　勁《けい》草《そう》書房

112-0005　東京都文京区水道2-1-1　振替　00150-2-175253
（編集）電話　03-3815-5277／FAX　03-3814-6968
（営業）電話　03-3814-6861／FAX　03-3814-6854
本文組版 プログレス・港北出版印刷・松岳社

ISBN978-4-326-75056-6　　Printed in Japan

http://www.keisoshobo.co.jp